光盘使用说明

光盘主要内容

　　本光盘为《AutoCAD 2013应用与开发系列》丛书的配套多媒体教学光盘，光盘中的内容包括与图书内容同步的视频教学录像、相关素材和源文件以及多款CAD设计软件。

光盘操作方法

　　将DVD光盘放入DVD光驱，几秒钟后光盘将自动运行。如果光盘没有自动运行，可双击桌面上的【我的电脑】图标，在打开的窗口中双击DVD光驱所在盘符，或者右击该盘符，在弹出的快捷菜单中选择【自动播放】命令，即可启动光盘进入多媒体互动教学光盘主界面。

　　光盘运行后会自动播放一段片头动画，若您想直接进入主界面，可单击鼠标跳过片头动画。

 光盘运行环境

- ★ 赛扬1.0GHz以上CPU
- ★ 512MB以上内存
- ★ 500MB以上硬盘空间
- ★ Windows XP/Vista/7操作系统
- ★ 屏幕分辨率1024×768以上
- ★ 8倍速以上的DVD光驱

打开案例的源文件

打开案例的视频教学文件

打开赠送的CAD设计软件

阅读丛书内容介绍

点击进入丛书支持站点

点击打开问题反馈邮件

退出光盘学习

查看案例的源文件

图 - 01

单击【实例文件】按钮

图 - 02

① 双击章节文件夹

② 双击打开对应的案例文件

光盘使用说明

sample文件夹包含了全书案例的源程序DWG文件，用户可以使用AutoCAD 2010～2013版本打开。

video文件夹包含了全书案例的多媒体语音教学视频，以及AutoCAD 2011～2013版本的教学视频，如果您使用的是AutoCAD 2009或2010版本，也可以使用本教学视频辅助学习。

查看案例的视频教学文件

图 — 01

图 — 03

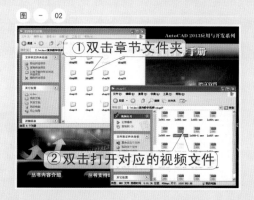

图 — 02

本说明是以Windows Media Player为例，给用户演示视频的播放，在播放界面上单击相应的按钮，可以控制视频的播放进度。此外，用户也可以安装其他视频播放软件打开视频教学文件。

查看赠送的CAD设计软件

图 — 01

图 — 02

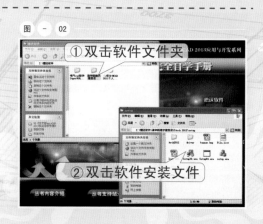

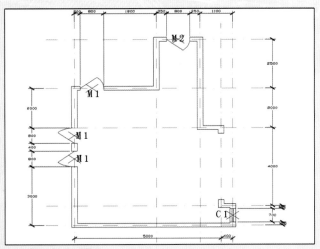

■ 客厅平面图

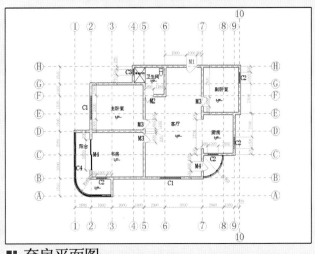

■ 套房平面图

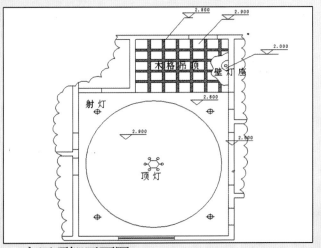

■ 客厅顶棚平面图

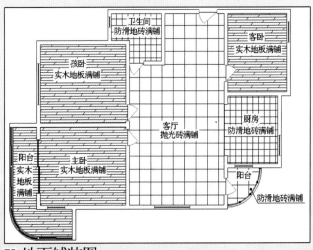

■ 地面铺装图

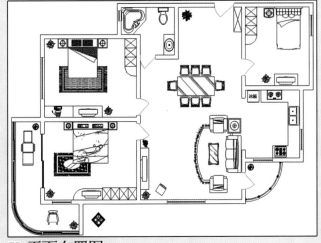

■ 平面布置图

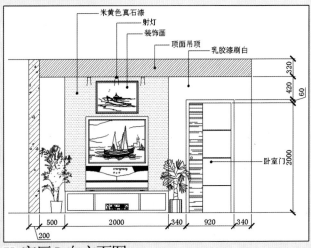

■ 客厅D向立面图

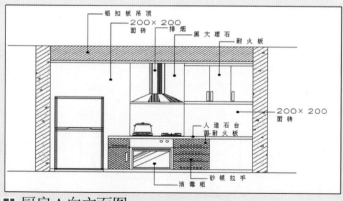

厨房 A 向立面图

主卧 A 向立面图

电气系统图

总进线	DZ47-63/C40	ZM	BV-2×2.5+1×2.5	CP20	WE	3.0kw	照明
	DZ47-63/C40	DL4	BV-2×2.5+1×2.5	CP20	WE	4.0kw	卫生间
	DZ47-63/C40	DL3	BV-2×2.5+1×2.5	CP20	WE	3.0kw	厨房&房间3
	DZ47-63/C40	DL2	BV-2×2.5+1×2.5	CP20	WE	5.0kw	客厅
	DZ47-63/C40	DL1	BV-2×2.5+1×2.5	CP20	WE	5.0kw	房间1&2

强电图例表

图例	说明
—ZM	照明线路
—DL1	动力线路1
—DL2	动力线路2
—DL3	动力线路3
—DL4	动力线路4
	单极开关
	双联开关
	三联开关
	双联插座
	日光灯管
	壁灯
	吸顶灯
	配电箱
	三（多）根导线

强电平面图

弱电图例表

图示	说明
—W—	网络线路
—TV—	电视线路
—TP—	电话线路
	网络插座
	电视插座
	电话插座
	网络进线箱
	电视进线箱
	电话进线箱

弱电平面图

图例	说明
———	进水管
—R—	热水进水管
— — —	排水管
×	进水接口
▶	水表
♦	截止阀
◎	排水漏斗孔

给排水图例表

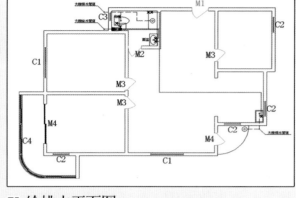

给排水平面图

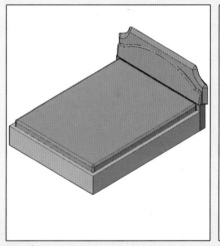

床

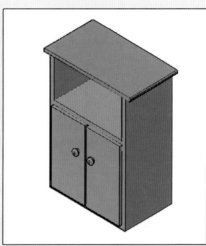

床头柜

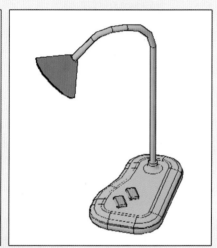

台灯

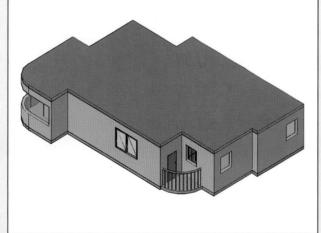

外部整体效果

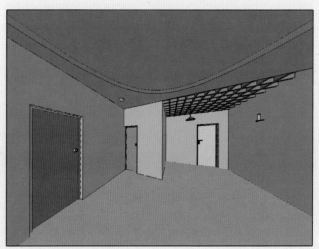

客厅室内效果 01

■ 客厅室内效果 02

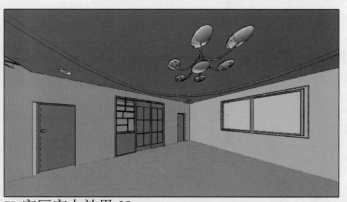

■ 客厅室内效果 03

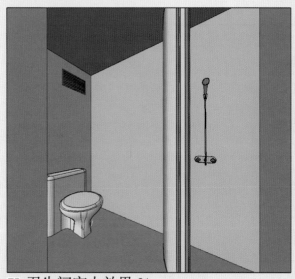

■ 卫生间室内效果 01

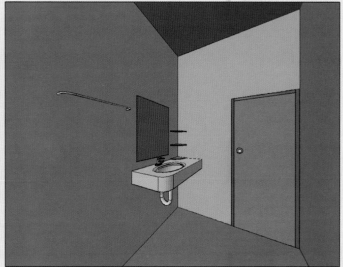

■ 卫生间室内效果 02

■ 客厅效果图

■ 卧室效果图

AutoCAD 2013
应用与开发系列

中文版
AutoCAD 2013
室内装潢设计

王景远 ◎编著

清华大学出版社

北　京

内 容 简 介

本书全面介绍了AutoCAD 2013二维和三维绘图的命令和技巧,包括室内平面图绘制、室内三维模型绘制和室内场景渲染的多个实例。

本书共分10章。前5章为基础知识,介绍了使用AutoCAD 2013进行二维和三维绘图的相关技术。第6章至第10章为本书的主体内容,也就是实例绘制,内容包括平面图的绘制、给排水施工图的绘制、电气施工图的绘制、各类家具的三维建模、室内设施的三维建模、室内场景渲染和出图,以及咖啡厅、会议室、酒店和网吧等类型的建筑室内装潢图纸的绘制。本书实例都有上下承接关系,系统介绍了AutoCAD 2013在室内装潢领域的应用。

本书内容丰富、实例典型、步骤详细,适合广大建筑设计、室内装潢设计相关专业的在校生及各类工程技术人员阅读,也可以作为各大专院校和培训班的教材。

本书的辅助电子教案可以到http://www.tupwk.com.cn/autocad/下载,并可以通过该网站进行答疑。

图书在版编目(CIP)数据

中文版AutoCAD 2013室内装潢设计 / 王景远 编著. —北京:清华大学出版社,2013.8
(AutoCAD 2013应用与开发系列)
ISBN 978-7-302-33246-6

Ⅰ. ①中… Ⅱ. ①王… Ⅲ. ①室内装饰设计—计算机辅助设计—AutoCAD软件 Ⅳ. ①TU238-39

中国版本图书馆CIP数据核字(2013)第165765号

责任编辑:胡辰浩 袁建华
装帧设计:牛艳敏
责任校对:成凤进
责任印制:宋 林

出版发行:清华大学出版社
　　　　　网　　　址:http://www.tup.com.cn,http://www.wqbook.com
　　　　　地　　　址:北京清华大学学研大厦 A 座　　　　邮　　编:100084
　　　　　社 总 机:010-62770175　　　　　　　　　　邮　　购:010-62786544
　　　　　投稿与读者服务:010-62776969,c-service@tup.tsinghua.edu.cn
　　　　　质 量 反 馈:010-62772015,zhiliang@tup.tsinghua.edu.cn
　　　　　课 件 下 载:http://www.tup.com.cn,010-62794504
印 刷 者:清华大学印刷厂
装 订 者:三河市新茂装订有限公司
经　　销:全国新华书店
开　　本:203mm×260mm　印　张:19.75　插　页:4　字　数:476千字
　　　　　(附光盘 1 张)
版　　次:2013 年 8 月第 1 版　　　　　　　　　　印　　次:2013 年 8 月第 1 次印刷
印　　数:1~4000
定　　价:42.00 元

产品编号:047863-01

编审委员会

丛 书 序

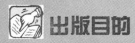 **出版目的**

AutoCAD 2013 版的成功推出,标志着 Autodesk 公司顺利实现了又一次战略性转移。同 AutoCAD 以前的版本相比,在功能方面,AutoCAD 2013 对许多原有的绘图命令和工具都做了重要改进,同时保持了与 AutoCAD 2012 及以前版本的完全兼容,功能更加强大,操作更加快捷,界面更加个性化。

为了满足广大用户的需要,我们组织了一批长期从事 AutoCAD 教学、开发和应用的专业人士,潜心测试并研究了 AutoCAD 2013 的新增功能和特点,精心策划并编写了"AutoCAD 2013 应用与开发"系列丛书,具体书目如下:

- 精通 AutoCAD 2013 中文版
- 中文版 AutoCAD 2013 机械图形设计
- 中文版 AutoCAD 2013 建筑图形设计
- 中文版 AutoCAD 2013 室内装潢设计
- 中文版 AutoCAD 2013 电气设计
- AutoCAD 机械制图习题集锦(2013 版)
- AutoCAD 建筑制图习题集锦(2013 版)
- AutoCAD 2013 从入门到精通
- 中文版 AutoCAD 2013 完全自学手册
- AutoCAD 制图快捷命令一览通(2013 版)

 读者定位

本丛书既有引导初学者入门的教程,又有面向不同行业中高级用户的软件功能的全面展示和实际应用。既深入剖析了 AutoCAD 2013 的核心技术,又以实例形式具体介绍了 AutoCAD 2013 在机械、建筑等领域的实际应用。

涵盖领域

整套丛书各分册内容关联,自成体系,为不同层次、不同行业的用户提供了系统完整的 AutoCAD 2013 应用与开发解决方案。

本丛书对每个功能和实例的讲解都从必备的基础知识和基本操作开始,使新用户轻松入门,并

以丰富的图示、大量明晰的操作步骤和典型的应用实例向用户介绍实用的软件技术和应用技巧，使用户真正对所学软件融会贯通、熟练在手。

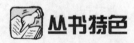 丛书特色

本套丛书实例丰富，体例设计新颖，版式美观，是 AutoCAD 用户不可多得的一套精品丛书。

(1) 内容丰富，知识结构体系完善

本丛书具有完整的知识结构，丰富的内容，信息量大，特色鲜明，对 AutoCAD 2013 进行了全面详细的讲解。此外，丛书编写语言通俗易懂，编排方式图文并茂，使用户可以领悟每一个知识点，轻松地学通软件。

(2) 实用性强，实例具有针对性和专业性

本丛书精心安排了大量的实例讲解，每个实例解决一个问题或是介绍一项技巧，以便使用户在最短的时间内掌握 AutoCAD 2013 的操作方法，解决实践工作中的问题，因此，本丛书有着很强的实用性。

(3) 结构清晰，学习目标明确

对于用户而言，学习 AutoCAD 最重要的是掌握学习方法，树立学习目标，否则很难收到好的学习效果。因此，本丛书特别为用户设计了明确的学习目标，让用户有目的地去学习，同时在每个章节之前对本章要点进行了说明，以便使用户更清晰地了解章节的要点和精髓。

(4) 讲解细致，关键步骤介绍透彻

本丛书在理论讲解的同时结合了大量实例，目的是使用户掌握实际应用，并能够举一反三，解决实际应用中的具体问题。

(5) 版式新颖，美观实用

本丛书的版式美观新颖，图片、文字的占用空间比例合理，通过简洁明快的风格，大大提高了用户的阅读兴趣。

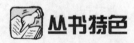 周到体贴的售后服务

如果读者在阅读图书或使用计算机的过程中有疑惑或需要帮助，可以登录本丛书的信息支持网站 http://www.tupwk.com.cn/autocad，也可以在网站的互动论坛上留言，本丛书的作者或技术人员会提供相应的技术支持。本书编辑的邮箱：huchenhao@263.net，电话：010-62796045。

前　言

目前用于建筑设计和绘制建筑效果图的软件名目繁多，AutoCAD 作为工程绘图领域的领跑者，一直都占有举足轻重的地位。

AutoCAD 诞生于1982年，发展至今已经有多代产品，最新的版本就是本书实例所使用的 AutoCAD 2013。这些年不断更新版本的 AutoCAD 着力于加强三维方面的功能，提供了丰富而便捷的视图、三维建模和渲染命令。AutoCAD 2013 可以完成复杂的实体建模，满足建筑效果图设计中的各种需要。它保留了二维绘图方面的传统，可以完成从二维到三维的绘图和建模工作。

本书以绘制室内图纸、模型和效果图为主要内容，介绍使用 AutoCAD 2013 完成平面图纸、三维建模和三维渲染的建筑装潢图纸的全过程。实例经过精心设计，前后具有承接关系，展示了从零开始到完成全部绘图和建模的过程。即使从未使用过 AutoCAD 的新用户，也可以通过本书学到建筑装潢设计的方法和技巧。

全书分为 10 章。第 1 章至第 5 章为基础知识。其中，第 1 章介绍了 AutoCAD 2013 的基础知识；第 2 章介绍了 AutoCAD 2013 的绘图设置，讲述了绘图之初必须进行的工作；第 3 章介绍了二维绘图与编辑命令及其调用方法；第 4 章介绍了三维建模与编辑命令；第 5 章介绍了材质、贴图、灯光和渲染等三维功能的使用技术和方法。第 6 章至第 10 章是本书的主体内容。其中，第 6 章内容涉及室内平面图的绘制，介绍了二维命令的使用技巧与建筑平面图的特点与绘制方法；第 7 章内容涉及施工图的绘制，介绍了电气施工图和给排水施工图的特点、规范和绘制方法；第 8 章内容涉及家具造型和室内设施，列举了家具实体建模的多个实例以及各种室内设施的造型，直观地描述了三维建模命令的应用；第 9 章介绍了室内效果图的创建方法，使用三维渲染命令，将前面建立的实体集中到一个场景中，赋予光影和色彩，并输出效果图；第 10 章介绍了其他建筑类型装饰装潢图纸绘制的思想和方法，建筑类型包括咖啡厅、会议室、酒店和网吧等。本书的最后提供了 3 个附录，分别向读者提供了 15 道基础测试题、50 道技能测试题及 4 套专业测试题，以帮助读者巩固和练习 AutoCAD 的基本制图技术，掌握建筑施工图纸绘制的思路和方法。

为了帮助读者更加直观地学习 AutoCAD，本书配制了精美的多媒体教学光盘，提供了 AutoCAD 教程、书中案例及附录测试题的多媒体语音教学视频，并提供了书中实例的源文件，易于读者阅读和学习。

本书详略得当、循序渐进地向读者讲解了建筑装潢设计和施工中常见图纸的创建和绘制方法，成功地将专业知识和软件技术结合在一起。本书适合建筑设计、室内装潢设计等相关专业的在校学生及各类工程技术人员阅读，也可以作为各大专院校和培训班的教材。

在学习本书的过程中，应该格外注意思维的培养，设计和绘制图纸之前要有一个整体的规划，在这个前提下，绘图效率可以显著提高。

本书由王景远编写，蒋国华、张晓龙、杨仪、周小东、唐苗、曹梅、赵文婷、侯艳林、陈丽娟、赵琳、贾志、冯娟、黄浩、李安安、刘世儒、刘文俊、李建华、张满、张秀梅、刘超、秦伟、张影等同志参与了本书的编辑和修改。在此，编者对以上人员致以诚挚的谢意！

在编写本书的过程中参考了相关文献，在此向这些文献的作者深表感谢。由于时间紧迫，书中难免有错误与不足之处，恳请专家和广大读者批评指正。我们的邮箱是 huchenhao@263.net，电话是010-62796045。

作 者

2013 年 4 月

目录

目录

第1章 AutoCAD 2013 中文版简介

　　AutoCAD 2013 中文版是 Autodesk 公司最新推出的计算机辅助设计软件，它保持了 AutoCAD 一贯的产品功能特色：强大的绘图、编辑、文件管理、三维功能和数据库的管理等功能。

　　本章将向读者简要地介绍 AutoCAD 2013 软件界面的组成、命令的调用方法以及该版本的部分新功能。希望读者通过本章的学习，能够对 AutoCAD 2013 的功能有一个初步的了解。

1.1 认识 AutoCAD 2013

AutoCAD 是 Autodesk 公司的主导产品，而 AutoCAD 2013 是这一软件目前的最新版本，在二维绘图领域 AutoCAD 系列软件拥有最广泛的用户群。迄今为止，Autodesk 公司已经对 AutoCAD 进行了 10 多次升级，使其功能不断扩充。AutoCAD 2013 具有绘图、编辑、剖面线和图案绘制、尺寸标注以及二次开发等功能，被广泛应用于机械、建筑、电子、造船、航天、土木及轻工等领域，并在其中多个行业占主导地位。

在 AutoCAD 2013 版本中，三维尤其是三维视图功能得到极大的强化，材质操作使用了与 3ds Max 类似的界面，在材质、光源和贴图等方面显著扩充了软件的功能。

AutoCAD 2013 拥有强大的功能，主要分为以下几个方面。

- 绘图功能：绘制各类几何图形(几何图形由各种图形元素、块和阴影线组成)，以及对绘制完成的图形进行标注。

- 编辑功能：对已有图形进行的各种操作，包括形状和位置改变、属性重新设置、复制、删除、剪贴及分解等。

- 辅助功能：帮助绘图和编辑，包括显示控制、列表查询、坐标系建立和管理、视区操作、图形选择、点的定位控制以及帮助信息查询等。

- 设置功能：用于各类参数设置，如图形属性、绘图界限、图纸单位和比例以及各种系统变量的设置。

- 文件管理功能：用于图纸文件的管理，包括存储、打开、打印、输入和输出等。

- 三维功能：该功能的作用是建立、观察和显示各种三维模型，包括线框模型、曲面模型和实体模型。

- 数据库的管理与连接：通过链接对象到外部数据库中实现图形智能化，并且帮助使用者在设计中管理和提供实时更新的信息。

- 开放式体系结构：为用户或第三方厂家提供二次开发的工具，实现不同软件之间的数据共享与转换，如在 3ds Max 等软件之间进行数据转换。

1.2 AutoCAD 2013 界面

选择"开始"|"程序"|Autodesk|AutoCAD 2013-Simplified Chinese|AutoCAD 2013 命令，或双击桌面上的快捷图标，都可以启动 AutoCAD 软件。如果是第一次启动 AutoCAD 2013，系统将初始化界面，这可能需要一段时间，用户需耐心等待。初始化完毕后，弹出"欢迎"对话框，通过对话框用户可以获得新功能学习视频、AutoCAD 的教学视频、各种应用程序等，通过该对话框，还可以直接创建新文件，打开已经创建的文件和最近使用过的文件。

关闭"欢迎"对话框，展现在用户眼前的是如图 1-1 所示的 AutoCAD 2013 "草图与注释"工作空间的绘图工作界面。

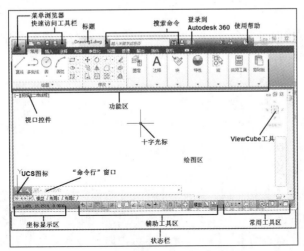

图 1-1　AutoCAD 2013 初始界面

系统给用户提供了"草图与注释"、"AutoCAD 经典"、"三维基础"和"三维建模"4 种工作空间。用户第一次打开 AutoCAD 时，系统会自动显示如图 1-1 所示的"草图与注释"工作空间，该工作空间仅包含与二维草图和注释相关的工具栏、菜单和选项板。

对于老用户来说，如果习惯以往版本的界面，可以单击状态栏中的"切换工作空间"按钮，在弹出的快捷菜单中选择"AutoCAD 经典"命令，切换到如图 1-2 所示的"AutoCAD 经典"工作空间的工作界面。

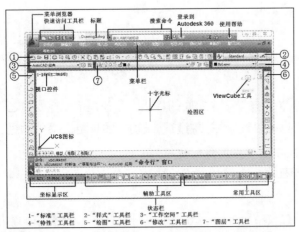

图 1-2　"AutoCAD 经典"工作空间的工作界面

与"AutoCAD 经典"工作空间相比，"草图与注释"工作空间的界面增加了功能区，缺少了菜单栏，下面向读者讲解两个工作空间的常见界面元素。

1. 标题栏

和以往的 AutoCAD 版本不一样，2013 版本丰富了标题栏的内容，除了在标题栏中可以看到当前图形文件的标题、"最小化"、"最大化"("还原")和"关闭"按钮 — □ × 之外，还可以看到菜单浏览器、快速访问工具栏以及信息中心。

菜单浏览器将所有可用的菜单命令都显示在一个位置，用户可以在其中选择可用的菜单命令，也可以标记常用命令以便日后查找，功能类似于菜单栏。

快速访问工具栏定义了一系列经常使用的工具，单击相应的按钮即可执行相应的操作，用户可以自定义快速访问工具，系统默认提供工作空间、新建、打开、保存、另存为、打印、放弃、重做和工作空间 9 个快速访问工具，用户将光标移动到相应按钮上，会弹出功能提示。

信息中心可以帮助用户同时搜索多个源(如帮助、新功能专题研习、网址和指定的文件)，也可以搜索单个文件或位置。

当用户把光标移动到命令按钮上时，会显示如图 1-3 所示的提示信息。光标最初悬停在命令或控件上时，可以得到基本内容提示，其中包含对该命令或控件的概括说明、命令名、快捷键和命令标记。当光标在命令或控件上的悬停时间累积超过一个特定数值时，将显示补充工具提示。这个功能的加强对于新用户学习软件有很大的帮助。

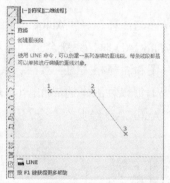

图 1-3　工具提示

2. 菜单栏

菜单栏仅在"AutoCAD 经典"工作空间的界面中存在，位于标题栏之下，传统的 AutoCAD 包含 12 个主菜单项，用户也可以根据需要将自己或别人的自定义菜单加进去。如果选装了 Express Tools，将会出现一个 Express 菜单。

用户在菜单栏中选择任意一个菜单命令，弹出一个下拉菜单，可以从中选择相应的命令进行操作。

如果界面上没有菜单栏，用户可以单击快速访问工具栏上的 ▼，在弹出的菜单中选择"显示菜单栏"命令使菜单栏显示。

3. 工具栏

工具栏是由一些图标组成的工具按钮的长条，单击工具栏上的相应按钮就能执行其所代表的命令。

在默认状态下，"草图与注释"工作空间中并不包含任何工具栏，用户选择菜单浏览器中的"工具"|"工具栏"|AutoCAD 命令，会弹出 AutoCAD 工具栏的子菜单，在子菜单中用户可以选择相应

的工具栏显示在界面上。

在"AutoCAD 经典"工作空间的界面中，系统提供了"工作空间"工具栏、"标准"工具栏、"绘图"工具栏、"修改"工具栏等几个常用工具栏，用户想打开其他工具栏时，既可以采用"草图与注释"工作空间打开工具栏的方法，也可以在任意工具栏上右击，在弹出的快捷菜单中选择相应的命令调出该工具栏。

4. 绘图窗口

绘图窗口是用户的工作窗口，用户所做的一切工作(如绘制图形、输入文本及标注尺寸等)均要在该窗口中得到体现。该窗口内的选项卡用于图形输出时模型空间和图纸空间的切换。

绘图窗口的左下方有一个 L 型箭头轮廓，这就是坐标系(UCS)图标，它指示了绘图的方位。三维绘图会在很大程度上依赖这个图标。图标上的 X 和 Y 指出了图形的 X 轴和 Y 轴方向，字母 W 说明用户正在使用的是世界坐标系(World Coordinate System)。

5. 命令行提示区

命令行提示区是 AutoCAD 提供给用户使用键盘输入命令的地方，位于绘图窗口的底部。用户可以通过鼠标放大或缩小该窗口。

通常命令窗口底部显示的信息为"命令:"，表示 AutoCAD 正在等待用户输入指令。命令窗口显示的信息是 AutoCAD 与用户的对话，记录了用户的历史操作。通过右边的滚动条可以查看用户的历史操作。

6. 状态栏

状态栏位于 AutoCAD 2013 工作界面的最底部。状态栏左侧显示十字光标当前的坐标位置，中间则显示辅助绘图的几个功能按钮，这些按钮的说明将在 3.5 节详细讲述，右侧显示一些常用的工具。

7. 十字光标

十字光标用于定位点、选择和绘制对象，由定点设备如鼠标和光笔等控制。当移动定点设备时，十字光标的位置会作相应的移动，就像手工绘图中的笔一样方便。

8. 功能区

功能区为与当前工作空间相关的操作提供了一个单一简洁的放置区域。使用功能区时无须显示多个工具栏，这使得应用程序窗口变得简洁有序。功能区由若干个选项卡组成，每个选项卡又由若干个面板组成，面板上放置了与面板名称相关的工具按钮，效果如图 1-4 所示。

用户可以根据实际绘图的情况，将面板展开，也可以将选项卡最小化，仅保留面板标题，效果如图 1-5 所示，当然用户也可以再次单击"最小化为选项卡"按钮，仅保留选项卡的名称，效果如图 1-6 所示，这样就可以获得最大的工作区域。当然，用户如果想显示面板，只需再次单击该按钮即可。

图 1-4　功能区的功能演示

图 1-5　最小化功能区，保留面板标题

图 1-6　最小化功能区，保留选项卡标题

　　功能区可以水平显示、垂直显示或显示为浮动选项板。创建或打开图形时，在默认情况下，图形窗口的顶部将显示水平的功能区。用户可以在选项卡标题、面板标题或功能区标题处右击，弹出相关的快捷菜单，从而可以对选项卡、面板或功能区进行操作，可以控制显示以及是否浮动等。

9. 视口控件

　　视口控件显示在每个视口的左上角，提供更改视图、视觉样式和其他设置的便捷方式。

10. ViewCube 工具

　　ViewCube 是一种方便的工具，用来控制三维视图的方向。

1.3　命令调用方法

　　本节将介绍 AutoCAD 2013 中的命令调用方法，通过此节的学习，使用户了解 AutoCAD 命令和系统变量的工作方式和使用方法。

　　AutoCAD 的操作由命令组成，正是多个命令以及具体的命令参数，实现了图形的建立、编辑、查看以及系统设置。AutoCAD 2013 中常用的输入方法是鼠标和键盘输入，一般在绘图的时候是结合两种设备进行的，利用键盘输入命令和参数，利用鼠标执行工具栏中的命令、选择对象和捕捉关键点等。

　　这一节介绍最基本的命令调用知识，具体命令的使用方法见本书第 3 章至第 5 章，以及本书主体部分的实例介绍。

1.3.1　命令的调用

几乎所有 AutoCAD 命令都可以通过键盘在命令行中执行(且部分命令只有在命令行中才能执行)，文本内容、坐标、数值以及各种参数的输入大部分是通过键盘来进行的。下面以直线命令为例说明这种命令的几种调用方式。

01 单击"绘图"工具栏中的"直线"按钮，系统会给出下面的命令提示：

```
命令:_line
指定第一点:
```

此时光标形状变为一个简单的十字，倘若开启 DYN(动态输入)功能，在光标右下角还会出现一个输入框，这实际上就是将命令提示区的内容和输入浮动显示在光标附近。此时已经进入"直线"命令，按下键盘上的 Esc 键，系统会退出命令，或者根据命令提示区的内容进行输入以完成命令。

02 在命令行中输入 LINE 并按 Enter 键，可进入同一命令。

03 在命令行中输入 L 并按 Enter 键，也可进入同一命令。

04 选择窗口菜单中的"绘图"|"直线"命令，也可进入同一命令。

如步骤 **02** 与步骤 **03** 中所示，AutoCAD 的命令提供了全名和缩写两种格式，在命令行中输入命令全名或缩写都可以执行该命令，某些常用的命令缩写非常简单且容易记忆，如这里的"直线"命令。

提示

除非命令提示区显示为"命令:"，否则当前仍处在某一命令的执行过程中。退出命令的方法是按 Esc 键，一个命令尚未完成时一般无法调用另一个。初学者可能因尚未退出前一命令就开始后续操作而出错。

探讨命令的多种调用方式并非本书讨论的重点，在本书很多实例中，均以窗口菜单项的路径来描述命令，使描述简洁、可寻性强。熟练的使用者往往采取单击按钮或输入命令(命令缩写)的方式来调用命令，这能大大提高操作效率。

1.3.2　鼠标的使用

进入命令之后，需要根据命令提示区的提示输入命令参数，参数可能是一个数、一个点、一个图形对象或其他。

拾取操作多使用鼠标完成。为了充分理解鼠标的功能，可以进行如下操作。

01 建立新图形，不执行任何操作，将光标移动到图形的绘图区域。不难发现，在绘图区域，AutoCAD 光标通常为十字交叉形式。

02 将光标移至菜单选项、工具按钮或对话框内，它会变成一个箭头。此时单击，能执行相应的菜单项或按钮的选择。

03 在命令提示区输入 L 并按 Enter 键，进入直线命令，光标变成如图 1-7 左图所示的形式，命令提示区显示"选择第一点:"，说明光标现在处于"拾取点"的状态，在工作界面内单击，可拾取两点完成直线的绘制。

04 在命令行中输入 ERASE 并按 Enter 键，命令提示区中显示"选择对象:"，光标转换为如图 1-7 右图所示的形状，此时光标处于"拾取对象"状态，当光标置于直线对象上时，直线对象显示为高亮。单击，可以对此对象执行 Erase(删除)操作，将其删除。

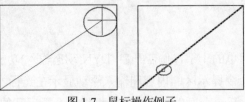

图 1-7　鼠标操作例子

鼠标右键的快捷菜单中还提供了一些有用的命令，右击将得到如图 1-8 左图所示的快捷菜单；如果在按下 Ctrl 键的同时右击，系统会弹出如图 1-8 右图所示的快捷菜单；若当前有对象被选中，单击鼠标右键弹出的快捷菜单将根据所选对象而有所改变。

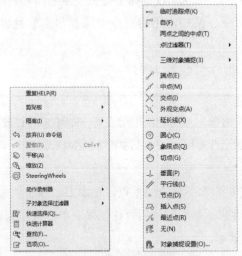

图 1-8　鼠标右键快捷菜单

鼠标在绘图中能够引导系统弹出菜单，快捷菜单的内容是由右击的位置以及是否配合其他键来决定的，以方便快捷地完成一系列操作，包括命令和变量的输入、设置等。

1.3.3　系统变量

在命令提示区输入某些系统变量的字符串，可以在命令提示区看到此系统变量的值，并可以指定一个新值。

　　AutoCAD 2013 中有众多的系统变量，修改系统变量会改变变量所控制的参数和特性，其中只有一部分系统参数可以通过可视化操作来修改，如在"选项"对话框里修改参数。在命令提示区输入系统变量则没有任何描述，初学者应该慎用。下面用一个例子来说明系统变量的使用。

　　01 选择"文件"|"新建"命令，系统将会弹出如图 1-9 所示的"选择样板"对话框，通过选择样板或使用无样板方式建立一个新文件。

图 1-9　系统变量 STARTUP 为 0 时的新建文件方式

　　02 退出对话框，在命令提示区中输入 STARTUP 并按 Enter 键，显示此系统变量的值为 0，输入 "1" 并按 Enter 键，将此系统变量的值修改为 1，如下所示：

> 命令: startup
> 输入 STARTUP 的新值 <0>: 1

　　03 再次选择"文件"|"新建"命令，系统弹出如图 1-10 所示的"创建新图形"对话框，通过从草图开始或使用新建文件向导方式来建立文件。

图 1-10　系统变量 STARTUP 为 1 时的新建文件方式

　　由前面的例子可以看出，STARTUP 系统变量的值用来控制"新建"命令的实现方式。

提示

　　系统变量的含义可以通过变量名称在 AutoCAD 2013 的帮助文档中搜索，在不确定的情况下最好不要修改系统变量的值。

1.3.4　透明命令

　　在执行某一个命令的过程中执行了另一个命令，称为"透明"地使用命令。例如在画直线的过程中需要缩放视图，则可以使用透明命令，缩放视图后接着画直线。

　　透明命令主要用于修改图形设置或打开绘图辅助工具(如对象捕捉和正交模式)，而选择对象、创建新对象、重新生成图像和结束绘图任务的命令不可以透明地调用。

　　下面以一个例子来说明透明命令的使用。

　　01 进入"直线"命令，可任意指定第一点，系统给出下面的命令提示：

　　指定下一点或 [放弃(U)]:

　　在提示下输入 ZOOM 并按 Enter 键，系统会给出命令提示：

　　>>指定窗口角点，输入比例因子 (nX 或 nXP)，或
　　[全部(A)/中心点(C)/动态(D)/范围(E)/上一个(P)/比例(S)/窗口(W)] <实时>:

　　02 执行与步骤**01**中相同的操作，进入直线命令，任意选择工作界面中的一点作为直线起点，转动鼠标滚轮，可以缩放当前的图形界面大小，而直线命令没有退出，可以继续选择一点作为直线的终点，以完成直线的绘制。

　　03 同样进入直线命令，按 F3 键或将光标移动到状态栏上的"对象捕捉"按钮上并单击，系统会给出下面的命令提示：

　　指定下一点或 [放弃(U)]:　<对象捕捉 关>

　　对象捕捉参数被修改，但直线命令没有退出。

1.3.5　重复、撤销与恢复命令

　　在使用 AutoCAD 2013 时，用户可以重复以前执行过的命令，而不用在命令行中再次输入命令。下面以圆的绘制命令为例来说明重复执行命令的方法。

　　01 选择"绘图"|"圆"|"圆心、半径"命令，在工作界面中任意单击一点以指定圆心，再任意指定半径，完成圆的绘制。

　　02 在进行其他操作之前，直接按 Enter 键，或者右击，在弹出的快捷菜单中选择"重复 circle"选项，可以再次进入圆命令进行绘制。

在使用 AutoCAD 2013 的过程中，不可避免会出现操作失误的问题。可以用 AutoCAD 2013 中提供的撤销功能来修正这些错误。在命令行中执行 UNDO 命令、选择"编辑" | "撤销"命令、使用快捷键 Ctrl+Z 或者单击标准工具栏中的"撤销"按钮都可以进行撤销操作。

撤销一个或多个操作之后，如果又希望恢复某个操作，可执行重做(REDO)命令、选择"编辑" | "重做"命令或使用快捷键 Ctrl+Y，重复上一次被撤销的操作。

这些操作与普通 Windows 程序中的使用方法相同。

1.3.6　对话框和命令行

某些 AutoCAD 命令同时提供了对话框与命令行两种使用方式。在很多情况下，用户可以通过在命令前加"-"来表示使用该命令的命令行方式。

下面以 BLOCK(块)命令为例理解这种特征。

01 在命令行中输入-BLOCK 并按 Enter 键，系统会给出下面的命令提示：

输入块名或 [?]:

在该提示下输入要保存的图块的名称，按照系统给出的命令提示进行操作，从而完成图块的定义操作。

02 退出命令，在命令行中输入 BLOCK 并按 Enter 键，系统会弹出如图 1-11 所示的"块定义"对话框，在其中输入相关的图块信息，可以对图块进行定义。

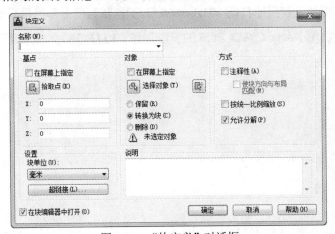

图 1-11　"块定义"对话框

在多数情况下，命令的对话框形式与命令行形式能完成的功能基本相同。对话框具有直观、简单易用等优点。

第2章 AutoCAD基本操作

在 AutoCAD 2013 的绘图环境中，每一个对象元素都有一定的特性，如线宽、线型和所属的图层等，绘图之前还需要对绘图环境进行设置，以满足绘图者的需要。图形对象的特性类似于文本处理中的字体、大小和颜色，在绘图中具有重要的作用。

图层是 AutoCAD 系统中的一个重要概念，类似于手工绘图的图纸，使用多张透明的图纸放置不同的图形对象，可方便绘图和管理。

因此，在具体介绍 AutoCAD 的各种制图命令以及开始具体的应用前，需要先介绍 AutoCAD 2013 的文件操作，以及绘图之前所需进行的设置。

2.1　文件操作

本节介绍文件操作，包括创建文件、打开文件和保存文件等。在 AutoCAD 2013 中，使用的图形文件以 DWG 为扩展名。

2.1.1　"使用向导"方式新建文件

打开 AutoCAD 2013 中文版，系统会自动创建一个基于默认图形样板 acadiso.dwt 的新图形文件。

选择"文件"|"新建"命令，可以建立一个新的 AutoCAD 空白文件，对于已经存在的 DWG 文件，直接双击文件图标即可调用 AutoCAD 2013 并打开此文件。

新建文件的模式有多种，如下所示。

● 打开"创建新图形"对话框并进行新建文件设置，当系统变量 STARTUP 为 1 时按此方式。
● 打开"选择样板"对话框并选择一个样板来创建新文件，当系统变量 STARTUP 为 0 时按此方式。

在第一种方式下，新建文件时系统弹出如图 2-1 所示的"创建新图形"对话框。对话框上方有 4 个按钮，分别为"打开"、"从草图开始"、"使用样板"和"使用向导"，它们的含义如下。

● "打开"按钮：打开 AutoCAD 2013 系统文件夹中已经存在的文件。
● "从草图开始"按钮□：不进行初始设置而直接进入一个空白文件。
● "使用样板"按钮□：使用一个样板新建文件，初始设置已经包含在样板中。
● "使用向导"按钮□：按照提示步骤进行文件的初始设置，以建立新文件。

单击"使用向导"按钮，并在下方选择"高级设置"选项，单击"确定"按钮，随后系统弹出如图 2-2 所示的"高级设置"对话框，在左侧的列表中看到，可以进行"单位"、"角度"、"角度测量"、"角度方向"和"区域"5 个项目的设置，通过单击"下一步"和"上一步"按钮在各个项目间进行切换，设置完成后工作空间将进入新文件。

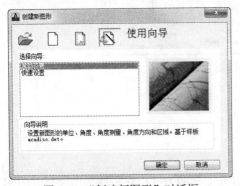

图 2-1　"创建新图形"对话框

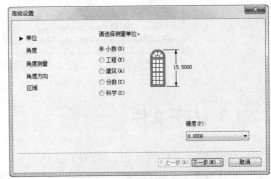

图 2-2　"高级设置"对话框

若选择"快速设置"选项，则可设置的项目较少，仅为"单位"和"区域"两项，因为其他项目在绝大多数工程绘图中都可使用系统默认的值。

这些设置在进入图形文件之后仍可进行修改，其具体意义将在 2.2 节加以介绍。

2.1.2 "选择样板"方式新建文件

在如图 2-1 所示的对话框中，单击"使用样板"按钮，则可按照已有的样板文件来创建文件，样板文件中已经设置好各项参数，如图 2-3 所示。

图形样板文件的扩展名为 DWT，其中包含了标准设置。用户从提供的样板文件中选择一种，或者使用自定义样板文件。在右边的预览框中可以看到样板的外观，有些样板中自带了图框等图形对象。

如果将 STARTUP 系统变量设置为 0，新建文件时系统会弹出如图 2-4 所示的"选择样板"对话框。在这个对话框中，用户可以选择一个样板后单击"打开"按钮以建立文件，或者单击"打开"按钮右边的向下箭头，选择"无样板打开"选项新建一个不使用样板的文件，这两种方式对应于"启动"对话框中的"选择样板"和"从草图开始"方式。

图 2-3 "使用样板"方式

图 2-4 "选择样板"对话框

2.1.3 打开文件

可以采用如下方法打开已有的图形文件。

- 在 AutoCAD 2013 弹出"启动"对话框时，使用打开图形的方式，然后选择所要打开的图形文件。
- 在 AutoCAD 2013 主界面中，选择"文件"|"打开"命令，或者单击标准工具栏中的"打开"按钮，然后选择所要打开的文件。

- 打开 AutoCAD 2013 之后,将文件夹中存在的 DWG 图形文件拖放(按住左键拖动)到 AutoCAD 2013 图形窗口中。
- 在 Windows 文件夹窗口中双击某个图形文件的图标。
- 将 Windows 文件夹窗口中的某个图形文件的图标拖放到 AutoCAD 2013 的快捷方式图标上。

以上方式基本与使用常规的 Windows 应用程序打开文档的方式相同。

提示

AutoCAD 图形文件的扩展名是 DWG,模板文件的扩展名是 DWT,备份文件的扩展名是 BAK。如果不需要备份,如在使用 AutoCAD 浏览文件而不是编辑时,可以删除 BAK 文件而不受影响。

2.1.4　保存图形

与使用其他 Windows 应用程序一样,完成图形文件操作时需要保存图形文件以便日后使用。AutoCAD 2013 还提供了自动保存、备份文件和其他保存选项。

1. 保存图形

完成图形的编辑工作,或者需要保存阶段性的成果,都可以选择"文件"|"保存"命令,或者直接按下快捷键 Ctrl+S。对新文件进行编辑且首次执行保存命令时,系统会弹出如图 2-5 所示的"图形另存为"对话框。在对话框中指定保存文件的路径,然后在"文件名"文本框中输入文件名,单击"保存"按钮就可以将当前的图形保存。

首次保存后,可以在编辑图形的任何时候执行自动保存命令,系统会自动保存该图形,新的修改会添加到保存的图形文件中,并且会在图形文件的保存位置生成一个同名的.BAK 备份文件。

此外,用户也可以使用普通的"另存为"操作,选择"文件"|"另存为"命令,系统仍然会弹出如图 2-5 所示的"图形另存为"对话框,指定要保存的文件位置和名称,单击"保存"按钮就可以完成换名保存操作。

图 2-5　"图形另存为"对话框

2. 自动保存

在进行绘图操作时应该养成随时保存文件并适当保存备份文件的习惯，此外，AutoCAD 2013 也提供自动保存功能，以防止意外情况造成的文件丢失或有些用户不太习惯经常保存文件所造成的文件未保存的情况。选择"工具"|"选项"命令，系统会弹出"选项"对话框，在其中的"打开和保存"选项卡上选中"自动保存"复选框，并为自动保存指定一个间隔时间，默认的间隔时间为10 分钟，如图 2-6 所示。

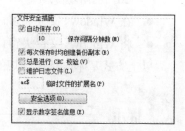

图 2-6　自动保存文件设置

3. 使用备份文件(BAK 文件的使用)

如果不慎错误保存了图形，可以使用系统生成的备份文件来恢复到保存前的状态。直接将以 BAK 为扩展名的同名文件的扩展名修改为 DWG，然后就可以在 AutoCAD 2013 中直接打开，该文件就是所要恢复的图形文件。

2.2　设置绘图环境

AutoCAD 2013 是基于一定的绘图环境进行工作的，用户可以根据要求改变这些环境的设置。

2.2.1　设置绘图单位与图形界限

一般情况下，绘图不必担心单位与图形界限的问题，在计算机中可以用任何的单位进行绘图，也可以在图形界限之外绘图。但是，设置合适的图形单位和图形界限可以提高绘图效率，要对图形的大小范围有很好的把握，尤其是打印图形时会方便控制图纸大小，建议用户在绘图之前先对绘图的单位和图形界限进行设定。

1. 设置绘图单位

在 AutoCAD 2013 中，对象的单位是图形单位，不管用户使用的是毫米还是米，计算机都用图形单位来计算。由于在实际工作中图形的单位是不同的，因此用户输入的值也可以对应于现实对象的值，如毫米、米等单位。

对于工程图纸而言，设置图形单位的意义是明显的，例如要将家具实体插入到房间实体中去，确定图形单位之后才能知道将两者匹配所需要的缩放比例。家具三维造型中可能 1 个单位表示 1 米，墙体造型图中 1 个单位表示 1 分米，因而需要将家具实体缩小为 1:100 后再插入到墙体中去。

在新建图形或启动 AutoCAD 2013 时，可以在"启动"对话框中采取"使用向导"方式新建文件，其中有设置图形的单位、角度、角度测量和角度方向的步骤。对于已经创建了的图形，可以使用"单位"命令来设置图形单位，选择"格式"|"单位"命令来执行该操作，也可以直接在命令提

示区输入 UNITS 并按 Enter 键。执行该命令后，弹出"图形单位"对话框，如图 2-7 所示。该对话框中包含了设置长度类型、角度类型以及外部插入图块的单位计算等内容。

其中各项参数的含义如下。

- "长度"选项组：该区域中可以设置长度单位的格式和精度，在"类型"下拉列表中选择单位长度类型；在"精度"下拉列表中选择绘图的精度。可供选择的长度单位类型中用得最多的是"小数"，其他的有"工程"、"建筑"、"分数"和"科学"。

- "角度"选项组：该区域中可以设置角度单位的格式，在"类型"下拉列表中选择角度单位的类型；在"精度"下拉列表中选择角度的精度。"顺时针"复选框代表角度计算的方向。默认情况下，角度方向为逆时针增大。若选中"顺时针"复选框，表示角度计算方向采用顺时针计算。可供选择的角度单位类型中用得较多的是"十进制度数"，其他的还有"度/分/秒"、"百分度"、"弧度"和"勘测单位"。

- "插入时的缩放单位"下拉列表：该区域中的设置用于在从设计中心向图形中插入图块时，如何对块及内容进行缩放，下拉列表中的选项代表了插入图块所代表的单位，一般选择"无单位"选项，不对块进行比例缩放而采用原始尺寸插入。

- 如果单击"方向"按钮将显示"方向控制"对话框，如图 2-8 所示。在此对话框中，用户可以设定角度的0°方向。

图 2-7　"图形单位"对话框

图 2-8　"方向控制"对话框

- "输出样例"提示栏：当用户修改单位设置时，对话框底部的"输出样例"提示栏显示选择单位的样式，上面为单位样式，下面为角度样式。

- "光源"下拉列表：选择用于光源强度的单位，可供选择的类型有"国际"、"美国"和"常规"，默认为"国际"选项。"标准"光源单位与 AutoCAD 2013 之前的版本相同；"国际"光源单位将帮助用户产生更真实准确的光源；"美国"光源单位的照度值使用呎烛光而非勒克斯。

2. 设置图形界限

即使设置了图形界限，在 AutoCAD 2013 中绘图也可以在无穷大的范围内进行，用户可以在

AutoCAD 中绘制任何尺寸、任何大小的图形。一般都是按照实际大小尺寸来绘制几何图形，但很多时候，用户需要规划出一个图形区域，以便在这个图形区域中绘图，而不至于将图形绘制到区域的外面。

与图形界限有关的操作和特性如下。

- 设置了绘图界限后，当栅格显示被打开时，栅格将显示在整个图形界限里面。
- 在进行视图缩放时，使用"缩放"命令中的"全部(A)"选项显示整幅图形，则可按图形界限来满屏显示。
- 当图形界限被打开时，用户将无法在图形界限以外绘制图形。

图形界限的设置是通过"图形界限"命令实现的，选择"格式"|"图形界限"命令，或在命令提示区中输入 LIMITS 并按 Enter 键来执行该命令。执行该命令后，按照命令提示区的提示依次输入图形界限的左下角和右上角，以确定图形界限。

通过显示"启动"对话框的方式新建文件，选择"使用向导"选项中的"高级设置"向导，有一项内容就是设置"区域"，也就是图形界限，如图 2-9 所示。考虑到图纸打印的问题，将图形界限设置为适当的标准图纸大小，这是常用的做法。

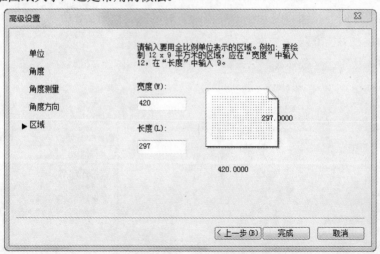

图 2-9　"高级设置"向导中的"区域"设置

系统默认的左下角是坐标原点(0,0)，右上角为(420,297)，这相当于 A3 纸的幅面。在执行 LIMITS 命令后输入 ON 或 OFF，即选择打开或关闭图形界限。

2.2.2　其他系统设置

使用选项(OPTIONS)命令可以对系统选项进行设置，改变这些设置可以使系统的一些操作界面、属性及文件配置等产生变化。选择"工具"|"选项"命令或在命令提示区输入 OPTIONS 后按 Enter 键，可以调用此命令。

执行此命令之后可以打开如图 2-10 所示的"选项"对话框。

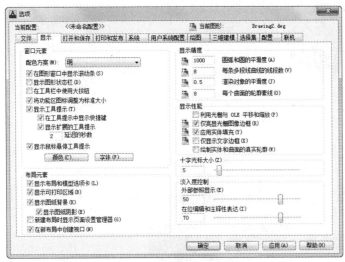

图 2-10　"选项"对话框

在各个选项卡中分别可以进行如下设置。

- "文件"选项卡：该选项卡用于设置 AutoCAD 的搜索支持文件、驱动程序、菜单文件以及其他文件的路径，还指定一些可选的用户定义设置。
- "显示"选项卡：设置 AutoCAD 的显示特性，通过改变这些设置来改变显示效果，同时由于显示效果的改变，系统的速度也随之改变。
- "打开和保存"选项卡：该选项卡用于设置 AutoCAD 打开、保存文件时的有关选项，包括外部参照和外部程序的管理。2.1.4 节已经提到过文件自动保存方面的功能。
- "打印和发布"选项卡：用于设置与打印、打印设备有关的选项。
- "系统"选项卡：用于运行 AutoCAD 的系统设置，包括运行模式。
- "用户系统配置"选项卡：设置在 AutoCAD 中优化性能的选项。
- "绘图"选项卡：用于设置绘图时有关的选项，如捕捉、追踪模式等。
- "三维建模"选项卡：用于设置三维建模方面的参数。
- "选择集"选项卡：设置与对象选择、选择集模式有关的选项。
- "配置"选项卡：用于控制配置的使用。

下面通过一个例子来说明系统设置的功能。

首次使用 AutoCAD 2013 的用户，当新建文件进入工作区之后，很有可能模型空间的背景为黑色，绘制的图形对象为白色，这可能不符合一些用户的个人习惯。通过在"选项"对话框中进行设置，可以将背景修改为白色，在对话框的"显示"选项卡中单击"颜色"按钮，系统将会弹出"图形窗口颜色"对话框，可以对工作界面中的全部颜色进行修改，在"上下文"列表中选择"二维模型空间"选项，在"界面元素"列表中选择"统一背景"选项，然后在"颜色"下拉列表中选择"白"选项，这样就将二维的模型空间，也就是进入文件之后的主工作界面的背景设成了白色，如图 2-11 所示。

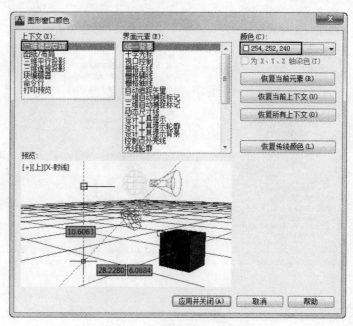

图 2-11　改变模型空间背景颜色

2.3 设置图层

在 AutoCAD 中，每一个图形元素称为对象，每个对象都有一定的属性，这些属性中包括图层、线型、颜色等，通过属性的控制，可以方便地绘制出用户所需要的各种不同特点的对象。图层中包含颜色、线型、打印样式、线宽等特性。设置了图层的特性后，系统默认设置为每个对象的特性与所属的图层一样。也可以单独对一个或多个对象进行特性设置，并且不会受到图层的影响。

2.3.1 图层操作

图层就相当于多层"透明纸"重叠而成，每一个图层上面载有一部分图形对象，再将全部图层重叠起来，构成最终图形。图层的概念，在图形处理软件中应用较多，使用图层的优点就是，当许多图形对象重合在一起时可以根据图层对图形对象进行分类，如可以在复杂的图形对象中仅显示某一图层上的图形对象。

在 AutoCAD 2013 中，除了选择对象之外，还可以对图层上的对象进行管理。用户可以根据需要创建多个图层，然后将相关的图形对象放在同一层上，以此来管理图形对象。此外，各图层具有相同的坐标系、绘图界限和显示时的缩放倍数。用户可以对位于不同图层上的对象同时进行编辑操作。

选择"格式"|"图层"命令，弹出如图 2-12 所示的"图层特性管理器"选项板，对图层的基本操作和管理都是在该对话框中完成的，各部分功能如表 2-1 所示。

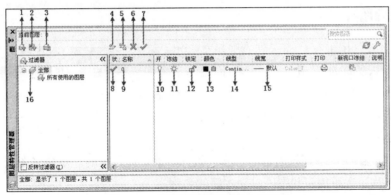

图 2-12　"图层特性管理器"选项板

表 2-1　"图层特性管理器"选项板功能说明

序　号	名　称	功　能
1	"新建特性过滤器"按钮	显示"图层过滤器特性"对话框，从中可以根据图层的一个或多个特性创建图层过滤器
2	"新建组过滤器"按钮	创建组过滤器，其中包含选择并添加到该过滤器的图层
3	"图层状态管理器"按钮	显示图层状态管理器，从中可以将图层的当前特性设置保存到一个命名图层状态中，以后可以再恢复这些设置
4	"新建图层"按钮	创建新图层
5	"在所有的视口中都被冻结的新图层"按钮	创建新图层，然后在所有现有的布局视口中将其冻结
6	"删除图层"按钮	删除选定图层
7	"置为当前"按钮	将选定图层设置为当前图层
8	-	设置图层状态：图层过滤器、正在使用的图层、空图层或当前图层
9	-	显示图层或过滤器的名称，可对名称进行编辑
10	-	控制打开和关闭选定图层
11	-	控制是否冻结所有视口中选定的图层
12	-	控制锁定和解锁选定图层
13	-	显示"选择颜色"对话框，更改与选定图层关联的颜色
14	-	显示"选择线型"对话框，更改与选定图层关联的线型
15	-	显示"线宽"对话框，更改与选定图层关联的线宽
16	-	显示图形中图层和过滤器的层次结构列表

在"图层特性管理器"选项板刚打开时，默认存在着一个图层 0，有时候还存在一个 DEFPOINTS 图层，用户可以在这个基础上创建其他的图层，并对图层的特性进行修改，可以修改图层的名称、状态、开关、冻结、锁定、颜色、线型、线宽和打印状态等。

1. 新建和删除图层

单击"新建图层"按钮 ，图层列表中显示新创建的图层，默认名称为"图层 1"，随后创建的图层的名称依次为"图层 2"、"图层 3"……

图层刚创建时，名称可编辑，用户可以输入图层的名称，如图 2-13 所示。

图 2-13　新建图层

对于已经命名的图层，选择该图层的名称，执行右键快捷菜单的"重命名图层"命令或者用鼠标单击，可以使名称进入可编辑状态，以输入新的名称。

用户在删除图层时，要注意，只能删除未被参照的图层，图层 0 和 DEFPOINTS、包含对象(包括块定义中的对象)的图层、当前图层以及依赖外部参照的图层都不可以被删除。

2. 设置颜色、线型和线宽

每个图层都可以设置本图层的颜色，这个颜色是指该图层上面的图形对象的颜色。单击颜色特性图标 ■白色 ，弹出"选择颜色"对话框，用户可以对该图层的颜色进行设置。

"选择颜色"对话框有 3 个选项卡，"索引颜色"选项卡如图 2-14 所示，使用 255 种 AutoCAD 颜色索引(ACI)指定颜色设置。

在"真彩色"选项卡中，使用真彩色(24 位颜色)指定颜色设置。使用真彩色功能时，可以使用 1600 多万种颜色。"真彩色"选项卡上的可用选项取决于指定的颜色模式(HSL 或 RGB)。

使用"配色系统"选项卡，用户可以使用第三方配色系统或用户定义的配色系统指定颜色。

图层线型是指图层中绘制的图形对象的线型，AutoCAD 提供了标准的线型库，在一个或多个扩展名为 LIN 的线型定义文件中定义了线型。AutoCAD 中包含的 LIN 文件为 ACAD.LIN 和 ACADISO.LIN。

单击线型特性图标 Continuous ，弹出如图 2-15 所示的"选择线型"对话框。默认状态下，"线型"列表中仅 Continuous 一种线型。单击"加载"按钮，弹出如图 2-16 所示的"加载或重载线型"对话框，用户可以从"可用线型"列表框中选择所需要的线型，单击"确定"按钮返回"选择线型"对话框完成线型加载。然后选择需要的线型，单击"确定"按钮即可完成线型的设定。

图 2-14　"索引颜色"选项卡

图 2-15　"选择线型"对话框

单击线宽特性图标 —— 默认 ，弹出如图 2-17 所示的"线宽"对话框，在"线宽"列表框中选择线宽，单击"确定"按钮完成设置线宽的操作。

图 2-16　"加载或重载线型"对话框

图 2-17　设置线宽

3. 控制状态

用户可以通过单击相应的图标控制图层的相应状态，表 2-2 向读者演示了由不同图标控制的图层的状态，用户可以通过单击在左右两个状态间切换。

表 2-2　图层状态的控制

图标 ♀	图层处于打开状态	图标 ♀	图层处于关闭状态
当图层打开时，它在屏幕上是可见的，并且可以打印。当图层关闭时，它是不可见的，并且不能打印。			
图标 ☼	图层处于解冻状态	图标 ❋	图层处于冻结状态
冻结图层可以加快 ZOOM、PAN 和许多其他操作的运行速度，增强对象选择的性能并减少复杂图形的重生成时间。当图层被冻结以后，该图层上的图形将不能显示在屏幕上，不能被编辑，不能被打印或输出。			
图标 🔓	图层处于解锁状态	图标 🔒	图层处于锁定状态
锁定图层后，选定图层上的对象将不能被编辑修改，但仍然显示在屏幕上，能被打印输出。			
图标 🖨	图层上的图形可打印	图标 🖨⊘	图层上的图形不可打印

2.3.2　图层特性过滤器

在讲解图层管理之前，请用户首先打开"安装盘盘符:\Program Files\Autodesk\AutoCAD 2013\Sample\Database Connectivity\db_samp.dwg"文件，本节针对图层管理的操作将以这个图形文件为例。

图层特性过滤器类似于一个过滤装置，通过过滤留下与过滤器定义的特性相同的图层，这些特性包括名称或其他的如图 2-18 中所示的相关特性。在"图层特性管理器"选项板的树状图中选定图层过滤器后，将在图层列表中显示符合过滤条件的图层。

按照图 2-18 设置过滤条件，两个过滤条件中"名称"设置为"E*"，表示图层名称中含有字母 E，且 E 为首字母；"颜色"设置为 8，表示图层的颜色为 8 号色。设置完成后，用户可以查看预览效果，单击"确定"按钮，完成过滤器的创建，图 2-19 演示了使用该过滤器过滤的效果，图 2-20 演示了反转过滤器的效果。

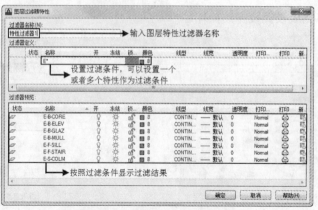

图 2-18　创建图层特性过滤器

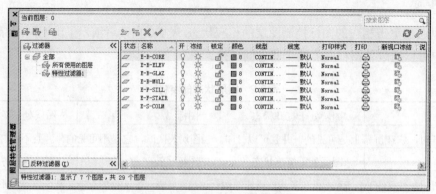

图 2-19　图层特性过滤器的使用

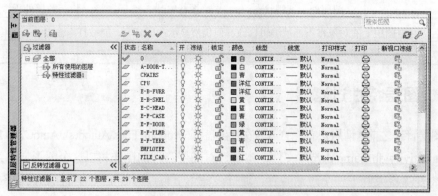

图 2-20　反转过滤器的使用

2.4　对象特性

　　图层中的特性设置针对图层中的全部对象，用户还可对单个图形对象的特性进行设置，这一节将对一些图形对象特性的设置方法进行介绍。

2.4.1　特性概述

首先以一个例子来说明特性的概念，选择"绘图"|"直线"命令，在工作区中任意处单击以绘制一条直线。选中绘制的直线并右击，在弹出的快捷菜单中选择"特性"选项，可以看到如图 2-21 所示的"特性"选项板。除右键菜单外，通过选择"工具"|"选项板"|"特性"命令或使用快捷键 Ctrl+1 也可以调出"特性"选项板。

选项板中包括了当前选择对象的全部特性参数，通过卷展菜单的方式显示出来，其中底色为白色的项目可以通过直接单击来进行修改。

选择了多个图形对象的情况下也可以打开"特性"选项板，且根据所选择对象的不同，"特性"选项板中所列项目也会不同。例如，对直线而言，"特性"选项板的"几何图形"卷展菜单中出现的是起点坐标和终点坐标等参数；而对圆来说，"特性"选项板的"几何图形"卷展栏中是圆心坐标和半径等参数。选择多个图形对象时，"特性"选项板中将会把这些对象的共有特性显示出来。

对象特性与图层特性的区别有以下几点。

- 选项板中显示的是单个对象的特性，对此特性的修改仅会影响到所选对象。
- 在对象的"常规"卷展菜单中，注意到有一些特性的描述为 ByLayer(随图层)，如果改变图层特性参数，那么该图层中凡是特性指定为 ByLayer 的对象都要随之发生变化。
- 在"特性"选项板中显示和修改的是对象特性，图层特性只能在"图层管理器"对话框中修改。

图 2-21　"特性"选项板

选择一个图形对象之后，常见的几种特性也将出现在如图 2-22 所示的"特性"工具栏中。

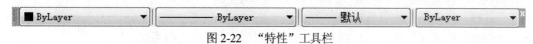

图 2-22　"特性"工具栏

2.4.2　线型

线型就是线的样式。在工程制图中，线有直线、点画线及虚线之分，用来描绘不同特征的对象，在绘图标准中均有相关规定。

在"特性"选项板或"特性"对话框中均有线型的下拉列表，其中会显示出当前图形中已经加载的线型，要使用一个未被加载的线型，需要进入"加载或重载线型"对话框中进行操作，该操作在 2.3.1 节已经提到。

查看当前线型和加载新线型，可以在线型管理器中进行，选择"格式"|"线型"命令或者在命令行中输入 LINETYPE 命令并按 Enter 键，系统会弹出"线型管理器"对话框，如图 2-23 所示。在

"特性"选项板或"特性"工具栏中的线型列表中选择"其他"选项,也可以调出该对话框。

加载新的线型到"线型管理器"对话框的列表中,通过单击"加载"按钮打开"加载或重载线型"对话框来完成,这里不再赘述。

选择一个线型,单击对话框中的"显示细节"按钮,则对话框的下方出现"详细信息"选项区域,在其中可对一个线型进行具体的设置,单击"隐藏细节"按钮则隐藏"详细信息"选项区域。

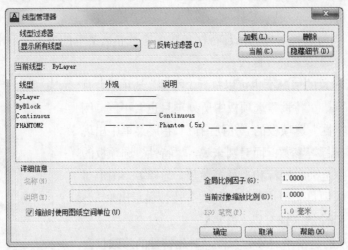

图 2-23 "线型管理器"对话框

该对话框中各项参数的含义如下。

- "当前"按钮:显示当前所使用的线型。
- "加载"按钮:加载别的线型,用于为图形添加线型,单击此按钮将弹出"加载或重载线型"对话框。
- "删除"按钮:删除选择的线型。
- "隐藏/显示细节"按钮:用于关闭或打开"详细信息"部分的显示。
- "名称"文本框:为被选线型命名。
- "全局比例因子"数值框:指定图形中所有线型的缩放比例系数。
- "当前对象缩放比例"数值框:指定后来绘制的所有线型各自的缩放比例系数,并乘以全局比例系数成为这些线型真正的缩放比例系数。
- "线型过滤器"下拉列表:用于指定显示线型的条件,适用于图形中使用多种线型的情况,默认选项是"显示所有线型"。

1. 加载线型

在"线型管理器"对话框中,系统默认的线型有 3 种。

- ByLayer(随层):表示该线型与对象所在图层的线型一样。
- ByBlock(随块):表示块内对象的线型随插入的图层的线型而定。
- Continuous(连续):表示连续实线,为最普通的线型。

单击"加载"按钮，可打开"加载或重载线型"对话框，"可用线型"列表框中列举了全部可用的线型和预览，如虚线、较大间隔的虚线、点画线和双点画线等，用户可结合预览及需要进行选择。

2. 设置某种线型为当前线型

在"线型管理器"对话框中指定一种线型为当前线型，是针对全局的操作，选择一种线型并单击"当前"按钮，可以设置该线型为当前线型，这样在设置之后所绘制的所有对象都将采用该线型。默认情况下，当前线型是随图层的。

3. 重命名线型

用户可以重命名线型，如线型号为 ACAD_ISO02W100 代表虚线，用户可以将其更名为"虚线"，这样方便记忆。

对线型进行重命名的操作如下。

01 在"线型管理器"对话框的线型列表中选择需要重命名的线型。

02 单击"显示细节"按钮，打开"详细信息"选项区域，在"名称"文本框中输入新的名称。

> **提示**
>
> 不能对系统默认的 3 种线型(ByLayer、ByBlock、Continuous)以及依赖外部参照的线型进行重命名。

4. 删除线型

删除不需要的线型可以减少图形中的冗余信息，提高程序的处理速度。

选中需要删除的线型，单击"线型管理器"对话框中的"删除"按钮即可。

> **说明**
>
> 不能删除系统默认的 3 种线型(ByLayer、ByBlock、Continuous)以及使用了的线型。另外，在绘图完成规整图形时，建议采用 PERGE 命令进行自动清理，未用的线型将被自动清理掉。

5. 线型比例

在使用各种线型绘图时，除了 Continuous 线型以外，每一种线型都是由实线段、空白段、点或文字以及图形组成的序列。在线型定义中已经定义了这些小段的长度，显示在屏幕上的一小段长度与显示时的缩放倍数和线型比例成正比。如果比例选取不当，则会影响显示效果。

如图 2-24 所示的例子为使用同一种虚线绘制的两个矩形，因其线型比例不一样而导致图形有差异，显然左图的线型比例更为合适。

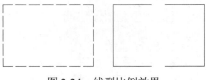

图 2-24　线型比例效果

线型比例分为全局线型比例因子和当前对象线型比例因子。两个比例因子的功能不同，初学者特别容易混淆，它们的区别如下。

- 全局线型比例因子：全局线型比例因子对图形中的所有非连续线型都有效，该线型比例因子通过系统变量 LTSCALE(系统默认值是 1)来控制。改变该比例因子将影响到所有已经存在的对象以及以后要绘制的新对象。
- 当前对象线型比例因子：当前对象线型比例因子是针对图形对象的，各个对象可具有不同的比例因子，每个对象最终的线型比例因子等于对象线型比例因子乘以全局线型比例因子。该比例因子通过系统变量 CELTSCALE 来控制，改变后将影响到改变值后所绘制的图形对象，已有对象的比例因子也可以改变。

这两个比例因子都可以在绘图的过程中随时修改，可以通过"线型管理器"来修改比例因子，也可以通过修改系统变量进行修改。对于对象线型比例因子的修改还可以使用对象特性选项板来修改。

一般根据图形的比例尺指定一个全局线型比例因子，使各线型的疏密程度在当前图形下比较适当，再根据个别线型的实际效果修改单个线型的比例因子，或者在"特性"选项板中直接修改某一个图形对象的线型比例。

2.4.3 设置线宽

如果需要绘制粗细不同的线，则直接对线宽进行设置即可，不必像早期版本中那样使用 PLINE (多线)命令绘制带有宽度的多线。线宽不同，线的粗细不同。在 AutoCAD 2013 中，系统提供了从 0 mm 到 2.11 mm 的不同线宽。

1. 线宽设置

同对象的颜色、线型一样，系统默认对象的线宽与所在图层的线宽一致，但可以单独对对象进行线宽设置，这样对象的线宽便以单独的设置为准。可以使用对象特性选项板设置对象的线宽，也可以在"图层特性管理器"对话框中指定图层的线宽。对于全局的线宽设置使用"线宽设置"对话框。

选择"格式"|"线宽"命令或者在命令提示区中直接输入 LINEWEIGHT (或缩写 LW)并按 Enter 键，可弹出"线宽设置"对话框，如图 2-25 所示。

该对话框的"线宽"列表框中给出了线宽数值，"列出单位"选项用于指定线宽单位为毫米或英寸，"显示线宽"复选框控制是否显示线宽，"默认"列表框中指定图层的默认线宽。0 宽度的线型是绘图仪能绘制的最细线型，宽度为一个像素。

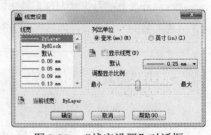

图 2-25 "线宽设置"对话框

2. 线宽显示

线宽显示用来选择是否显示线宽，当打开线宽显示时，线的宽度直接在视图中反映出来，但系统运行速度会有所降低，并且影响编辑性能。关闭线宽显示时，所有对象都将以最细的线显示。

2.4.4　设置对象特性

设置一个或多个对象特性，除了可使用前面提到的"特性"选项板和"特性"工具栏之外，还可以使用 AutoCAD 2013 提供的一个格式刷工具进行特性复制的操作。

1. "特性"选项板

系统将对象的特性按照一定的顺序列表，显示在一个特定的窗口里，该窗口就是对象特性选项板，在 2.4.1 节中已经提到过。该窗口是一个浮动的窗口，外观不同于传统的对话框，可以浮动在屏幕上的任何位置，也可以吸附在工作区四周。

打开该管理器的方法有以下几种。

- 选择"工具"|"选项板"|"特性"命令。
- 在标准工具栏中单击"特性"按钮。
- 从命令行中直接输入 PROPERTIES 并按 Enter 键。
- 双击选中的对象(少数对象不适用)，或者在选中对象的前提下右击，在快捷菜单中选择"特性"选项。
- 使用组合键 Ctrl+1。

在 AutoCAD 2013 中，"特性"选项板采取按照分类显示属性的方式。"特性"选项板中的选项和内容与当前选择的对象相关。如果当前选择了某一个对象，则分类显示该对象的所有特性。如果选择了很多不同的对象，则显示该类对象的共有属性。

利用对象特性选项板可以很方便地修改对象特性：即选择要修改的对象，然后在对象特性选项板里找到需要修改的属性，在属性栏里输入相关的值或选择相关的选项。如果是修改对象的点的位置，还可以单击"拾取"按钮，然后在工作区内直接选择修改点的坐标。对于不能被修改的属性，则呈灰色显示。

例如，选择某个对象，调出"特性"选项板，单击其中"常规"卷展栏中的"颜色"一项右边的颜色图示，可以将颜色修改为列表中提供的颜色，若选择"选择颜色"选项，则可以打开前面与图层特性中一样的"选择颜色"对话框来指定颜色，如图 2-26 所示。

另外，对象特性选项板属于 AutoCAD 2013 中的非模态对话框，单击对话框左下角的"特性"按钮，能够设置该对话框的自动隐藏和拖放特性等选项。

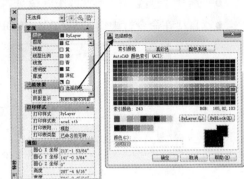

图 2-26　在"特性"选项板中指定对象颜色

2. 通过"特性"工具栏修改对象特性

通过对象特性工具栏可以直接修改对象的特性，如颜色、线型、线宽、打印样式和图层等，与通过图层工具栏控制图层类似：选择要修改的对象，然后单击要修改的特性旁边的按钮，在弹出的下拉菜单中选择合适的设置，对象的特性便以选择的为准，而不与当前层的设置一致。

选择一个图形对象，在"特性"工具栏中展开"线型"列表，可以看到当前图形中的线型，与"线型管理器"对话框中的列表相同，如图 2-27 所示。选择一个线型，作为当前选择的图形对象的线型，若选择"其他"选项，就可以调出"线型管理器"对话框。

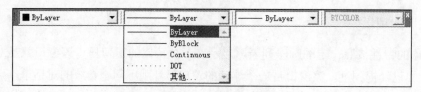

图 2-27　"特性"工具栏

另外，比较特别的是，若不选择任何图形对象，而直接将"特性"工具栏中的特性参数改变，则之后绘制的全部图形对象都将按此线型参数执行，直到"特性"工具栏中的数值被改变为止。"特性"工具栏中各项特性的默认值均为"ByLayer"(随图层)，绘制的所有图形对象的线型与图层线型相同。

3.　"特性匹配"命令

"特性匹配"命令可以通过一个源对象来改变另一个或多个对象的特性，也称为"格式刷"工具。可以通过"特性匹配"命令改变的对象特性有：颜色、图层、线型、线型比例、线宽、厚度和打印样式，有时也包括标注、文字和图案填充。

使用格式刷时，系统首先提示选择一个源对象，选择源对象后，系统提示选择目标对象，AutoCAD 2013 将把目标对象的某些属性改变成源对象的属性。调用这个命令的方法同样有多种。

● 单击标准工具栏中的"特性匹配"按钮，如图 2-28 所示。
● 选择"修改"|"特性匹配"命令。
● 直接在命令行中输入 MATCHPROP(缩写 MA)并按 Enter 键。

图 2-28　"特性匹配"按钮

激活格式刷并选择了源对象后，光标将变成刷子形状，系统提示选择目标对象，使用刷子形状的光标可以进行多次选择，所选对象都将改变相应的属性，按 Esc 键或 Enter 键结束该命令。

第3章 二维绘图与编辑

二维图形对象是 AutoCAD 中最基本也是最重要的一类图形对象。与以往的版本一样，AutoCAD 2013 为用户提供了大量的基本图形绘制命令和二维图形编辑命令，用户通过结合使用这些命令，可以方便而快速地绘制出二维图形对象以及复杂的平面图纸。

本章将向读者讲解常见基本二维图形的绘制和编辑方法。通过本章的学习，读者可以掌握各种基本图形的绘制、编辑方法以及技巧，并能够熟悉相应命令的使用场合和相应的绘图方式。

中文版 AutoCAD 2013 室内装潢设计

3.1 坐标系与点的输入

点是最简单的一维图形，也是所有图形的基础。在 AutoCAD 2013 的绘图操作中，含有大量的拾取点的操作。拾取点的操作充分体现了 AutoCAD 2013 二维坐标系的特点和使用方法方面的优势。

点的拾取或输入操作，用在命令提示区出现"选择点"提示时。其主要分为两种方式：一种是通过鼠标在绘图窗口中直接单击取点；另一种是通过键盘输入点的坐标取点。在 AutoCAD 2013 平面绘图中，经常用到的坐标系包括直角坐标、极坐标和相对坐标。

01 点的直角坐标输入方式，格式如下：

$$x,y$$

其中，x 和 y 分别为笛卡儿直角坐标系的横纵坐标，此两个数值唯一地决定了点在二维平面中的位置。

提示

两个坐标数值中间的逗号一定为英文半角状态下输入的，使用中文输入法时误输为全角的逗号会导致程序无法识别。

02 点的极坐标输入方式，格式如下：

$$r<a$$

其中，r 和 a 分别为极坐标的长度和方向数值，长度所使用的单位与直角坐标一样；a 为一个角度、以"度"为单位，一般选择横轴向右方向为 0°。根据极坐标的两个数值所确定的点位置如图 3-1 所示。

03 点的相对坐标输入方式，格式如下：

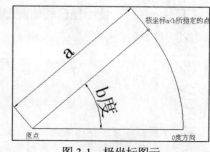

图 3-1　极坐标图示

$$@x,y 　或　 @a<b$$

AutoCAD 提供相对坐标的点输入方法，其格式为在普通直角坐标或极坐标的输入之前加一个"@"符号。相对坐标所指定的是以前一个点作为原点的直角坐标点或极坐标点。根据绘图的实际情况选择相对坐标可以简化点的选取。

3.2 显 示 控 制

用户使用 AutoCAD 2013 时常常会编辑一些较大的图形对象，绘制和查看图形的过程中往往需要将局部的视图放大缩小，有时需要使用不同的视口共存以观察图形的不同局部，这些操作是

AutoCAD 2013 中最基本的部分。本节详细介绍这些与显示有关的命令。

　　显示控制的命令，被列入如图 3-2(a)所示的"视图"窗口菜单中，其中一些经常用到的命令按钮也放置在如图 3-2(b)所示的"标准"工具栏中。

（a）　　　　　　　　　　　　　　　　　　　　　（b）

图 3-2　　"视图"菜单与"标准"工具栏

除"标准"工具栏外，"视图"菜单中的另外一些命令也有相应的工具栏按钮。

3.2.1　平移图形

　　对于较大的图形文件，显示在工作区中的可能是整个图形的一个局部，查看、绘图和编辑等操作都需要对图形进行平移。平移图形可以通过多种方式来实现。

　　在工作区中移动图形可以使用"平移"命令，选择"视图"|"平移"菜单中的选项调用此命令，或单击"标准"工具栏中的"平移"按钮，平移命令的命令提示符为 PAN(缩写为 P)。

　　例如选择"视图"|"平移"|"实时"命令进入平移命令之后，工作区的光标形状变为如图 3-3 所示的手形，拖动鼠标来实现平移，直到按 Enter 键或 Esc 键退出。

　　在实时平移状态下右击，弹出如图 3-4 所示的快捷菜单，在其中选择相应的命令可以进入其他显示控制操作或退出此命令。

　　如果使用的是 3D 鼠标，那么可以通过按下鼠标滚轮(第三按键)的同时拖动鼠标来平移图形，其效果与实时平移命令一样，松开滚轮即可退出实时平移。按下 Ctrl 键+鼠标滚轮，保持按下鼠标滚轮并放开 Ctrl 键，能进入操纵杆模式，此时的光标形状如图 3-5 所示，光标位于图形中心位置时，图形保持不变，偏离中心位置时，图形将以与光标偏离中心位置距离相关的速度平移。也就是，光标离开中心位置向左时，图形向左以均匀速度平移，而且光标距离中心位置越远，图形平移速度越大。

　　应当注意的是，必须将系统变量 MBUTTONPAN 设置为 1，才能用鼠标滑轮进行平移。

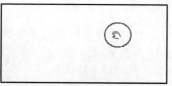

图3-3 平移命令下的光标形状　　　图3-4 平移命令中的鼠标右键　　　图3-5 操纵杆模式下的光标形状

 提示

带有滚轮的鼠标使用广泛，最常用的一种方法是使用鼠标对图形进行实时平移。

此外，"平移"菜单中其他菜单项的含义如下。

● "点"菜单项：通过指定两个点，并根据从第一点到第二点的距离计算出位移。

● "左"、"右"、"上"、"下"菜单项：在每次选择相应的命令时，将图形往相应方向平移一段距离。

3.2.2 缩放图形

使用缩放命令修改图形显示大小，缩小显示可以看到更多的图形，扩大显示可以看清局部图形的细节。

选择"视图"|"缩放"命令可以执行"缩放"命令，命令提示符为 ZOOM (缩写为 Z)，常用的几种缩放命令模式的按钮在"标准"工具栏中，"缩放"工具栏中则有全部模式的按钮，如图 3-6 所示。

1. 实时缩放

选择"视图"|"缩放"|"实时"命令，单击"标准"工具栏或"缩放"工具栏中的"实时缩放"按钮，或在命令提示区输入 ZOOM 并选择默认的"实时"模式，都可以进入此命令，进入实时缩放命令之后光标在工作区中显示为如图 3-7 所示的形状，之后通过拖动鼠标可对图形进行缩放，向上拖动可使图形显示扩大，向下拖动则使图形显示缩小。

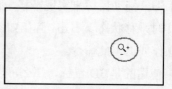

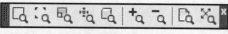

图3-6 "缩放"工具栏　　　　　　　　　　图3-7 实时缩放时的光标形状

以下缩放命令的调用方法与实时缩放类似，不作重复介绍。

2. 窗口缩放

缩放命令的窗口模式，可以把指定窗口中的图形对象进行最大限度的放大。当需要放大某个确定的局部时，这种方法显得很有效。

运行窗口模式的缩放命令后，用户指定窗口的两个对角点，被指定的这个矩形框被最大限度地放大，也就是放大高度或宽度中的某一个直至与窗口的长度或宽度相等。

3. 显示上一个视图

缩放命令可以显示上一次的视图，相当于缩放命令中的"撤销"操作。

4. 动态缩放

动态缩放与窗口缩放有些相似，缩放以使用视图框显示图形的已生成部分。视图框表示视口，可以改变它的大小，或在图形中移动。移动视图框或调整它的大小，将其中的图像平移或缩放，以充满整个视口。与窗口缩放的区别在于，视图框在视口中移动和调整时，始终保持与当前视口长宽比例一致，这样视图框中包含的图形对象正好可以充满重新显示后的视口。

5. 比例缩放

比例缩放通过指定精确的比例因子，指定视图的放大或者缩小的比例。

6. 中心缩放

用以上方法进行缩放时，缩放的中心就是当前视口中心点。如果想更换这个默认的中心点可以用"中心缩放"选项，用户指定一个点作为缩放的中心点。

7. 显示整个图形

要显示整个图形，可以使用缩放命令中的"全部"模式或"范围"模式。其中，全部缩放将设置的图形界限在视口中以最大限度放大，范围缩放将有图形对象的范围在视口中以最大限度放大。

这两种缩放会自动执行无须输入任何参数，用户由此可以观看全部图形对象或整个图形界限的效果。

8. 放大和缩小

缩放命令还有"放大"和"缩小"两个选项，直接对图形进行预置倍数的缩放。"放大"选项相当于以 2 为比例因子的比例对图形进行一次放大，"缩小"相当于以 0.5 为比例因子的比例对图形进行一次缩小。

9. 使用鼠标滚轮

鼠标滚轮的使用相当于使用两种缩放命令：向上拨动滚轮，图形将以光标所在位置为中心点被放大；向下拨动滚轮，图形以光标所在位置为中心点被缩小。

提示

使用鼠标滚轮是最快捷的缩放方法，注意此时缩放的中心为光标所在点。缩放时可将光标置于所要放大的图形局部，滚动鼠标滚轮进行缩放，按下鼠标滚轮进行平移，组合使用两种显示控制操作。

3.2.3　视图和视口

　　视图就是当前工作区的模型空间的观察角度和观察范围，三维建模时需要频繁进行视图操作，这将会在第 4 章中详细介绍。

　　视口就是显示图形模型空间中某个部分绑定的区域。直观理解，视口就是当前工作的窗口，前面介绍的缩放和平移，以及绝大多数的绘图和编辑操作，一般就是在当前视口中进行的。在绘图过程中，用户可以创建多个视口，在工作界面内同时显示不同的视图，通过单击在视口间切换，这在三维建模中广泛使用。二维绘图中也可使用多个视口，如在一个视口中显示整张图纸，而在另一个视口中显示放大的局部。

　　选择"视图"|"视口"菜单中的命令，可以对视口进行操作，如图 3-8 所示。

　　默认状态下，AutoCAD 2013 把整个工作区域作为单一的视口，可在其中绘制和操作图形。选择多个视口，则在工作空间中显示出平铺的多个视口，在某一个视口之内单击，可使此视口具有黑色粗线边框，并作为当前工作的视口，显示控制操作只对当前视口有效。图 3-9 所示就是显示 3 个视口的例子。

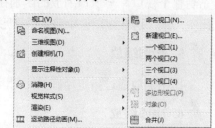

图 3-8　视口命令

　　各视口中显示的是相同的一个或多个图形对象，操作在当前视口中进行，但更改将会显示在全部的视口中。

　　选择"视图"|"视口"|"新建视口"命令或者"视图"|"视口"|"命名视口"命令，都可以打开如图 3-10 所示的"视口"对话框，在"新建视口"选项卡中可以选择预制的一些视口样式，在"命名视口"选项卡中则可以进行自定义。单击预览中的每一个视口，并在下方的下拉菜单中选择此视口的视图和视觉样式，以完成视口布置的设置。

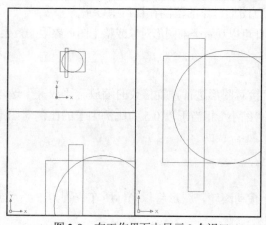

图 3-9　在工作界面中显示 3 个视口

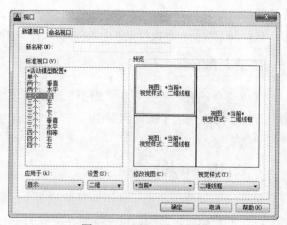

图 3-10　"视口"对话框

提示

　　多个视口在三维绘图中应用较多，因此在自定义视口时必须对视觉样式进行设置，这将会在第 4 章中介绍。

3.3 创建二维对象

二维对象的创建命令都在"绘图"菜单中，如图 3-11(a)所示。单击"绘图"工具栏中的按钮也可以调用同样的命令，如图 3-11(b)所示。

前面已经介绍过 AutoCAD 2013 中命令的调用方法，此后本书提到命令调用均采用菜单项的位置描述，这样不会产生歧义。读者应当注意到，几乎所有的命令都具有多种调用方式，除选择菜单项外，还可直接输入命令名称或命令缩写以及单击工具栏按钮或面板按钮，可根据个人使用习惯选择相应的命令调用方式，本书中不再赘述。

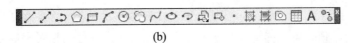

(a)   (b)

图 3-11 "绘图"菜单和"绘图"工具栏

3.3.1 直线

选择"绘图"|"直线"命令，进入直线命令，命令提示区显示"指定第一点:"，用户选择点作为直线的端点，可以连续绘制。如图 3-12 所示，依次选择 A、B、C、D、E 点，即可得到图示的直线对象。其中，每一小段直线都是一个单独的图形对象。

建筑图纸中的轮廓均为规则的直线和平面，直线对象在二维图纸中广泛存在，下面介绍几种常用的绘制直线的技巧。

1. 方向距离模式绘制直线

方向距离模式绘制直线，当命令提示区显示"指定下一点或 [放弃(U)]:"时，绘制的下一条直线段的方向由光标给定，直接输入长度数值，系统将会按照此方向和距离生成直线。配合 AutoCAD 提供的极轴功能，该方法准确方便且使用广泛。

图 3-13 所示就是一个绘制直线的实例，以任意一点开始，使用极轴功能可以用光标拾取水平和竖直方向，直接输入长度数值就可以确定每一小段直线的长度。

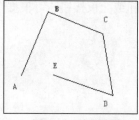

图 3-12　绘制直线

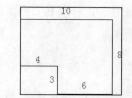

图 3-13　方向距离模式绘制直线

不使用光标拾取方向而直接输入极坐标值"角度<长度"，可以完成同样的操作。

2. 指定点的相对坐标

3.1 节提到的点的输入，可以灵活运用到直线命令中。在命令提示区的提示"指定下一点或[放弃(U)]:"下，可以通过多种方法指定端点，在平面坐标系中，这是一种最为直接的表达方法。

通过点的相对坐标来完成这种方式的绘图，是一种常用技巧，如图 3-14 所示就是一个例子，任意指定第一点，之后依次输入相对坐标(@10,10)、(@0,5)和(@10,-10)，每次指定的相对坐标都以上一点作为基准，便于尺寸的控制。

尤其是在制图中绝对坐标并不经常使用，当图形已经存了一部分的时候，要获得图形某一个确定点的绝对坐标可能很困难。可以寻找合适的点作为参照，利用相对坐标得到所需的点，还可配合对象捕捉功能。

图 3-15 给出一个例子，在已有的一个矩形内部画出一个矩形，两个矩形在水平和竖直方向的间距是确定的值，可以捕捉大矩形的左下角点为起点并使用相对坐标绘制直线，获得内部矩形的定位点，之后再绘制内部矩形。

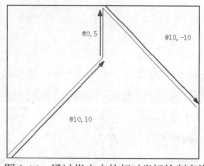

图 3-14　通过指定点的相对坐标绘制直线

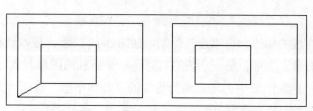

图 3-15　使用相对坐标绘制的直线

3. 使用对象捕捉和对象追踪

使用对象捕捉功能，可以在图形中已经存在的关键点之间绘制直线，这也是绘图中极为常用的一种方式。在绘图中还可通过单击状态栏中的相应按钮随时开启和关闭捕捉功能。

对象捕捉和对象追踪功能并不仅局限于直线的绘制，而是在任何对象绘制时都可使用，3.5 节将会进行更为详细的介绍。

3.3.2　圆

通过选择"绘图"|"圆"菜单中的命令可调用圆命令。此菜单中有 3 个大类，共计 6 种具体的参数选择方式。若在命令提示区输入 CIRCLE 并按 Enter 键，也可以看到这样的提示："指定圆的圆心或[三点(3P)/两点(2P)/ 切点、切点、半径(T)]:"，这与菜单中的模式是一致的。

1. 圆心、半径(直径)方式

依次指定圆心和半径(可选为直径)，绘制出一个圆。几何中圆形的定义正是如此，这是最基本的一种模式。其中，圆心的指定需要选择点，可通过光标拾取和坐标指定等方法实现。

2. 指定两点(三点)方式

二维平面上的圆具有 3 个自由度，可以通过不共线的 3 个点唯一确定，指定三点的方式是通过指定 3 个点来确定所绘制圆的位置，而指定两点则是把两点作为圆的直径来确定圆。两种方式均需利用点的输入，方法与前面相同。

3. 相切方式

使用相切的方式，依次用光标拾取选择第一个相切对象和第二个相切对象，加上第三个相切对象或者指定圆的半径。用于相切的对象可以是直线对象，也可以是圆弧对象。

如图 3-16 所示，选择"绘图"|"圆"|"相切、相切、相切"命令，在命令提示区的提示下依次选择三角形的 3 条边，可以生成三角形的内切圆。

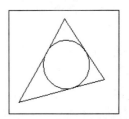

图 3-16　绘制三角形的内切圆

3.3.3　多段线命令

选择"绘图"|"多段线"命令可绘制多段线。多段线与直线段有些类似，但它们又有 3 个显著的区别：直线命令绘制出的各段作为单独的对象，而多段线是整体作为一个对象；多段线对象可以具有宽度并使各段宽度不同，直线对象则不行；多段线可以是直线与圆弧的组合，绘制时可以自由进行切换。

由于多段线对象的这些特点，它能适用更多的场合，如外轮廓线。

进入多段线命令并指定第一点之后，命令提示区中显示"指定下一个点或 [圆弧(A)/半宽(H)/长度(L)/放弃(U)/宽度(W)]:"，接下来指定连续端点，产生多段线，之后按 Enter 键确定。

1. 直线多段线

绘制直线多段线的方法与直线类似，在"指定下一点:"提示下，通过适当方法指定点即可。

2. 圆弧多段线

在命令提示区中提示"指定下一个点或 [圆弧(A)/半宽(H)/长度(L)/放弃(U)/宽度(W)]:"时，输入 A 并按 Enter 键，可以切换为圆弧模式，接下来绘制的多段线是圆弧。

此时命令提示区将会显示"指定圆弧的端点或[角度(A)/圆心(CE)/方向(D)/半宽(H)/直线(L)/半径(R)/第二个点(S)/放弃(U)/宽度(W)]:"，按照默认方式指定下一点，则产生的圆弧起于上一端点，终止于指定端点，且与前后两段线条相切。也可根据提示选择各选项，通过指定圆心、半径或经过三点的方式绘制圆弧。

如图 3-17 所示为直线与圆弧组合的多段线的一个例子。

3. 多段线的宽度

多段线可以指定宽度，当命令提示区显示"指定下一个点或 [圆弧(A)/半宽(H)/长度(L)/放弃(U)/宽度(W)]:"时，可以通过输入 W 或 H 并按 Enter 键来指定多段线的宽度。需要指定的宽度有两个，一个为"起点宽度"，一个为"端点宽度"。带有宽度的多段线，实际上是以所绘制的线条为轴线，按宽度以实心颜色(与线条颜色相同)填充所得的实体，各项参数的含义如图 3-18 所示。

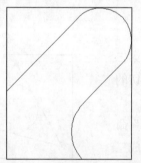

图 3-17　直线与圆弧组合的多段线

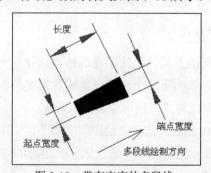

图 3-18　带有宽度的多段线

提示

具有宽度的多段线与指定了线宽的直线不同，关闭线宽的显示不会影响多段线的宽度。

如图 3-19 所示，是一个带宽度的多段线的应用实例，首先指定起点和终点为相同的宽度，向右绘制一段，接下来指定一个较大的起点宽度并将端点宽度设为 0，继续向右绘制多段线，可以得到一个箭头图案。

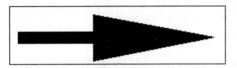

图 3-19　带宽度的多段线的应用实例

4. 通过封闭区域创建多段线

用任何二维的闭合区域的边界可以创建多段线，选择菜单中的"绘图"|"边界"命令，弹出如图 3-20 所示的"边界创建"对话框，单击"拾取点"按钮，在图形中拾取区域内的一点以确定源区域，在"对象类型"下拉菜单中选择"多段线"命令，再单击"确定"按钮即可。

如图 3-21 所示，选择左图中三圆相交的公共部分，即可生成右图所示的边界多段线。

提示

　　使用这种方法生成多段线对象不会改变原来的图形对象，而是以所选边界创建一个新的多段线。

图 3-20　"边界创建"对话框

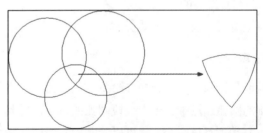

图 3-21　生成边界多段线的例子

3.3.4　圆弧

选择"绘图"|"圆弧"菜单中的命令调用圆弧命令，不同的菜单项对应多种可选的方式。

1. 指定三点方式

这是圆弧命令的默认方式，依次指定 3 个不共线的点，绘制的圆弧为通过这 3 个点且起于第一个点、止于第三个点的圆弧。

2. 指定起点、圆心以及另一参数方式

起点就是圆弧的起始点，圆心是圆弧所在圆的圆心，前两个参数已经把圆弧所在的圆确定下来，第三个参数可选图 3-22 中所示的几种。

- "端点"：指圆弧的终点，拾取该点的时候，只是与光标相对于圆心的极坐标向量角有关，

此时使用极轴将会有帮助。

- "角度": 从起点到终点的圆弧角度, 输入或者由光标当前极坐标向量角指定。可以为负, 正负的意义遵照初始的图纸设定, 一般正的角度对应于逆时针方向。
- "长度": 圆弧的弦长, 可以输入或光标拾取, 光标拾取就是光标当前位置与圆弧起始点的距离。一个弦长通常对应于两个圆弧, 绘图中默认的是不大于半圆的圆弧。

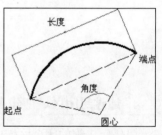

图 3-22　圆弧的参数

3. 指定起点、端点以及另一参数方式

起点为圆弧起点, 端点为圆弧终点, 前两个参数确定圆弧所在圆的圆心在一条直线上, 第三个参数如下。

- "角度": 输入或者光标指定。注意区分方向以及角度的正负, 指定互为相反数的两个角度将会绘制出一对互补的优弧和劣弧。
- "方向": 光标与起点连线的方向, 指定圆弧在起点处的切线方向。此种方式适用于绘制与确定对象相切于确定点的圆弧。
- "半径": 光标到终点的距离指定圆弧的半径, 也可输入。显然, 该半径应该不小于起点到终点距离的一半。

参数意义与前一种方式类似。

4. 继续方式

绘制好圆弧之后, 选择"绘图"|"圆弧"|"继续"命令, 可在前一圆弧的基础上继续绘制圆弧, 所绘制的圆弧起点重合于上一段圆弧的终点, 并且与上一段圆弧相切, 用户需指定圆弧终点。

反复地运行该命令, 就可以绘制出一段连续相接的圆弧, 这与多段线命令的圆弧模式是相同的。

3.3.5　多线

选择"绘图"|"多线"命令可调用多线命令。多线由若干条平行的直线组成, 最多可以有16条, 线之间的间距以及各自的线型均可以设置, 绘制中可以自动把连续的多线段封闭起来, 建筑制图中的墙体线就是多线的典型应用。

多线的命令行提示中, 要求指定"对正(J)"、"比例(S)"和"样式(ST)"。其中: 对正(J)选项的功能是确定如何在指定的点之间绘制多线, 控制将要绘制的多线相对于光标的位置; 比例(S)选项的功能是控制多线的全局宽度, 设置实际绘制时多线的宽度, 以偏移量的倍数表示; 样式(ST)选项的功能是为将要绘制的多线指定样式。

用户可以自定义多线样式, 以控制元素的数量和每个元素的特性。该样式还将控制背景填充和端点封口。

选择"格式"|"多线样式"命令, 弹出"多线样式"对话框, 单击"新建"按钮, 弹出"创建

新的多线样式"对话框,在"新样式名"文本框中输入名称,单击"确定"按钮,弹出如图 3-23 所示的"新建多线样式"对话框。在"新建多线样式"对话框中,"说明"文本框为当前多线样式附加的简单的说明和描述。"封口"选项区域用于设置多线起点和终点的封闭形式,"图元"选项区域可以设置多线元素的特性。元素特性包括每条直线元素的偏移量、颜色和线型。"添加"按钮可以将新的多线元素添加到多线样式中。"删除"按钮从当前的多线样式中删除不需要的直线元素。"偏移"文本框用于设置当前多线样式中某个直线元素的偏移量。

图 3-23　"新建多线样式"对话框

3.3.6　构造线

构造线是向两端无限延伸的直线。在构造线命令中,用户需要指定构造线通过的一点以及构造线的方向,进入构造线命令,命令提示区将会显示"指定点或 [水平(H)/垂直(V)/角度(A)/二等分(B)/偏移(O)]:",可以指定构造线为水平或垂直方向,也可以选择"二等分(B)"选项绘制某个角的角平分线,或者选择"偏移(O)"对已经存在的直线对象偏移生成构造线。

构造线一般作为辅助线使用,用于图形对象的定位,在使用之后应该删除,或者将其置于特殊的图层,在不需要显示这些辅助线的时候可以将图层的属性设置为不显示。

3.3.7　正多边形命令

选择"绘图"|"正多边形"命令可以调用正多边形命令。进入命令后,用户按照提示指定正多边形的边数和中心点(边),选择与圆内接或者外切,指定圆的半径,然后完成绘图。

如图 3-24 所示,分别为内接于圆和外切于圆的正八边形。

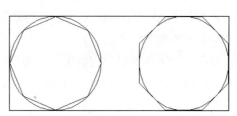

图 3-24　正多边形内接于圆和外切于圆

3.3.8 矩形命令

选择"绘图"|"矩形"命令可调用矩形命令，矩形对象在程序中是一种封闭多段线对象。作为绘图中较为常用的一种图形对象，AutoCAD 2013 对于矩形命令设置了如下选项。

- "倒角"：通过该选项用户可以设定矩形倒角的值，输入的两个倒角距离分别为在角的两条边上切去的长度，一般两个值相等。
- "圆角"：圆角的值用半径指定。圆角和倒角只能选择其一，设定圆角以后倒角自动取消。
- "宽度"：指定矩形的线宽。

一般使用技巧为，选择矩形的第一个角点，之后根据矩形的长度和宽度使用相对坐标输入另一个角点为"@宽度,长度"，即可完成所需尺寸的矩形绘制。另外，用户还可以通过指定矩形的面积来绘制矩形，还可以通过"旋转(R)"选项指定矩形绕角点旋转的角度。

3.3.9 椭圆命令

选择"绘图"|"椭圆"菜单中的命令调用椭圆命令，椭圆的绘制也可使用多种方式。

1. 指定长轴与短轴方式

椭圆较为常用的一种定义是按照长轴和短轴的长度，这也是在 AutoCAD 2013 中椭圆命令默认的参数指定方式。选择"绘图"|"椭圆"|"中心点"命令，在命令提示区的提示"指定椭圆的中心点:"下，指定某点作为椭圆的中心点，之后继续指定一个点作为长轴的端点，然后在与长轴垂直的位置指定一个短轴端点，完成椭圆的绘制。注意，长轴与短轴端点指定时都是以中心点为基准，只需使用光标选择一个方向，直接在命令提示区中输入半轴长度数值即可。

各项参数的含义如图 3-25 所示。

选择"绘图"|"椭圆"|"轴、端点"命令绘制椭圆的方法与"中心点"命令类似，通过两点指定椭圆的长轴，再输入一个短轴的长度，即可确定椭圆。

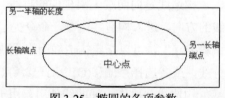

图 3-25 椭圆的各项参数

2. 旋转选项

在椭圆命令中，选定了长轴之后，在命令提示区的提示"指定另一条半轴长度或 [旋转(R)]:"下输入 R 并按 Enter 键，可进入由旋转角度确定短轴的方式，直接输入或光标拾取一个角度值，椭圆将由长轴和此角度数值确定。

此方式所生成的椭圆相当于一个圆形绕长轴旋转一个角度之后在当前平面上的投影。这是对椭圆的一种直观理解，特殊的旋转角度对应着特殊的椭圆，如 0° 是圆；60° 是长短轴之比为 2 的椭圆；而 90° 则椭圆退化为一条线段。

3. 绘制椭圆弧

绘制椭圆弧首先需要绘制椭圆,可采用上面任意一种方法。然后指定弧的起始角度即可,同样可以采用键盘输入和光标拾取两种方法。

如图 3-26 所示的就是一段椭圆弧。图中虚线所示的为圆弧所在的椭圆。通过极轴功能捕捉椭圆弧的始末角度分别为 0°和 45°。

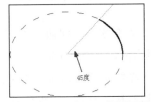

图 3-26 0°到 45°的椭圆弧

3.4 编辑二维对象

与二维图形的创建命令一样,二维编辑命令也是 AutoCAD 的核心内容,其中包含了很多使用频率极高的操作。这一节将简要介绍常用的二维编辑命令。

与 Windows 一般应用程序"编辑"菜单设置一样,AutoCAD 2013 的"编辑"菜单里也有"剪切"、"复制"、"粘贴"、"撤销"和"重复"等命令,其基本功能已为用户所熟知,在图形编辑中也是最为常用的编辑操作。

主要的图形编辑命令则在"修改"菜单中,如图 3-27(a)所示;其中很大一部分有相应的工具栏按钮,在"修改"工具栏中,如图 3-27(b)所示;常用的"复制"、"剪切"等编辑命令,则可通过鼠标右键快捷菜单来调用,如图 3-27(c)所示。

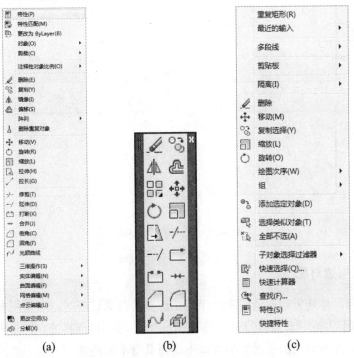

图 3-27 "修改"菜单、"修改"工具栏和鼠标右键快捷菜单

3.4.1 对象的选择

与二维对象的创建命令不同的是，编辑和修改命令都需要选定一个或一组对象，这种选定的对象称为选择集。一般情况下，先选定图形对象再调用编辑命令或先调用编辑命令再选择操作对象均可，在一个编辑或修改命令的执行过程中，命令提示区都会有详细的提示。

和以往版本一样，AutoCAD 2013 中对对象的选择，默认设置是添加所选对象，选择的对象加入到原有的选择对象中而不删除前面已有的选择。

图形对象的选择是 AutoCAD 中最基本的操作，主要可以有如下几种方式。

1. 单击方式选择对象

没有进入命令时，光标为默认的十字形，置于某个图形对象之上时，此图形对象将会显示为加粗，如图 3-28(a)所示。单击可将此对象选中，即加入当前选择集，此时对象线条变为虚线，并显示出蓝色夹点，如图 3-28(b)所示。当命令提示区给出提示"选择对象:"，需要进行对象选择的时候，光标形状变为如图 3-28(c)所示的小正方形框，置于图形对象之上同样也会使对象加粗显示，单击即可将图形对象加入到当前操作对象的选择集，但仅对当前命令有效，选中的对象以虚线显示，如图 3-28(d)所示。可选择多个对象，完成之后按 Enter 键确定。

选择光标的形状和大小可以设置，选择"工具"|"选项"命令，在"选项"对话框中进入"选择"选项卡，即可进行设置。

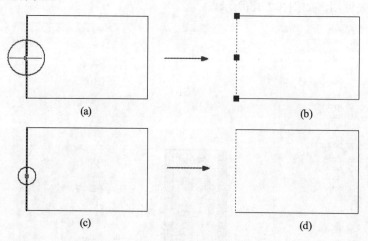

图 3-28　选择对象的方法

2. 框选和交叉框选对象

对于少量的对象，单选方式简洁清晰，当需要选择的对象较多时，可采用框选方式。框选方式与一般 Windows 应用程序类似，通过拖动鼠标拉出一个矩形框以选择处在矩形框之内的对象。

需要注意的是，此种方式因选择框的方向不同而具有不同的选择判断。若从左至右拖动鼠标，仅完全包容在矩形框中的对象被选中。从右至左拖动鼠标，所有位于矩形框内或与矩形框相交的对象都会被选中。在 AutoCAD 2013 中，根据两种不同的方式，框选对象时矩形框显示为不同的外观，当从左至右拖动鼠标框选时矩形框内显示为淡蓝色、边框为细实线，当从右至左拖动鼠标框选时矩形框显示为淡绿色、边框为细虚线。

如图 3-29 所示，图(a)为从左至右的框选，仅下方小圆被选中；图(b)为从右至左的框选，3 个圆对象都将被选中。

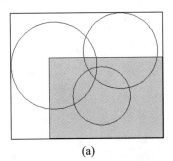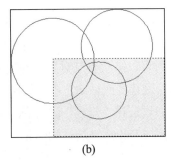

图 3-29　框选的两种方式

注意：射线、结构线(直线)等具有无限尺寸的对象不能通过第一种框选方式进行选择。

3. 从选择集中删除对象

选择对象的默认操作是添加到选择集中，按住 Shift 键进行选择则是将选定对象从选择集中删除，由于可能出现误选某个对象的情况，这个操作是必不可少的。

4. 选择前一次的选择集

建立一个选择集后，这些图形对象一直处于被选中状态，直到完成一次操作。直接按 Esc 键也可清除当前选择集。此外执行一个新操作的时候，如需要选择和上一次完全一样或者基本一样的对象，可以使用命令来简化对象选择。在命令提示区显示"选择对象："的状态下，输入 P 并按 Enter 键，系统自动选择上一次进行的对象选择。

5. 用多边形窗口选择对象

普通框选方式指定两点确定一个规则的矩形选择框，当用规则矩形框很难准确地拾取到需要的对象时，可以使用多边形选择框进行对象选择。在命令提示区的"选择对象："提示下，输入 PL 或者 WP，可以用多边形选择框进行选择。与矩形框选类似的是，输入 PL 进入交叉窗口，而输入 WP 则进入框选窗口，前者选择与指定多边形交叉和位于多边形内的对象，后者选择完全包含在多边形内的对象，这与普通框选和交叉框选类似。

3.4.2　复制、剪切、粘贴、删除、撤销与恢复

这一小节中介绍的编辑命令也是在其他 Windows 应用程序中经常出现的，然而对于 AutoCAD 2013 这个图形处理软件来说，具有其特定的特征。

1. 剪切、复制、粘贴和删除

在选择了一个或多个图形对象之后，右击，在弹出的快捷菜单中选择"剪贴板"|"复制"或"剪切"命令，可以对当前选择的对象执行复制或剪切操作，再次右击，在弹出的快捷菜单中选择"剪贴板"|"粘贴"选项，按照提示指定一个位置，即可粘贴已选的图形对象。

粘贴的位置由插入点给定，选择"复制"选项时程序自动选择图形对象的某个关键点作为基点，如需手动设定基点，可在选择图形对象之后选择右键快捷菜单中的"剪贴板"|"带基点复制"选项，命令提示区中提示"指定基点:"，在图形中指定一个点作为复制的基点。

一个复制命令内可以多次复制对象，使用复制命令里"模式(O)"选项，设置为"多个(M)"选项，将对象复制以后进行多次粘贴，不必每次都运行粘贴命令。

删除命令，可通过选择"修改"|"删除"命令或选定对象之后选择右键菜单中的"删除"选项来调用，也可以直接按 Delete 键进行删除。

2. 恢复

撤销和恢复命令多见于 Windows 应用程序，可通过选择"编辑"|"放弃"和"编辑"|"重做"命令来调用。

放弃命令用于撤销用户进行的最近一次操作，可以重复使用来撤销之前若干次的操作。重做命令则与撤销命令相反，用于执行恢复已经被撤销的操作，也可重复使用，直至恢复到所进行的最后一次操作。

值得注意的是，撤销命令在命令提示区中的使用可以通过键盘来指定撤销的步数，有时采取这种方式可以在一定程度上简化操作，在命令提示区中输入 UNDO 并按 Enter 键即可调用。

3.4.3　移动

移动命令，可通过选择"修改"|"移动"命令来调用或通过选定对象后再选择右键快捷菜单中的"移动"选项来实现，在"修改"工具栏中也有相应按钮。使用移动命令可以将一个或者多个对象平移到新的位置，相当于剪切和粘贴操作，通过基点和插入点指定移动的方向和距离。

选定选择集后进入移动命令，命令提示区将会提示"指定基点或 [位移(D)] <位移>:"，此时指定一个基点，之后命令提示区提示"指定位移的第二点或 <用第一点作位移>:"，再次指定一个点作为插入点，移动的矢量即由这两点确定。若选择位移模式，则只需将移动矢量以坐标的方式输入并按 Enter 键，即可完成移动。例如，若将图形向右移动 1、向上移动 5，进入位移模式，输入坐标"1,5"并按 Enter 键两次即可。

3.4.4　旋转

旋转命令，可通过选择"修改"|"旋转"命令或选定对象之后选择右键快捷菜单中的"旋转"命令来调用，"修改"工具栏中也有相应按钮。进入旋转命令，根据提示依次指定旋转的中心点和

角度作为旋转的参数。

选定选择集，进入旋转命令，命令提示区提示"指定基点："，指定一个基点作为旋转的中心点，之后命令提示区提示"指定旋转角度，或 [复制(C)/参照(R)] <0>："，直接使用光标在图形中单击所要选择的角度，或输入角度值并按 Enter 键。

在"指定旋转角度，或 [复制(C)/参照(R)] <0>："的提示下，输入 C 可以复制旋转图形，输入 R 并按 Enter 键，可进入参照模式。选择指定图形中的两个点作为参照线，接下来命令提示区提示"指定参照角 <0>："，此时使用光标在图形中单击两点，以这两点连线与 X 轴正方向的夹角作为参照角，再指定新参照角的角度，以决定旋转角度。

如图 3-30 所示的是一个使用参照进行旋转的例子，需要将矩形旋转至对角线为水平的位置，选择矩形进入旋转命令，指定一个旋转基点，之后输入 R 并按 Enter 键进入参照模式，在命令提示区的"指定参照角<0>："的提示下，先后用对象捕捉功能选择如图 3-30 左图所示的 A 点和 B 点，之后指定新角度为 0°，则矩形将被旋转到如图 3-30 右图所示的位置。

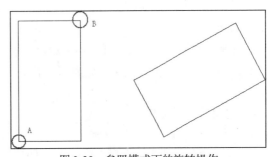

图 3-30　参照模式下的旋转操作

3.4.5　缩放

缩放命令，可通过选择"修改"|"缩放"命令，或在选定对象之后选择右键快捷菜单中的"缩放"命令来调用，其在"修改"工具栏中有对应按钮。进入缩放命令后需要指定的参数有基点和缩放比例。

与旋转命令一样，缩放命令也可以使用参照模式，通过在原图形上选择两点得到一个距离，然后指定要将这个距离缩放为具体数值。

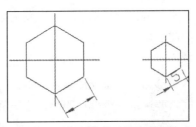

图 3-31　参照模式下的缩放操作

如图 3-31 所示为一个使用参照模式的例子，将一个正六边形缩小为边长为 5 的小的正六边形，通过使用参照模式，选择原六边形的任意一条边，并指定新长度为 5，即可完成这一操作。

提示

参照模式在 AutoCAD 2013 的绘图中是非常常见的，这个功能可以为绘图提高效率，但容易被忽略。

3.4.6　镜像

镜像命令，可通过选择"修改"|"镜像"命令来调用，镜像命令用来生成一个或一组对象关于

某个轴的对称图形。

选定选择集并进入镜像命令后，根据命令提示区的提示指定两点以确定镜像轴线，之后可以选择保留或不保留源对象。在绘制对称图形时，可以首先绘制出图形的一半，再使用镜像命令生成另一半并保留源对象，这在绘图中是很常见的操作。

特别是当镜像命令的操作对象中包含文本时，对文字进行机械的镜像操作将会产生无法辨认的"反文字"。通过修改系统变量 MIRRTEXT 的值可以对这种情况加以控制。当 MIRRTEXT 的值为 0 时，镜像命令只产生文字插入位置的镜像处理，而文字内容和形状不变，当 MIRRTEXT 的取值为 1 时，则把文字看成单纯的图形对象，直接进行几何上的镜像处理。两种方式的区别如图 3-32 所示。

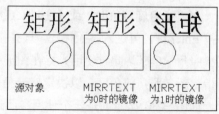

图 3-32　对文字进行镜像操作的不同方式

3.4.7　偏移

偏移命令，可通过选择"修改"|"偏移"命令来调用。偏移命令可以使得具有多段线和直线特征的对象向指定方向生成平行线，使具有圆弧特征的对象向指定方向生成同心圆弧，所指定的偏移距离即为平行线的距离或同心圆弧的半径差。如图 3-33 所示的例子说明了偏移操作的特点，左图为偏移之前的多段线，右图为向右偏移后生成的图形。

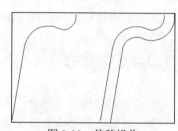

图 3-33　偏移操作

偏移命令生成新的图形对象而不删除源对象。

进入偏移命令，命令提示区中将会提示"指定偏移距离或 [通过(T)/删除(E)/图层(L)] <通过>:"，此时根据需要选定一个偏移距离，或选择通过模式，指定偏移线需要通过的点来完成偏移。

3.4.8　阵列

绘制多个在 X 轴或在 Y 轴上等间距分布或围绕一个中心旋转或沿着路径均匀分布的图形时，可以使用阵列命令，下面分别讲解。

1. 矩形阵列

所谓矩形阵列，是指在 X 轴、Y 轴或 Z 方向上等间距绘制多个相同的图形。选择"修改"|"阵列"|"矩形阵列"命令，或单击"修改"工具栏中的"矩形阵列"按钮 可执行"矩形阵列"命令。

进入"矩形阵列"命令，选择阵列对象后，命令行提示"选择夹点以编辑阵列或 [关联(AS)/基点(B)/计数(COU)/间距(S)/列数(COL)/行数(R)/层数(L)/退出(X)] <退出>:"，此时可以设置矩形阵列的方式。输入 COU 表示以"计数"方式进行矩形阵列，要求用户输入阵列的行数与列数。输入 S，要求用户输入行间距和列间距。设置完成后，进入命令行"选择夹点以编辑阵列或 [关联(AS)/基点(B)/计数(COU)/间距(S)/列数(COL)/行数(R)/层数(L)/退出(X)] <退出>:"，可重新设置行数、列数、层数，可以设置阵列的对象是否相关联，或者指定基点。

除通过指定行数、行间距、列数和列间距方式创建矩形阵列外，还可以通过"选择夹点以编辑阵列"选项通过夹点对矩形阵列进行编辑。

如图 3-34 所示为一个生成的 2 行 2 列的阵列，行间距为 10，列间距为 10，左图为源对象，右图为阵列的效果。

图 3-34　阵列实例

2. 环形阵列

所谓环形阵列，是指围绕一个中心创建多个相同的图形。选择"修改"|"阵列"|"环形阵列"命令，或单击"修改"工具栏中的"环形阵列"按钮 可执行"环形阵列"命令。

进入"环形阵列"命令，选择阵列对象后，命令行提示"指定阵列的中心点或 [基点(B)/旋转轴(A)]:"，用户需要指定阵列的中心点，如果是空间环形阵列，还需要指定旋转轴。接下来，命令行提示"选择夹点以编辑阵列或 [关联(AS)/基点(B)/项目(I)/项目间角度(A)/填充角度(F)/行(ROW)/层(L)/旋转项目(ROT)/退出(X)] <退出>:"，用户可以指定环形阵列的项目数、填充的角度或项目间角度，还可以设定对象是否关联。

图 3-35 所示的就是环形阵列的实例，填充角度为 90°、填充项目为 4，为设置"旋转项目(ROT)"参数为 N 的环形阵列。图 3-36 为设置"旋转项目(ROT)"参数为 Y 的环形阵列。两图中虚线为阵列的轴线。

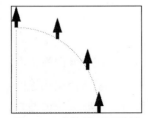

图 3-35　未旋转项目效果

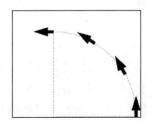

图 3-36　旋转项目效果

3. 路径阵列

所谓路径阵列，是指沿路径或部分路径均匀分布对象副本。路径可以是直线、多段线、三维多段线、样条曲线、螺旋、圆弧、圆或椭圆。选择"修改"|"阵列"|"路径阵列"命令，或单击"修改"工具栏中的"路径阵列"按钮 均可执行"路径阵列"命令。

进入"环形阵列"命令，选择阵列对象和阵列的路径后，命令行提示"选择夹点以编辑阵列或 [关联(AS)/方法(M)/基点(B)/切向(T)/项目(I)/行(R)/层(L)/对齐项目(A)/方向(Z)/退出(X)] <退出>:"，可以通过"方法(M)"选项设置是定数等分还是定距等分方式阵列，通过"方向(Z)"选项设置阵列对象与路径的方向关系，"基点(B)"选项设置阵列基点，"项目(I)"选项设置阵列的项目数，"关联(AS)"选项设置所阵列的对象是否关联。

图 3-37 所示的就是路径阵列的实例，将数图块在路径上环形阵列，项目数为 8，定数等分，方向采用默认设置。

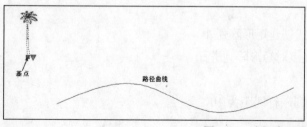

图 3-37　选择阵列对象和路径曲线

用户还可以直接在命令行里输入 ARRAY 命令，这个命令把以上介绍的 3 个命令都囊括了，命令行提示如下：

命令: array
选择对象: 找到 1 个
选择对象:
输入阵列类型 [矩形(R)/路径(PA)/极轴(PO)] <极轴>:

3.4.9　拉伸、拉长与夹点编辑

对于已经存在的图形对象，可以进行不改变点的相对位置关系进行拉伸和拉长，或移动图形对象中点对象的位置。

1. 拉伸

拉伸命令，可通过选择"修改"|"拉伸"命令来调用，该命令在"修改"工具栏中也有对应按钮。拉伸命令可以移动图形的某个局部的对象，而保持图形中与对象选择集相连的部分，只是作相应的拉伸。拉伸命令的操作对象只能通过交叉窗口来选择，因为必须要区分窗口包含对象和窗口相交对象，前者进行平移，后者进行拉伸。

2. 拉长

拉长命令，可通过选择"修改"|"拉长"命令来调用，该命令在"修改"工具栏中也有对应按钮。拉长命令用于拉长某个具有单独的长度类属性的对象，最典型的就是直线段和圆弧。对于直线段，拉长命令可以增加线段的长度；对于圆弧，拉长命令可在保持圆心和半径不变的情况下增加圆弧的弧长。

3. 夹点编辑

当图形对象被选中时，关键点处显示为蓝色实心小正方形，这些点称为夹点，将光标置于夹点之上，可以自动捕捉到这些点，拖动鼠标可以改变夹点位置。如图 3-38 左图所示为拖动之前的被选中对象，如图 3-38 右图所示为拖动的夹点可以改变线条的形状而保持点之间的位置关系不变。

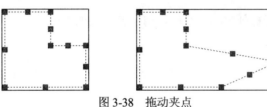

图 3-38　拖动夹点

特定图形对象不同的夹点对应不同的特征。如直线对象，拖动端点位置的夹点仅改变端点位置，拖动中点位置的夹点则是平移整条直线。但对于圆弧或圆而言，夹点控制圆弧的半径，拖动这些夹点可以改变半径。

提示

不同对象的不同夹点有特定的含义，在绘图时可适当留意，并注意使用夹点编辑来进行快捷操作。

3.4.10　修剪

修剪命令用于剪切掉某个对象或者多个对象的一部分，由用户指定修剪边。修剪命令，可通过选择"修改"|"修剪"命令来调用。

在 AutoCAD 2013 中删除命令只能将整个对象删掉，在需要去除对象的某一个部分的时候，就需要使用修剪命令。

进入修剪命令，命令提示区提示"选择剪切边...选择对象:"，之后在图形中选择剪切边，按 Enter 键确定之后，在命令提示区的"选择要修剪的对象，或按住 Shift 键选择要延伸的对象，或[栏选(F)/窗交(C)/投影(P)/边(E)/删除(R)/放弃(U)]:"提示下选择要剪切的对象，即可完成修剪操作。

如图 3-39 所示为修剪操作的效果。

修剪操作在绘图中应用广泛，在使用过程中也有若干常用技巧。

1. 使用全部图形对象作为剪切边

当命令提示区提示"选择剪切边...选择对象:"时，可以直接按 Enter 键，表示图形中所有对象都作为剪切边，此时图形中的对象，既可以作为剪切边，也可以作为被剪切对象。这种方法在实际绘图中比较常用。

2. 使用栏选方式指定被剪切对象

选择被剪切对象的时候，选择单个对象和交叉选择框，可以使用栏选方式，当命令提示区提示"选择要修剪的对象，或按住 Shift 键选择要延伸的对象，或[栏选(F)/窗交(C)/投影(P)/边(E)/删除(R)/放弃(U)]:"时输入 F 并按 Enter 键，可进入栏选方式，接下来由用户指定一条折线段，与这条折线段相交的对象将被修剪。

如图 3-40 所示就是这样一个例子，直接使用图形中的全部对象作为剪切边，之后进入栏选状态，

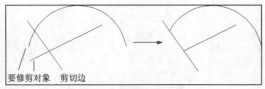

左图虚线为栏选状态下使用光标画出的折线段，剪切的结果如右图所示。

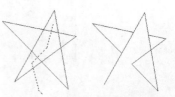

图 3-39　修剪操作实例　　　　　　　　　图 3-40　被剪切对象的栏选方式

3. 剪切边的延伸和投影

修剪命令中有两个系统变量：投影和边延伸，当命令提示区提示"选择要修剪的对象，或按住 Shift 键选择要延伸的对象，或[栏选(F)/窗交(C)/投影(P)/边(E)/删除(R)/放弃(U)]："时可以输入 P 或 E 并按 Enter 键来修改。

投影可以设定为 3 种状态，情况分别如下。

- "无"：指定无投影。AutoCAD 只修剪在三维空间中与剪切边相交的对象。
- UCS：指定在当前用户坐标系 XY 平面上的投影。AutoCAD 修剪在三维空间中不与剪切边相交的对象。
- "视图"：指定沿当前视图方向的投影。AutoCAD 修剪当前视图中与边界相交的对象。

延伸则可以指定为"延伸"与"不延伸"两种方式。选择"延伸"，则被选择作为修剪边的对象延伸完整，如直线将会两端无限延伸作为剪切边或将圆弧所在的圆作为剪切边。

提示

修剪命令不能完全删除一个对象，即使用修剪命令切去一条直线段的一半，也无法继续把另一半切去。

3.4.11　延伸

延伸命令的功能与修剪命令相反，是将指定的对象延长到指定的边界，需要用户依次指定的是边界和延伸对象。边界的指定和延伸对象的指定方法与修剪命令基本一致。可通过选择"修改"|"延伸"命令来调用，该命令在"修改"工具栏中有对应按钮。

如图 3-41 所示，为一个延伸命令的效果实例。

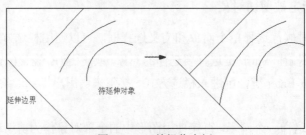

图 3-41　延伸操作实例

图 3-41 中最右侧的一个待延伸对象无法进行延伸，命令提示区提示为"对象未与边相交"。

应当注意，在延伸命令中选择要延伸对象的时候，光标单击对象不同部位是有区别的。延伸同样的一段直线段，单击靠近边界线的一侧则延伸可以顺利进行，单击远离边界线的一侧则会显示"对象未与边相交"。同样的情况对于圆弧也是成立的，正确的操作应该是用光标单击需要延伸对象靠近边界线的某一处。

与修剪命令一样，延伸命令也可以通过使用栏选方式，以提高绘图效率。

3.4.12　打断与分解

打断命令，可通过选择"修改"|"打断"命令来调用，该命令在"修改"工具栏中也有对应的按钮。打断命令用于删除掉某个对象的中间部分，从而使之断开。例如，直线去掉中间的一段就变为两段直线段，圆去掉中间的一段则变为圆弧。

进入打断命令，按照提示应该依次指定打断对象和打断点，如果使用光标单击选择对象，则选择对象的同时把选择点作为第一个打断点，接下来继续指定第二个打断点或输入 F 并按 Enter 键以改换第一个打断点。

分解命令，通过选择"修改"|"分解"命令来调用，用于将组合的对象分解为最小的对象，如将直线和圆弧组成的多段线分解为单独的直线和圆弧对象。

3.4.13　倒角

倒角命令，可通过选择"修改"|"倒角"命令来调用，该命令在"修改"工具栏中有相应的按钮。倒角命令用于在两条直线的夹角处添加一条短线，以形成较为平缓的连接。

进入倒角命令，用户应该依次指定角的两边所在的直线以及设定倒直角在两条边上的距离，以完成倒角。倒角的效果如图 3-42 所示。

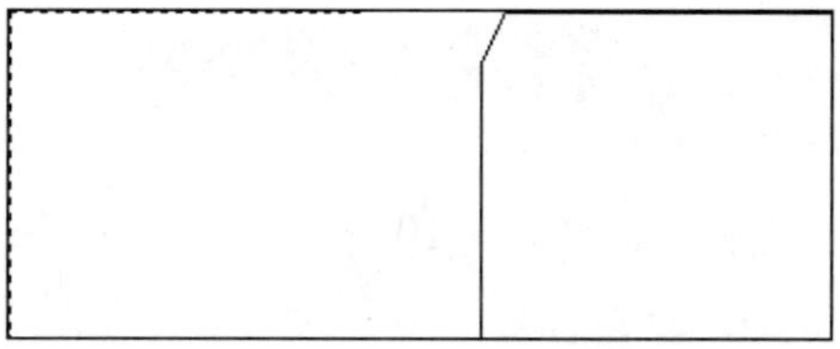

图 3-42　倒角的效果

进入命令后，命令提示区提示"选择第一条直线或[放弃(U)/多段线(P)/距离(D)/角度(A)/修剪(T)/方式(E)/多个(M)]:"时，通过输入提示的字母并按 Enter 键来进入不同的参数设置或方式，各项参数的含义如下。

- "多段线"：用户可指定一条对线段，对整条多段线每一个拐角都进行同样的倒角。
- "距离"：进入这个选项，可以提前指定距离，在提示下分别指定第一个和第二个倒角距离，也就是在前后两条直线上切去的距离。
- "角度"：进入这个选项按照角度来设定倒角的尺寸，与按照距离设置方式呈可替换的关系。
- "修剪"：修剪参数的设置用以控制是否删除原来角的两边，在默认情况下是删除。
- "方式"：选择倒角的默认方式是角度方式还是距离方式，按照提示指定了两条倒角边之后将会按照默认方式进行倒角尺寸的指定。

● "多个"：可以反复选择多个角进行倒角，相当于重复执行倒角命令。

3.4.14 圆角

圆角命令，可通过选择"修改"|"圆角"命令来调用。该命令在"修改"工具栏中也有对应的按钮。圆角命令用来以圆弧取代尖锐的角，这个角可以是由直线组成也可以由相交的圆弧组成，圆角命令所产生的圆弧与角两端的图形对象都相切。

圆角在建筑和家具设计中广泛存在，它将尖锐的结合棱边改变为平滑的过渡，这能够带来外观和力学性能等多方面的优点。

圆角的两条边可以是直线和圆弧，如图 3-43 所示。

进入圆角命令之后，命令提示区提示"选择第一个对象或 [放弃(U)/多段线(P)/半径(R)/修剪(T)/多个(M)]:"，其中各选项的含义与倒角命令中类似，不再赘述。圆角尺

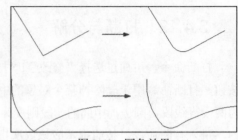

图 3-43　圆角效果

寸的指定仅有一个参数"半径"，且必须在指定圆角边之前设置，输入 R 并按 Enter 键，在提示下输入一个半径数值，之后指定圆角的两条边完成圆角操作。圆角的两个对象不一定要相交，只要通过所给出的半径将二者连接即可。

值得注意的是，很多圆角操作尤其是圆角对象中含有圆弧时，只能将半径指定在一个范围内才可以执行，如半径不能超过圆角对象圆弧的曲率半径。

在三维操作中，圆角命令也可以使用，这将在第 4 章中介绍。

3.5 精确绘图功能

在 AutoCAD 2013 的工作界面下方，状态栏中将出现如图 3-44 所示的按钮，这些按钮控制 AutoCAD 绘图过程中精确绘图功能的开启。

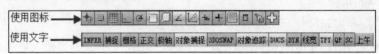

图 3-44　状态栏按钮

从 AutoCAD 早期的版本开始，精确绘图就是为绘图带来极大便利且极具特色的功能。开启精确绘图功能，光标将可以方便地捕捉到图形中的关键点或关键位置，而不需要每次都使用坐标输入来实现精确绘图。

3.5.1 捕捉和栅格

在如图 3-44 所示的状态栏按钮上任意位置右击，选择"设置"选项，可以弹出如图 3-45 所示的

"草图设置"对话框，选择"工具"|"草图设置"命令也可以打开同样的对话框。

　　选择对话框中的"捕捉和栅格"选项卡，如图 3-45 所示，可以在其中对捕捉和栅格功能进行设置。

　　在对话框中选择"启用栅格"复选框，则可以开启栅格功能，此时在图形界面中将会出现由指定间距决定的栅格点，按 F7 键也可以开启或关闭栅格。选择"启用捕捉"复选框，则可以开启捕捉功能，此时光标在图形界面中选取的点只能是由指定间距决定的格点。通常情况下是两者同时打开并设置为相同的间距，使用光标选取栅格上的点进行绘图，如图 3-46 所示。

图 3-45　"草图设置"对话框的"捕捉和栅格"选项卡

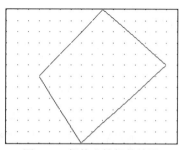

图 3-46　栅格和捕捉的效果

3.5.2　极轴

　　在对话框中选择"启用极轴追踪"复选框即可打开极轴功能，这对应于状态栏的"极轴"按钮。该功能也可通过按 F10 键来开启或关闭。

　　"草图设置"对话框中的"极轴追踪"选项卡如图 3-47 所示。

图 3-47　"草图设置"对话框的"极轴追踪"选项卡

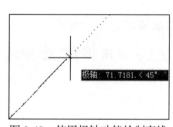

图 3-48　使用极轴功能绘制直线

在极轴功能下，光标拾取点时将被限制在极坐标某个角度的整数倍上，在对话框中的"增量角"下拉选项中选择一个增量角。若需增加特殊的角度，则选中"附加角"复选框，并单击"新建"命令，增加一个可用的角度值。

绘制直线是极轴功能的典型应用，调用直线命令并选定第一点，开启极轴功能，则可以找到下一点的角度位置，图形中出现虚射线表示已经捕捉到极轴位置并显示出角度数值，此时直接输入长度数值并按 Enter 键，即可绘制出角度为 45°的指定长度的直线，如图 3-48 所示。

极轴功能的开启有时会影响光标在工作界面的自由活动，因此当不使用极轴时可将极轴功能关掉。

3.5.3　对象捕捉与追踪

对象捕捉功能使用户可以通过光标捕捉到图形对象的关键点(如圆的圆心和等分点、直线的端点等)，实现点对象的精确拾取；对象追踪功能则使用户可以捕捉到从关键点引出的特定极轴方向的辅助线，并依靠辅助线拾取更为广泛的关键点。

"草图设置"对话框中的"对象捕捉"选项卡如图 3-49 所示。

在对话框中选择复选框或直接单击状态栏中的按钮，可以开启或关闭对象捕捉和对象追踪功能，这两个功能是 AutoCAD 中最为常用的精确绘图功能。

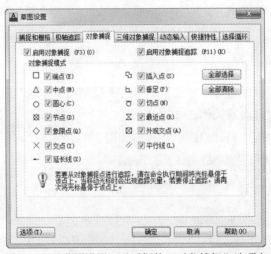

图 3-49　"草图设置"对话框的"对象捕捉"选项卡

1. 对象捕捉功能的使用

若在如图 3-49 所示的对话框中的"对象捕捉模式"选项区域选定某种关键点类型，当需要拾取点时光标可以捕捉到这一类关键点，可以单击"全部选择"按钮将全部类型选中或单击"全部清除"按钮清除所有类型。

在任意工具栏上单击，在弹出的快捷菜单中选择"对象捕捉"选项，则可以打开如图 3-50 所示的"对象捕捉"工具栏。工具栏中给出了可被捕捉关键点的类型，使用捕捉功能时单击工具栏中的相应按钮，就可以准确捕捉到特定类型的关键点。同样的操作还可以通过选择点状态下的右键快捷菜单中的选项来调用。

图 3-50　"对象捕捉"工具栏

也可不使用此工具栏，而在"草图设置"对话框中选中相应类型点，绘图过程中可以捕捉到多种不同的关键点，将光标置于点上，则会有提示框显示此点的类型，之后根据需要进行选择。

这些关键点的含义分别如下。

- "端点"：二维对象的端点或三维实体(如长方体)的顶点。
- "中点"：直线、圆弧对象的中点或三维实体、体和面域的边的中点。
- "交点"：二维图形对象的交点，这些对象包括圆弧、圆、椭圆、椭圆弧、直线、多线、多段线、射线、样条曲线或构造线(参照线)。另外，中点捕捉还能够捕捉到图块中直线的交点和两个对象的延伸交点。
- "外观交点"：对象的外观交点，如两条异面直线。虚交点的捕捉在相交的角度上能够捕捉到两对象的虚交点，还能够捕捉对象的延伸交点。
- "延伸"：直线或圆弧延伸方向上的点，配合使用交点和虚交点的捕捉就能方便地捕捉到延伸交点。
- "圆心"：圆弧、圆或椭圆对象的圆心，还能够捕捉实体、体或面域中圆的圆心。
- "象限点"：圆弧、圆或椭圆对象坐标轴方向(0°、90°、180°、270°点)的点。
- "切点"：圆或圆弧上捕捉到与上一点连线相切于圆弧的点。
- "垂足"：二维图形对象上与上一点连线垂直于此图形对象的点。
- "平行"：可以捕捉到与一条已知直线平行的辅助线。
- "插入点"：块、文字、属性或属性定义等对象的插入点。
- "节点"：图形中使用 POINT 命令绘制的点或者绘制的等分点。
- "最近点"：对象与指定点距离最近的位置。

对象捕捉功能的具体使用可以参考接下来的"对象追踪功能"中提到的实例。

2. 对象追踪功能的使用

开启对象追踪功能后，可以使用光标捕捉的方式拾取前面提到的关键点特定极轴方向的点。

下面通过一个例子说明对象追踪功能。假设已存在一个矩形，现需要以矩形下边线中点往下 20 个长度单位的位置为起点绘制直线。此时，可首先进入直线命令，之后开启对象捕捉和对象追踪功能，使用光标捕捉到如图 3-51(a)所示的中点，这实际上使用的是对象捕捉功能，接下来向下移动光标，图形中出现如图 3-51(b)中所示的虚线极轴线，并提示此时的角度为 270°，也就是竖直向下的方向，保持光标位置，输入数值"20"并按 Enter 键，此时直线第一个点即已经被选择，位置就在中点之下 20，可以继续选取直线第二点，如图 3-51(c)所示。

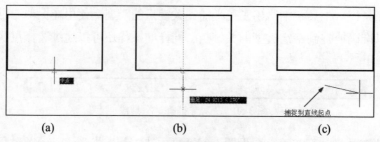

图 3-51　对象追踪功能的应用

　　一般的操作步骤为，首先使用光标捕捉到关键点，但不拾取，之后挪动光标，即可找到以此点为起点的极轴方向。可选择的极轴方向一般为正交方向，也就是 4 个坐标轴方向，在如图 3-47 所示的"草图设置"对话框的"极轴追踪"选项卡中的"对象捕捉追踪设置"选项区域进行修改。

 提示

　　捕捉和追踪功能是 AutoCAD 中最有特色的精确绘图辅助功能，二维绘图的绝大多数时间都会用到它们，并由此获得便利。

3.5.4　动态输入

　　"草图设置"对话框的"动态输入"选项卡如图 3-52 所示。

图 3-52　"草图设置"对话框的"动态输入"选项卡

　　动态输入功能就是状态栏按钮中的 DYN，开启动态输入功能后，命令的下一步动作以及指定点坐标将会显示在光标右下方，可以使得绘图者更专注于工作界面。

　　如图 3-53 所示即为开启了动态输入后绘制直线的过程，跟随光标的输入框将命令提示区的提示显示出来并在指定第二点时自动切换为极坐标形式。

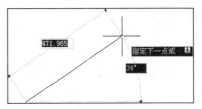

图 3-53　启用动态输入功能绘制直线

动态输入功能常常与相对坐标结合起来，程序自动选择便于绘图的输入方式，这可以为初学者提供很大的方便。

3.6 文字和标注

文字和标注在工程绘图中也是一个重要的内容，因篇幅有限，本节只简要介绍 AutoCAD 2013 中最常用的文字和标注命令的使用方法。

3.6.1 创建文字

AutoCAD 2013 提供了多种创建文字的方法，根据不同的情况使用不同的文字类型。简短的文字输入一般使用单行文字，带有内部格式或者较长的文字使用多行文字。单行文字是较为简单的图形对象，只能使用文件中已加载过的文字样式，多行文字则可以相对自由地进行编辑。

文字方面的命令通过选择"绘图"|"文字"菜单中的命令来调用，也可以通过单击"文字"工具栏中的按钮调用，如图 3-54 所示。

1. 创建文字样式

用户在 AutoCAD 2013 中输入文字时，需要先设定文字的样式。首先要将输入文字的各种参数设置好，定义为一种样式，输入文字时，文字就使用这种样式设定的参数。

选择"格式"|"文字样式"命令，或单击"文字"工具栏中的"文字样式"按钮，弹出如图 3-55 所示的"文字样式"对话框，在对话框中可以设置字体样式、字体大小、宽度因子等参数。

图 3-54　"文字"工具栏　　　　　　图 3-55　"文字样式"对话框

2. 创建单行文字

选择"绘图"|"文字"|"单行文字"命令，可以在图形中添加单行文字。

进入命令后，命令提示区提示"当前文字样式: STANDARD，当前文字高度:3.500，指定文字的起点或[对正(J)/样式(S)]:"，接下来指定文字的起点或改变对正方式和样式。对正方式就是文字相对于插入点的位置。

指定文字起点、样式和高度后，命令提示区提示"输入文字:"，直接输入文字即可完成文字的插入。

3. 创建多行文字

选择"绘图"|"文字"|"多行文字"命令，可在图形中添加多行文字，类似于一般 Windows 应用程序中的文本框，对于较长、较复杂的文字内容，这种方法非常有效。

进入命令，在命令提示区的提示下，使用光标框出多行文字的范围，之后系统将会弹出如图 3-56 所示的"文字格式"工具栏和文本框，接下来对文字进行输入和自由编辑。

多行文字有多种可用的字体，若对多行文字使用分解命令，则它会转变为单行文字，一部分属性将会消失而自动变为系统默认的字体。

图 3-56　多行文字的建立

提示

除非特别需要，一般使用单行文字创建标注文字，可以减少对象的复杂程度。

可以创建带有引线的文字作为一种文字标注的形式。

3.6.2　编辑文字

对于已经存在的文字对象，可使用多种编辑工具对其进行编辑，使其适应图形的要求。

最简单的一类图形编辑命令对文字是有效的，如移动、缩放、镜像、阵列、复制和粘贴命令，但改变图形对象内部特性的一些命令一般不能应用于文字，如修剪、偏移命令。

此外，单行文字和多行文字的编辑也有一定的区别。

1. 编辑单行文字

双击一个单行文字对象，可对单行文字的内容进行修改，或者选择"文字"工具栏的"编辑"按钮，再选择需要编辑的单行文字，之后直接进行编辑即可。通过这种方式仅能修改单行文字的内容。

2. 编辑多行文字

使用与单行文字相同的操作，如果选择的是多行文字，系统会显示如图 3-56 所示的文本框和工具栏,按照一般文本编辑的方式进行编辑。

3. 使用"特性"选项板编辑文字

选择一个文字对象,在右键快捷菜单中选择"特性"选项或使用 Ctrl+1 组合键,则可以打开"特性"选项板,在其中对文字进行编辑,这在本书第 2 章中已经介绍过。

多行文字对象在"特性"选项板中包含项目如下。

- "常规"卷展栏:列出了多行文字的颜色、图层、线型、线型比例、线宽、打印样式、超链接和厚度。
- "文字"卷展栏:列出了多行内容、样式、对正、高度、旋转、宽度比例、倾斜以及行距的 3 个参数。
- "几何图形"卷展栏:列出了位置参数。

单行文字则要比多行文字多一个"其他"卷展栏,里面有颠倒和反向的开关控制。

3.6.3 标注

标注主要针对尺寸,其和文字说明配合,两者共同说明图纸的尺寸、形位以及用图形对象不便表达的特性。AutoCAD 2013 提供了建筑标注的通用格式,因此在标注图纸之前,首先应该设置标注样式。

1. 设置标注样式

选择"格式"|"标注样式"命令,系统弹出如图 3-57 所示的"标注样式管理器"对话框,其中给出当前已经加载的标注样式,可以看到,在 AutoCAD 系统默认设置下,这是一个机械标注的样式。

单击"新建"按钮,新建一个标注样式,命名并单击"继续"按钮,在接下来的对话框中对具体标注形式进行设置,如图 3-58 所示。

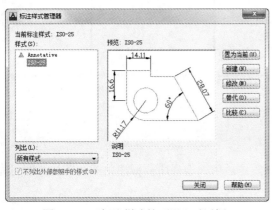

图 3-57 "标注样式管理器"对话框

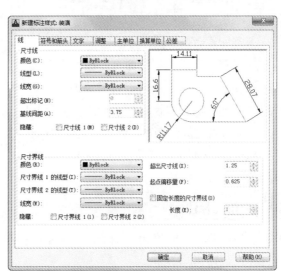

图 3-58 "新建标注样式"对话框

该对话框中各选项卡中的参数含义如下。

- "线"：指定尺寸标注中尺寸线和延伸线的颜色和线型等参数。
- "符号和箭头"：指定符号和箭头的形状，对于建筑装潢制图而言，应该将箭头设置为"建筑标记"样式。
- "文字"：指定标注文字的样式、位置和高度等属性。
- "调整"：指定当尺寸线太小而无法容纳文字时的调整方案，保持默认即可。
- "主单位"：指定单位格式以及比例。
- "换算单位"：选择换算单位选项。
- "公差"：指定公差。

完成设置后，选择新建的标注样式，单击"置为当前"按钮，将所建立的标注样式设置为默认的样式。

2. 距离标注

距离的标注，使用"标注"菜单中的命令，它们分别具有以下特点。

- "线性标注"：用来标注当前用户坐标系 XY 平面中两点之间的距离。用户可以通过直接指定标注定义点，也可以通过指定标注对象的方法来定义标注点。
- "对齐标注"：在绘图过程中，常常需要标注某一条倾斜线段的实际长度，而不是某一方向上线段两端点的坐标差值，这种方式标注的是一条直线的实际距离，标注方向平行于直线对象。
- "快速标注"：使用同一种标注样式标注一系列相邻或相近的图形对象。
- "基线标注"：以某一条线或某一个面作为基准，标注一系列直线或平面到该基准的距离。
- "连续标注"：用于需要将每一个尺寸测量出来并可以相加得到总测量值的情况。

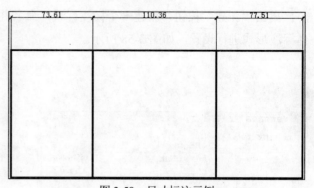

图 3-59 尺寸标注示例

距离标注命令的操作方法如下。

选择菜单项进入标注命令，按照命令提示区的提示，若是标注两点直接的距离，则使用对象捕捉功能依次选择关键点；若是标注一组平行线之间的距离，则选择直线对象。

如图 3-59 所示，就是使用快速标注命令得到的一组尺寸标注。

3. 角度标注

选择"标注"|"角度"命令，进入角度标注命令，之后依次选择所要标注角的两条边，即可完成标注，如图 3-60 所示。

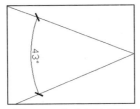

图 3-60　角度标注示例

4. 圆标注

选择"标注"|"半径"命令或"标注"|"直径"命令，再根据提示选择待标注的圆或圆弧，即可添加圆半径或直径的标注。若圆弧半径过大，则可选择"标注"|"折弯"命令，将会以折弯引线的方式把圆半径标注在图形中。

圆的标注示例如图 3-61 所示。

值得注意的是，在直径标注中的文字内容使用了 AutoCAD 中的控制符，也就是这一标注的文字内容为"%%c40"，而显示出则为"φ40"，类似的情况也出现在角度标注中，度数符号也是使用控制符来表示的。常用的控制符如下。

- %%d：度单位符号 °。
- %%p：公差符号 ±。
- %%c：直径符号 φ。

5. 编辑标注

已经创建的标注可以通过"特性"选项板中的参数进行修改。一般距离标注在"特性"选项板中有如图 3-62 所示的卷展栏。可以发现，这些栏目与标注样式设置时的选项板是一致的。标注建立时这些特性完全与默认的标注样式一致，已建立的标注则可以在"特性"选项板中对这些参数进行个别的修改。

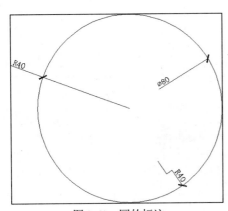

图 3-61　圆的标注

图 3-62　使用"特性"选项板编辑标注

第4章 三维建模

AutoCAD 中为用户提供了最基本的坐标系系统，通过对坐标系系统的调整，用户可以创建和观察各类三维实体。在 AutoCAD 中支持 3 种类型的三维模型：线框模型、曲面模型和实体模型。线框模型以真实三维对象的边缘或骨架表示，即用直线和曲线表示。曲面模型由网格组成，在二维图形和三维图形中都可以创建网格，但其主要在三维空间中使用。AutoCAD 推出的 2013 版本，在三维功能方面作了进一步加强，为用户提供了强大的三维制图与编辑功能，可以完成各种复杂的实体建模。

本章将向读者讲解使用 AutoCAD 2013 进行三维建模的方法和技术，希望读者通过本章的学习，快速掌握各类三维建模技术。

4.1 工 作 空 间

启动 AutoCAD 2013 时，"工作空间"工具栏会显示在工作空间的上方，如图 4-1 所示，在下拉菜单中进行选择，可以切换工作空间。

其中，系统预置如下 4 个工作空间。

- "草图与注释"：显示与二维相关的功能区布置。
- "三维建模"：显示与三维相关的功能区完整布置。
- "AutoCAD 经典"：不显示功能区，显示菜单栏和工具栏。
- "三维基础"：显示与三维相关的部分功能区布置。

图 4-1 "工作空间"工具栏

工作空间的区别实际上是对界面的定制，"功能区"中的选项卡和面板是集成起来的工具栏，用户也可以对工作空间进行自定义，构建符合自己习惯的工作界面。使用不同的工作界面对程序的使用没有影响，本书不作过多介绍。

选择"三维建模"工作空间，将会进入如图 4-2 所示的工作界面。它与本书第 1 章所介绍的"草图与注释"和"AutoCAD 经典"工作空间的工作界面略有不同，主要体现在：工作空间的功能区选项卡和面板主要集成了三维的功能。"三维建模"工作空间中包含了三维建模中常用的面板，不同类型的面板集成在一个选项卡下面。

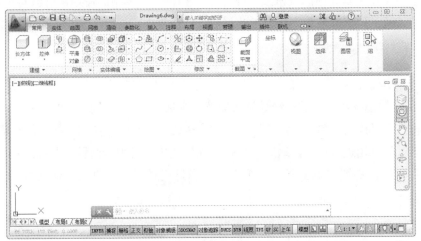

图 4-2 "三维建模"工作空间

4.2 三 维 导 航

所谓三维导航，主要是指与视图相关、用于控制三维视图的一些功能，在 AutoCAD 工具栏中有如下这些涉及三维导航的功能："动态观察"、"视图"、"三维导航"、"漫游和飞行"以及"相机调整"工具栏，如图 4-3 所示。在"三维建模"工作空间中，一般也有相应的面板可进行操作。

接下来分类介绍这些命令的使用，为了与本书之前保持一致性，提到命令时一般使用菜单项选择的调用方法，一般命令都有单击工具栏按钮和输入命令提示符的可替代方法，不再赘述。

图 4-3   与三维导航相关的工具栏

4.2.1   三维视图

第 3 章介绍二维显示控制时已经提到，视图就是观察位置和观察角度的特征总和。对二维图形而言，视图仅包含了位置和缩放的信息，而对三维实体，视图的内涵则广得多，观察方向将会直接影响视图，工程中提到的"主视图"、"俯视图"以及"西南等轴测视图"等概念，正是以观察方向对视图进行的描述。

视点位置、视角方向、视角大小和投影方式决定了一个视图。

1. 缩放和移动

使用"标准"工具栏中的按钮或选择"视图"菜单中的命令，可以对三维图形进行缩放和移动，使用方法和效果与二维相同。

2. 回旋和调整视距

使用"相机调整"工具栏中的按钮或"视图"|"相机"菜单中的命令，可以对当前视图的观察点进行调整，其效果类似于缩放和平移。

3. 投影方式

在任何一个三维视图操作进行的时候(注意一定要在非"二维线框"视觉样式下)，如平移或缩放，可右击，在如图 4-4 所示的三维导航快捷菜单中选择合适的导航模式，也可以选择"平行模式"或"透视模式"以控制视图中实体的投影方式，在透视图和轴测图间切换。用户需要注意的是，有些导航模式下只能使用透视模式，这时"平行模式"菜单不可用。两种视图的区别如图 4-5 所示。透视投影更具真实感，如图 4-5(a)所示，而平面投影是通过二维线框对三维实体的一种描述，如图 4-5(b)所示。

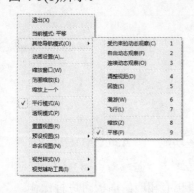

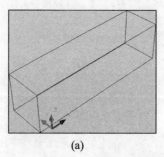

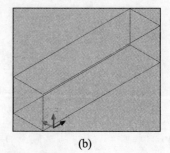

(a)   (b)

图 4-4   三维导航快捷菜单

图 4-5   透视投影和平面投影

三维视觉样式的改变也会自动引起投影方式的改变，视觉样式操作的介绍在 4.4 节中介绍。

4. 预设视图

AutoCAD 2013 提供预设视图可供选择，通过选择"视图"|"三维视图"菜单中的命令可以在这些视图间切换，也可单击"视图"工具栏中的按钮或"视图"面板中的下拉菜单或者在绘图区的视口空间中选择。

系统提供的预设三维视图包括俯视、仰视、主视、左视、右视、后视、西南等轴测、东南等轴测、东北等轴测和西北等轴测。其中前 6 种视图在平面投影的模式下为平面视图，也就是一般图纸上的平面图。

使用系统预设的视图，在各个正交视图间进行切换，可以全面地观察三维实体，把握三维实体的构造。

如图 4-6 所示，是一个实体在西南等轴测和东北等轴测视图中的外观，投影方式为平面投影。

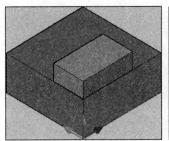 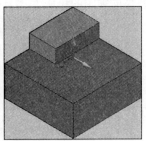

图 4-6　西南等轴测和东北等轴测

4.2.2　动态观察

选择"视图"|"动态观察"菜单中的命令可以调用动态观察命令，包括受约束的动态观察、自由动态观察和连续动态观察，它们在"动态观察"工具栏和"默认"选项卡的"视图"面板中均有按钮，可以方便地调用。

1. 受约束的动态观察

选择"视图"|"动态观察"|"受约束的动态观察"命令，进入受约束的动态观察命令，此时要沿 XY 平面旋转，可采用在图形中单击并向左或向右拖动光标的方式；要沿 Z 轴旋转，可采用单击图形后上下拖动光标的方式；要沿 XY 平面和 Z 轴进行不受约束的动态观察，可采用按住 Shift 键并拖动光标的方式，此时用户相当于使用三维自由动态观察命令。

2. 自由动态观察

选择"视图"|"动态观察"|"自由动态观察"命令，进入自由动态观察命令，此时观察没有约束，可以自由地改变方向，通过鼠标在图形界面中的拖动来实现。此时图形中出现一个导航球，将光标置于导航球的象限点的小圆中，可以对图形进行有约束的旋转。

3．连续动态观察

选择"视图"|"动态观察"|"连续动态观察"命令，进入连续动态观察命令，连续动态观察与自由动态观察的观察方式类似，当拖动鼠标可以使视图中的对象连同坐标系随之旋转和移动，放开鼠标之后，对象将会继续保持旋转和移动，从而实现连续观察。

3 种观察模式中，均可以右击，弹出如图 4-7 所示的快捷菜单，其中的"启用动态观察自动目标"选项用以控制是否以观察对象作为旋转中心，若不选择此项则改变观察方向是旋转的观察点，默认情况和一般使用时应开启此项。

动态观察的优点在于可以观察到实体旋转中的连续形态，而不仅仅是三维视图中的某几个图形，也可使用动态观察命令，选取合适的观察角度和视野，作为当前的视图。

启用动态观察后，若当前视图的投影方式为平面投影，则将自动切换为透视投影。

完成动态观察后，按 Esc 键可以退出动态观察，当前的视图保持不变。

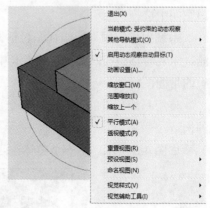

图 4-7 动态观察时的右键快捷菜单

4.2.3 漫游和飞行

使用动态观察主要是站在观察者的角度旋转图形对象，使用漫游和飞行命令则相当于改变观察者的位置以改变视图。

选择"视图"|"漫游和飞行"下的"漫游"和"飞行"命令即可进入漫游和飞行观察模式。调用这两个命令同样可以选择"漫游和飞行"工具栏中的按钮。

在这两种观察模式下，通过观察者位置的改变来改变视图，因此形象地称为"漫游"和"飞行"，漫游模式下穿越模型时，观察者被约束在 XY 平面上；飞行模式下，观察点将不受 XY 平面的约束，可以在模型中任何位置穿越。漫游和飞行观察模式在室内效果图中的使用极为广泛，可以通过这两项功能准确地找到室内观察的视角并观察室内的效果。

将观察者的高度设定为普通人眼的高度，使用漫游模式在房屋模型的内部进行观察，可以获得身临其境的效果。使用飞行模式则可以自由移动观察点，得到从高处往下鸟瞰房屋以及在靠近地面位置观察的效果图。

漫游和飞行模式必须在透视图下进行，进入漫游或飞行观察模式，系统将会弹出如图 4-8 所示的"定位器"选项板，选项板上部是一个"小地图"，给出观察点以及当前实体的缩小预览效果。在预览框中，拖动位置指示器可以调整用户的位置，拖动目标指示器可以调整视图的方向，图 4-9 为创建漫游的室内效果图效果。

在"定位器"选项板的"常规"选项组中，通常需设置的是"位置 Z 坐标"和"目标 Z 坐标"。"位置 Z 坐标"用于设置人眼的高度，"目标 Z 坐标"用于设置观察目标的高度。这两个坐标的连线就是视线在高度上的方向。

因此，对于用户来说，手动调整位置指示器位置和目标指示器位置，以及设置"位置 Z 坐标"和"目标 Z 坐标"是使用漫游和飞行的 4 个要点。

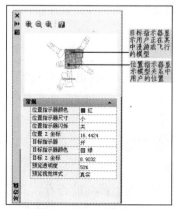

图 4-8 "定位器"选项板   图 4-9 漫游和飞行实例

4.2.4 控制盘

SteeringWheel(控制盘)将多个常用导航工具结合到一个单一界面中，从而为用户节省了时间。控制盘上的每个按钮代表一种导航工具，用户可以以不同方式平移、缩放或操作模型的当前视图，控制盘上各按钮功能如图 4-10 所示。

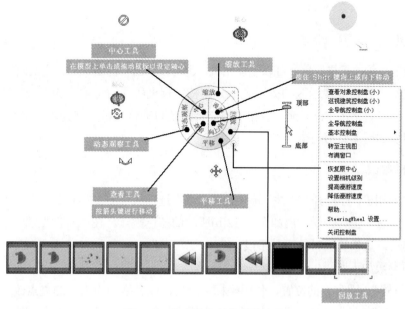

图 4-10 控制盘上的各导航工具

如果控制盘在启动时固定，它将不跟随光标移动，还会显示控制盘的"首次使用"气泡。"首次使用"气泡说明控制盘的用途和使用方法，用户可以在"SteeringWheel 设置"对话框中更改启动行为。

用户可通过单击状态栏的 SteeringWheel 按钮⊚来显示控制盘。显示控制盘之后，可以通过单击控制盘上的一个按钮或单击并按住定点设备上的按钮来激活相应的可用导航工具。按住按钮后，在图形窗口上拖动，可以更改当前视图，松开按钮可返回至控制盘。

控制盘上的 8 个工具的功能如下。

- "中心"工具用于在模型上指定一个点作为当前视图的中心。该工具也可以更改用于某些导航工具的目标点。
- "查看"工具用于绕固定点水平和垂直旋转视图。
- "动态观察"工具用于基于固定的轴心点绕模型旋转当前视图。
- "平移"工具用于通过平移来重新放置模型的当前视图。
- "回放"工具用于恢复上一视图。用户也可以在先前视图中向后或向前查看。
- "向上/向下"工具沿屏幕的 Y 轴滑动模型的当前视图。
- "漫游"工具模拟在模型中的漫游。
- "缩放"工具用于调整模型当前视图的比例。

4.2.5 相机视图

相机视图是视图的一种，它将视图的观察者作为一个对象显示在图形中，并可以修改相机的各种参数以调整视图参数。相机作为图形中固定的对象，可以精确地控制相机的各项参数，从而控制相机的视图。

1. 创建相机

选择"视图"|"创建相机"命令可以创建相机，也可以单击"视图"工具栏或面板中的相应按钮。

进入命令之后，在命令提示区的提示之下分别指定相机所在的位置、相机观察的位置以及相机的名称等参数，也可直接按 Enter 键完成相机建立，系统自动将相机命名为"相机 1"、"相机 2"等。创建好的相机如图 4-11 所示。

2. 编辑相机参数

选择已创建的相机，并打开"特性"选项板，可以在选项板中看到相机的多项参数，如图 4-12(a)所示，相机被选中后，也将会显示出如图 4-12(b)所示的蓝色夹点。在"特性"选项板中修改参数或直接使用夹点编辑，是相机编辑的两种手段。

其中的各项参数如下所示。

- "相机位置"：观察点的位置，使用坐标点给出，或者拖动相机上的夹点改变位置。
- "目标位置"：目标点的位置，使用坐标点给出，或者拖动目标矩形中心的夹点改变位置。
- "焦距"：由观察点和目标点位置共同决定。

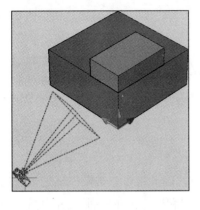

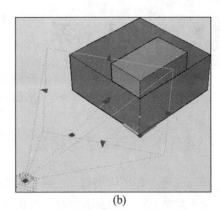

(a) (b)

图 4-11　创建相机　　　　　　　图 4-12　相机的选项板和编辑夹点

- "视野"：相机视图中显示范围的大小，拖动镜头目标位置的矩形框四边中点上的箭头夹点可以修改。
- "摆动角度"：相机视图相对于水平线旋转的角度。
- "剪裁"：指定剪裁平面的位置，在相机预览中，将隐藏相机与前向剪裁平面之间以及后向剪裁平面与目标之间的所有对象，以便观察实体内部结构。

单击选择一个相机，系统自动弹出如图 4-13 所示的"相机预览"对话框，其中实时显示相机视图的预览，作为调整相机时的参考。

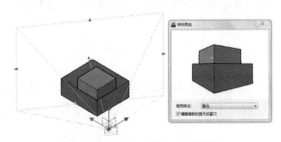

图 4-13　"相机预览"对话框　　　　　　图 4-14　选择相机视图

在三维实体中编辑相机的参数有时缺少直观性，最好的方法是根据图形的尺寸和坐标给出相机参数的精确坐标。如需根据图形的实际情况进行编辑，则可以使用视口命令，在图形中同时显示俯视图和主视图两个视口，在俯视图上拖动夹点操作将会被限制在 XY 平面上，主视图上的拖动夹点操作将会被限制在 ZX 平面上，由两个平面视图上的位置可以完全定位相机。具体的例子在本书第 9 章中进行介绍。

3. 使用相机视图

定义完成相机之后，可以使用相机视图，直接选择"视图"工具栏中下拉菜单中的相机视图命令，如图 4-14 所示。

相机视图因参数详尽且可精确修改而具有很多优点，尤其在建筑室内和室外效果图方面应用非常广泛。

4.3 三维坐标系

指定三维坐标与指定二维坐标的方法基本相同，在三维绘图中若仅输入两个坐标则默认为第三个坐标为 0 的三维坐标，也就是位于 XY 平面上的点。三维坐标系因维度的增加而增加了复杂程度。

4.3.1 三维点的指定

与二维工作环境类似，三维空间中模型最简单的元素仍然是点，因此很多三维操作都是以点的指定为基础。点的指定主要有以下 4 种方式：坐标输入、关键点捕捉和追踪、在平面 UCS 中指定和使用 DUCS 功能指定。

三维工作空间是以二维的显示来表达三维，因此无法直接通过在工作空间中的单击来获取点，即使可以，也是程序加以约束之后所得到的点，不一定是用户所需。

1. 坐标输入

本书第 3 章已经介绍过坐标系，在三维工作空间里，坐标仍然是定位点的精确手段，且与二维工作空间的操作类似，三维坐标也分为绝对和相对两种，坐标的指定方式也分为直角坐标、圆柱坐标和球坐标。

对图形尺寸的把握在三维建模中显得更为重要，因为相当一部分点都是通过坐标的方式指定的。

此外还应当注意的是，使用坐标系时应当确认当前所使用为何种坐标系，与二维绘图中坐标系保持不变相比，三维操作要经常根据需要改变坐标系。

2. 捕捉和追踪

二维对象的关键点，三维对象的下级二维对象的关键点，仍然可以被捕捉到，且可以利用捕捉到的关键点使用追踪功能。方法与二维工作空间时相同，不再赘述。

3. 使用平面 UCS

使用平面 UCS 可以在三维空间中的某个平面内进行点的指定以及二维对象的创建，然后转换为空间中的三维对象，这种方法极为典型。平面 UCS 的使用将在 4.3.2 节中详细介绍，而通过二维对象生成三维实体的操作则在本章 4.5.2 节详细介绍。

4. 使用 DUCS

按下状态栏中的 DUCS 按钮，可以启动 DUCS(动态 UCS)功能，在这个功能下，创建三维对象可以以图形中已经存在的平面作为初始平面，而不需进行改变坐标系的操作。

4.3.2 UCS 用户坐标系

AutoCAD 2013 提供了两个坐标系：世界坐标系(WCS)的固定坐标系和用户坐标系(UCS)的可移动坐标系。可以根据用户需要在已有的 UCS 中进行切换，也可以建立和编辑新的 UCS 坐标系。

坐标系的命令主要通过选择"工具"|"新建 UCS"菜单中的"工具"|"命名 UCS"命令或单击 UCS 和 UCS Ⅱ 工具栏中的按钮来调用。UCS 和 UCS Ⅱ 工具栏如图 4-15 所示。

图 4-15 UCS 和 UCS Ⅱ 工具栏

 1. 预置 UCS

AutoCAD 定义了 6 种常用的坐标系，称为正交 UCS，它们分别是"俯视"、"仰视"、"前视"、"后视"、"左视"和"右视"。"俯视" UCS(坐标系)即在俯视图中所见为 XY 平面所确定的坐标系，其他类似。一般情况下，WCS(世界坐标系)与"俯视" UCS 是一样的。

"俯视" UCS 与"仰视" UCS 的区别在于，Y 轴与 Z 轴反向而 X 轴相同。

直接在图 4-15 所示的下拉菜单中进行选择，即可切换当前图形中的坐标系。特殊的情况在于，当用户将视图设置为 6 个平面视图时，系统自动切换为相应的正交 UCS。

> **提示**
>
> 注意区分视图与 UCS 的区别，视图是工作界面中显示的变化，UCS 则是作为尺度参考的坐标系。6 个平面视图的使用带来 UCS 的自动切换，其他情况下两者的操作并无关联。如果需要，用户当然可以在俯视图下手动将"左视" UCS 置为当前。

同样的操作也可以通过 UCS 对话框来实现，选择"工具"|"命名 UCS"命令来打开此对话框，在其中的"正交"选项卡上可以看到上述的正交 UCS，选择某个并单击"置为当前"按钮即可。

2. 新建 UCS

选择"工具"|"新建 UCS"菜单中的命令，命令提示区将会提示"指定 UCS 的原点或 [面(F)/命名(NA)/对象(OB)/上一个(P)/视图(V)/世界(W)/X/Y/Z/Z 轴(ZA)] <世界>:"，命令提示区中的选项与"工具"|"新建 UCS"菜单中的子菜单项是一致的，它们给出指定新坐标系的方式，含义如下。

- "面"：指定图形中已经存在一个面，系统自动以这个面作为 XY 平面建立坐标系。
- "命名"：选择此选项可以对新建的 UCS 命名。
- "对象"：指定一个图形对象，系统根据这个对象自动建立坐标系。
- "上一个"：切换到上一个使用过的坐标系。
- "视图"：切换为 6 个以视图命名的正交坐标系。
- "世界"：切换为世界坐标系。
- "X/Y/Z"：通过将当前坐标系绕 X/Y/Z 轴旋转某个角度的方式得到新坐标系。
- "Z 轴"：指定原点以及 Z 轴方向以得到新坐标系。
- 默认方式：依次指定原点、X 轴方向和 Y 轴方向以得到新坐标系。

指定新建 UCS 的参数之后，对新的 UCS 进行命名，则这个 UCS 将会出现在 UCS 对话框中，可以进行选择，执行置为当前、重命名或删除等操作。

3. 当前 UCS 的平面视图

这是新建 UCS 的一个应用，如图 4-16 所示，在一个长方体的侧面上添加文字，首先选择"工具"|"新建 UCS"|"面"命令，选择长方体的这个侧面，建立一个以这个侧面为 XY 平面的坐标系，接下来选择"视图"|"三维视图"|"平面视图"|"当前 UCS"命令，系统将视图改换为以当前 UCS 的 XY 平面决定的平面视图，所有的绘图操作都将在这个平面视图中完成，接下来使用添加文字命令即可。

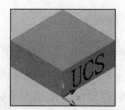

图 4-16 UCS 的应用

4.4 视觉样式

在 AutoCAD 中，视觉样式是用来控制视口中边和着色的显示。一旦应用了视觉样式或更改了其设置，就可以在视口中查看效果。

用户选择"视图"|"视觉样式"菜单中的子菜单命令可以观察各种三维图形的视觉样式，选择"视觉样式管理器"子菜单命令，打开视觉样式管理器，如图 4-17 所示。

系统一共为用户提供了 10 种预设的视觉样式，常用的 5 种视觉样式的效果如下。

- 二维线框：显示用直线和曲线表示边界的对象。光栅和 OLE 对象、线型和线宽均可见，如图 4-18 所示。
- 三维线框：显示用直线和曲线表示边界的对象，如图 4-19 所示。

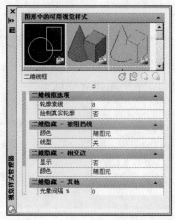

图 4-17 视觉样式管理器

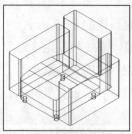

图 4-18 二维线框

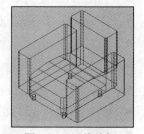

图 4-19 三维线框

- 三维隐藏：显示用三维线框表示的对象并隐藏表示后向面的直线，如图 4-20 所示。
- 真实：着色多边形平面间的对象，并使对象的边平滑化，将显示已附着到对象上的材质，如

图 4-21 所示。

● 概念：着色多边形平面间的对象，并使对象的边平滑化。着色使用古氏面样式，一种冷色和暖色之间的过渡而不是从深色到浅色的过渡。效果虽然缺乏真实感，但是可以更方便地查看模型的细节，如图 4-22 所示。

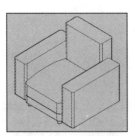
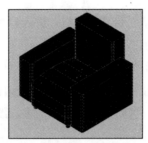
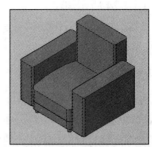

图 4-20　三维隐藏　　　　　　图 4-21　真实　　　　　　图 4-22　概念

4.5　三 维 建 模

三维建模操作，系统提供的工具如图 4-23 所示，图(a)是"常用"选项卡下的"建模"、"网格"、"实体编辑"、"绘图"和"修改"面板，图(b)是"建模"选项板。当然，用户也可以打开"建模"工具栏，或者"绘图"和"修改"菜单，执行其中相应的三维建模方面的命令来进行三维建模工作。

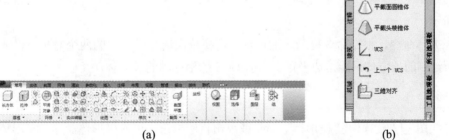

(a)　　　　　　　　　　　　　　　　(b)

图 4-23　三维建模操作的系统选项板

三维建模操作的命令可以分为 3 类：建立预设的三维实体、从二维图形建立三维实体和使用编辑命令修改实体。

4.5.1　预设三维实体

这一类的命令在"绘图"|"建模"菜单中的第一栏，"建模"工具栏和"建模"面板中有相应

的按钮。

1. 多段体

选择"绘图"|"建模"|"多段体"命令或单击相应按钮，进入多段体命令，可以绘制多段体，如图 4-24 所示。

多段体实际上是一个具有一定厚度和高度的板，进入多段体命令，命令提示区显示"指定起点或[对象(O)/高度(H)/宽度(W)/对正(J)];"，指定第一点之后命令提示区显示"指定下一个点或 [圆弧(A)/放弃(U)];"，可以看到多段体命令与二维多段线命令类似，而多段体实际上就是在 XY 平面上绘制的多段线经过加厚和拉伸之后得到的实体。

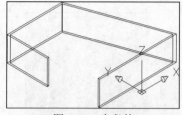

图 4-24　多段体

多段体的厚度和高度可通过命令提示区中的选项进行修改。

多段体的截面只能在当前 UCS 的 XY 平面上，若需绘制不同方向的多段体，则需要对 UCS 进行改变，将 XY 平面调整到所需平面。

提示

建模时调整 UCS 是常用的操作，几乎每一个三维建模命令都会涉及到，在 AutoCAD 2013 中，三维实体的建立不能在任意方向上进行，一般都是将截面放置在当前的 XY 平面上。

2. 长方体

选择"绘图"|"建模"|"长方体"命令或单击相应按钮，进入长方体命令，长方体的外观如图 4-25 左图所示。

进入长方体命令，根据命令提示区的提示，需要依次选择长方体的两个对角点，或指定长方体的尺寸，所绘制的长方体只能是边平行于当前 UCS 的坐标轴的长方体。

3. 楔形体

选择"绘图"|"建模"|"楔形体"命令或单击相应按钮，进入楔形体命令，楔形体的外观如图 4-25 右图所示。

进入楔形命令，命令提示区显示"指定第一个角点或 [中心(C)];"，指定第一个角点之后系统提示"指定其他角点或 [立方体(C)/长度(L)];"，最后系统提示"指定高度或 [两点(2P)];"，按照这些提示依次选择楔形体底面的两个对角点和楔形体的高度。

创建的楔形体底面平行于 XY 平面，另一个直角面则平行于 YZ 平面，由第一个指定角点的一侧向上拉伸，第二个指定角点的一侧则是尖端。

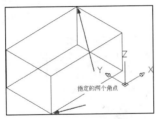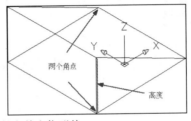

图 4-25　长方体和楔形体

4. 圆锥体

选择"绘图"|"建模"|"圆锥体"命令或单击相应按钮，进入圆锥体命令。圆锥体的外观如图 4-26 左图所示。由于涉及弧面和球面，图 4-26 中使用的是着色的视觉样式，以达到更好的观察效果。

圆锥体的定义简单，根据命令提示区的提示，首先选择一个底面圆心，之后指定底面半径和高度，完成圆锥体的绘制，其中底面只能平行于当前坐标系的 XY 平面。

5. 球体

选择"绘图"|"建模"|"球体"命令或单击相应按钮，进入球体命令。球体的外观如图 4-26 中图所示。

创建球体时的定义包括球心和半径。

6. 圆柱体

选择"绘图"|"建模"|"圆柱体"命令或单击相应按钮，进入圆柱体命令。圆柱体的外观如图 4-26 右图所示。

创建圆柱体时的定义包括底面圆心、底面半径和高度。圆柱体的底面只能平行于当前的 XY 平面。

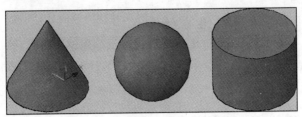

图 4-26　圆锥体、球体和圆柱体

7. 棱锥面

选择"绘图"|"建模"|"棱锥面"命令或单击相应按钮，进入棱锥面命令，棱锥面的外观如图 4-27 所示，分别用二维线框和概念视觉样式显示。

进入棱锥面命令，命令提示区中显示"4 个侧面　外切　指定底面的中心点或 [边(E)/侧面(S)]:"，这里给出了棱锥面底面的参数，当前的参数为正四边形，可以修改，接下来命令提示区提示"指定底面半径或 [内接(I)]:"，这与二维绘图中多边形的指定方法相同，通过圆半径以及圆与正多边形的位置关系来定义底面的正多边形，接下来指定锥体的高度，完成绘图。

棱锥面的底面只能平行于当前的 XY 平面。

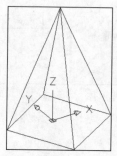
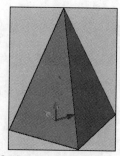

图 4-27　棱锥面

8. 圆环体

选择"绘图"|"建模"|"圆环体"命令或单击相应按钮,进入圆环体命令,圆环体的外观如图 4-28 所示,分别用二维线框和概念视觉样式显示。

进入圆环体命令,根据命令提示区的提示依次指定圆环体中心、圆环体半径和截面半径,以完成圆环体的绘制。圆环体的截面轴线所在的圆只能平行于当前的 XY 平面。

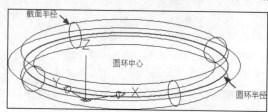
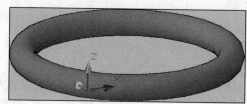

图 4-28　圆环体

4.5.2　从二维图形创建三维实体

这一类的命令在"绘图"|"建模"菜单中,另外在"建模"工具栏中和"建模"面板中也有相应的按钮。本小节将介绍其中最常用的命令,它们包括拉伸、旋转、扫掠和放样。

1. 拉伸

选择"绘图"|"建模"|"拉伸"命令,进入拉伸命令,命令提示区提示"选择要拉伸的对象或[模式(MO)]:",选择拉伸对象并按 Enter 键确定,这个对象必须是封闭的二维线框或二维面域,之后指定一个拉伸高度,完成拉伸实体。从二维拉伸生成三维实体的示意如图 4-29 所示。

拉伸生成的实体就是柱体,将二维实体沿直线扫过空间生成实体。

选择拉伸对象之后命令提示区提示"指定拉伸的高度或 [方向(D)/路径(P)/倾斜角(T)/表达式(E)]<147.7748>:",前面使用默认的方式直接指定一个高度,也可选择进入其他 3 种方式:方向、路径与倾斜角。

● "方向":使用坐标指定拉伸方向,进行斜向的拉伸。

- "路径"：选择一条直线作为拉伸路径，以确定斜向拉伸的方向。
- "倾斜角"：指定一个倾斜角，使拉伸实体的侧面一致向内或者向外倾斜。

2. 旋转

选择"绘图"|"建模"|"旋转"命令，进入旋转命令，命令提示区提示"选择要旋转的对象或[模式(MO)]："，选择旋转对象并按 Enter 键确定，对象必须是封闭的二维线框或二维面域，之后指定旋转轴以及旋转角度，完成旋转实体。从二维对象旋转生成三维实体的示意如图 4-30 所示，其中旋转角度为 360°，就可以得到一个规则的旋转体。

旋转生成实体，直观上是将一个截面围绕旋转轴旋转，将扫过的空间生成实体。

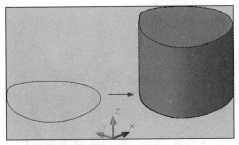
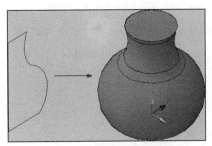

图 4-29　生成拉伸实体的过程　　　　图 4-30　生成旋转实体的过程

3. 扫掠

选择"绘图"|"建模"|"扫掠"命令，进入扫掠命令，命令提示区提示"选择要扫掠的对象或[模式(MO)]："，选择扫掠对象并按 Enter 键确定，对象必须是封闭的二维线框或二维面域，之后指定扫掠轴线，完成扫掠实体。从二维对象扫掠生成三维实体的示意如图 4-31 所示。

扫掠生成实体，直观上是将一个截面沿一条路径扫过而产生的实体。

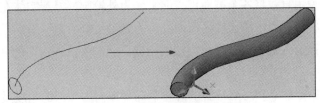

图 4-31　生成扫掠实体的过程

选择扫掠对象之后，命令提示区提示"选择扫掠路径或 [对齐(A)/基点(B)/比例(S)/扭曲(T)]："，默认条件下选择扫掠路径即可，可以是多段线、直线和圆弧等，但必须是一整个二维对象，或进入其他选项进行设置，它们的含义如下。

- "对齐"：选择是否自动将扫掠截面对齐到轴线，默认情况下为自动对齐，则截面与轴线的相对位置关系对扫掠结果没有影响，系统自动将扫掠对象放置在轴线端点并开始扫掠。
- "基点"：指定扫掠对象上的点作为基点，这一点与扫掠轴线上的点对齐。
- "比例"：指定一个扫掠对象的缩放比例。
- "扭曲"：将扫掠对象随扫掠路径进行旋转，得到扭曲的效果。

4. 放样

选择"绘图"|"建模"|"放样"命令，进入放样命令，命令提示区提示"按放样次序选择横截面或 [点(PO)/合并多条边(J)/模式(MO)]:"，依次选择放样截面并按 Enter 键确定，截面必须是封闭的二维线框或二维面域，之后按 Enter 键确定，命令提示区提示"输入选项 [导向(G)/路径(P)/仅横截面(C)/设置(S)] <仅横截面>:"，输入 S，按 Enter 键，系统弹出如图 4-32 所示的"放样设置"对话框，进行设置后单击"确定"按钮，即可完成放样。

放样实体，是放样截面在空间上的位置和形状的变化所扫过的实体。

放样生成实体的一个例子如图 4-33 所示。

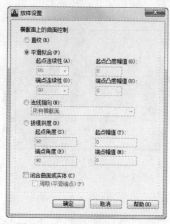

图 4-32 "放样设置"对话框

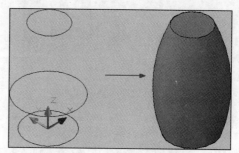

图 4-33 生成放样实体的过程

"放样设置"对话框中进行的设置主要是放样外轮廓的拟合方式，默认条件下"平滑拟合"单选框被选择，且起点和终点位置角度由拟合所决定，各项设置的含义如下。

- "直纹"：直接使用直线将各个截面连接起来作为外轮廓，得到实体在截面出现棱。
- "平滑拟合"：将各截面平滑连接，截面处全为光滑接合。
- "法线指向"：控制各截面位置是否为法线指向，强制为法线指向的截面处的外轮廓与此截面垂直。
- "拔模斜度"：指定起点和终点位置的外轮廓向外或向内倾斜的角度及幅值。

如图 4-34 所示，表达出各种拟合方式的区别，从左到右分别为直纹连接、所有斜面强制为法线指向、起点拔模指定为 0° 而终点拔模指定为 180° 。

图 4-34 放样操作的不同参数

4.5.3　三维实体编辑

实体编辑命令帮助产生具有更多复杂度的三维实体，这些命令在"修改"|"三维操作"菜单和"修改"|"实体编辑"菜单中有相应命令，在"实体编辑"工具栏和面板中也有部分相应按钮，"实体编辑"工具栏如图 4-35 所示。

图 4-35　"实体编辑"对话框

本小节介绍一些常用的三维实体编辑命令。

1. 三维平移

三维实体的平移，通过选择"修改"|"三维操作"|"三维平移"命令来调用，也可以单击相关工具栏上的按钮，在 AutoCAD 默认情况下直接单击选择一个三维实体即可看到平移的约束轴，对实体实现平移。

三维平移与二维平移相比，重要的区别也是最关键的功能在于平移的约束轴，如图 4-36 左图所示。

通过将光标置于平移约束轴上的不同位置，约束轴产生约束的坐标轴将显示为黄色且显示出约束轴的延长轴线，表明目前已经添加了约束，由此可以将平移限制在 X、Y、Z 轴或 XY、YZ、ZX 平面上。在二维工作空间内进行三维的移动，增加约束是必不可少的，否则将会无法控制移动的位置。如图 4-36 右图所示，已经将平移约束在 X 轴线上，此时拖动鼠标可以将实体在 X 轴线上进行平移。

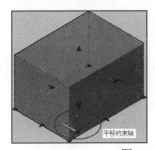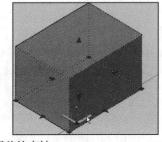

图 4-36　平移约束轴

2. 三维旋转

三维实体的旋转，通过选择"修改"|"三维操作"|"三维旋转"命令来调用，也可以单击相关工具栏上的按钮。

三维旋转的约束轴同样是一个重要的功能，如图 4-37 左图所示。与平移不同，进入三维旋转命令，需要指定一个合适的旋转中心，也就是图中旋转约束轴图标中心所在的位置，平移操作与基点选择无关，而旋转则受到基点的影响。

将光标置于旋转约束轴上的相应位置，约束轴对应的圆环显示为黄色且图形中显示出此约束轴的延长线，如图 4-37 右图所示，此时的旋转已被限制在 X 轴，接下来在命令提示区中输入旋转角度即可完成旋转。

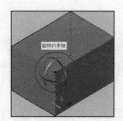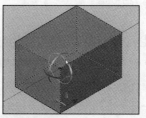

图 4-37　旋转约束轴

3. 三维对齐

三维对齐命令可以通过移动、旋转或倾斜对象来使该对象与另一个对象对齐。

选择"修改"|"三维操作"|"三维对齐"命令，可以调用三维对齐命令，选择被移动的对象，依次选择 3 个源对象点和 3 个目标对象点，系统会自动使用移动和旋转操作将对象改变到新位置，使源对象点对齐到目标对象点。

4. 三维镜像

三维镜像命令用于生成源对象关于某个平面的对称对象。

选择"修改"|"三维操作"|"三维镜像"命令，调用三维镜像命令，选择要生成镜像的源对象，按 Enter 键确定，选择一个平面作为镜像平面，即可生成镜像实体。

5. 三维阵列

三维阵列命令产生源对象的多个复制，并按阵列排列。

选择"修改"|"三维操作"|"三维阵列"命令，调用三维阵列命令，选择要生成阵列的源对象，按照命令提示区的提示指定阵列的参数，生成阵列。

6. 布尔运算

布尔运算是 AutoCAD 2013 中极为常用的实体操作命令。

选择"修改"|"三维操作"|"并集"、"差集"或"交集"命令，可以调用布尔运算命令，也可以单击"实体编辑"工具栏或面板上的按钮。

按照命令提示区的提示，选择参与布尔运算的实体，并按 Enter 键确定，即可完成布尔运算操作，所得结果将会作为一个图形对象。

如图 4-38 所示的就是布尔运算的例子，图(a)为最初建立的两个长方体，图(b)为两个实体并集后的结果，图(c)为使用差集从大长方体中减去小长方体的结果，图(d)为两个长方体并集的结果。

在 AutoCAD 2013 中，可以在空间上建立有重叠的实体，如图 4-38(a)所示，两个单独实体的相交线没有棱边，只有使用并集命令将两者合并为一个实体时才会出现棱边，这个棱边将作为合并后实体的子对象。

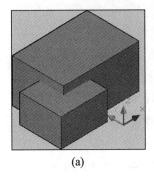 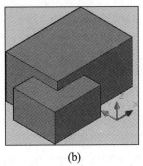 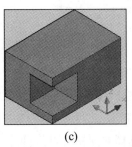 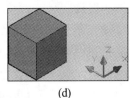

    (a)   (b)   (c)   (d)

图 4-38 布尔运算的效果

  很多三维实体由局部的规则实体组合而成,首先绘制局部的实体再使用布尔运算操作,可以绘制出复杂的实体。

7. 剖切

  使用剖切命令可以使用指定平面剖切实体,也是控制实体形状的有效手段。

  选择"修改"|"实体编辑"|"剖切"命令或单击工具栏中的相应按钮可调用剖切命令,按照命令提示区提示"选择要剖切的对象:",选择需要剖切的实体,按 Enter 键确定,命令提示区提示"指定切面的起点或 [平面对象(O)/曲面(S)/Z 轴(Z)/视图(V)/XY/YZ/ZX/三点(3)] <三点>:",使用这些方式指定剖切平面或曲面,在命令提示区的提示下使用光标指定需要保留的实体一侧或选择保留两侧实体。

  如图 4-39 所示,是剖切操作的一个例子,使用两次剖切操作将完整的球体剖切为如图 4-39 右图所示的实体。

8. 面编辑

  面编辑的命令可通过选择"修改"|"实体编辑"菜单中的命令或单击工具栏中的相应按钮来调用。面编辑的命令是通过改变面子对象来改变实体的形状,具体可进行的操作包括:拉伸、移动、旋转、偏移、倾斜、删除、复制、颜色和材质。

  如图 4-40 所示是使用面编辑的两个例子,左图使用着色面命令对左边侧面进行的着色使它具有与实体不同的颜色,右图使用倾斜面命令使右侧面产生了一个倾斜。

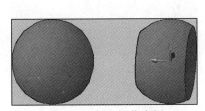  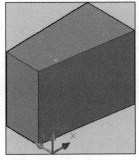

   图 4-39 剖切操作实例   图 4-40 面编辑实例

9. 体编辑

体编辑命令通过选择"修改"|"实体编辑"菜单中的命令来调用,包括压印、分割实体、抽壳、清除和检查。

抽壳命令是三维操作中很常用的一个命令,它由一个实体产生薄壳。选择"修改"|"实体编辑"|"抽壳"命令或单击工具栏中的相应按钮调用抽壳命令,选择抽壳的实体,命令提示区提示"删除面或 [放弃(U)/添加(A)/全部(ALL)]:",此时通过单击选择实体的面从抽壳操作的对象集中删除,选中的面位置处将会生成薄壳,未被选择的面将会直接打开。对如图 4-41 左图所示的实体使用抽壳命令,选择下方的两个面从选择集中删除,将会生成如图 4-41 右图所示的壳体。

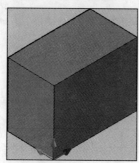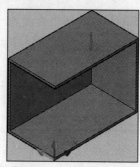

图 4-41　抽壳操作实例

第5章 三维渲染

在早期的 AutoCAD 版本中，软件也给用户提供了诸如消隐、着色、渲染等基本的三维效果创建功能，光线、材质、贴图的添加基本都在渲染功能中完成，提供的功能也比较单一和简单。在发展到 AutoCAD 2007 版本后，对于材质、贴图、灯光以及渲染功能都有了较大的改善和提高，在随后的几个版本中，对其材质、贴图、灯光以及渲染功能进行了更全面的完善，并且已经能够作出比较逼真的室内效果图。

本章将向读者介绍材质、贴图、灯光和渲染功能的使用。通过本章的学习，读者要理解各功能的使用方法以及各参数的具体含义。

5.1 光　源

光源操作的命令通过选择"视图"|"渲染"|"光源"菜单中的命令来调用，另外在功能区的"渲染"选项卡的"光源"、"阳光和位置"面板以及"光源"工具栏中也有相应按钮，而且工具选项卡的"工具选项板-常规光源"选项板中提供了一些新增的系统预设光源，如图 5-1 所示。

图 5-1　光源命令的工具

5.1.1　创建光源

选择"视图"|"渲染"|"光源"菜单中的命令或单击相应的工具栏按钮可以创建光源，光源分为 3 种：点光源、平行光和聚光灯。它们具有如下特点。

- 点光源：模拟发光的一点。
- 聚光灯：模拟一束聚光灯照亮实体的局部。
- 平行光：某一个方向的均匀光源。

组合使用这 3 种光源，可以模拟现实中的光源和光线的情况。

1. 点光源

选择"视图"|"渲染"|"光源"|"创建点光源"命令，命令提示区中提示"指定源位置 <0,0,0>："，指定点光源的位置，光标变为点光源的形状。选择位置后，命令提示区提示"输入要更改的选项 [名称(N)/强度因子(I)/状态(S)/光度(P)/阴影(W)/衰减(A)/过滤颜色(C)/退出(X)] <退出>："，修改光源的特性并重命名，如果直接按 Enter 键则系统自动将其命名为"点光源 1"、"点光源 2"等。

2. 聚光灯

选择"视图"|"渲染"|"光源"|"创建聚光灯"命令，命令提示区中提示"指定源位置<0,0,0>："，指定聚光灯的位置点，接下来在"指定目标位置 <0,0,-10>："的提示下指定光源照射的目标点位置，修改特性并重命名后，完成聚光灯的建立。聚光灯对象在图形中的外观如图 5-2 所示。

3. 平行光

选择"视图"|"渲染"|"光源"|"创建平行光"命令，命令提示区中提示"指定光源来向<0,0,0>或 [矢量(V)]:"，通过两点指定平行光的照射方向，或直接输入一个矢量确定光照的方向。重命名之后，完成平行光的创建。

首次创建平行光时，系统会弹出如图 5-3 所示的"光源-光度控制平行光"对话框警告用户，单击"允许平行光"按钮即可创建平行光。

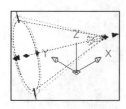

图 5-2 聚光灯

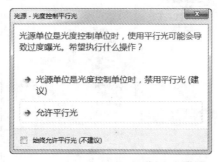

图 5-3 "光源-光度控制平行光"对话框

5.1.2 光源特性

创建光源时可以对光源的特性进行设置，也可保持默认值，在创建后对光源特性进行修改，效果相同。

已经创建光源后，选择"视图"|"渲染"|"光源"|"光源列表"命令，或者单击相应的工具栏按钮，可以打开如图 5-4(a)所示的"模型中的光源"选项板，其中列举了模型中已有的光源，双击列表中的光源可以打开如图 5-4(b)所示的"特性"选项板。

在"特性"选项板中可以查看和修改光源的各项参数，各种光源都包含如下这些参数。

- "类型"：光源的类型分为点光源、聚光灯和平行光。
- "开/关状态"：控制光源是否作用于模型中。
- "阴影"：控制光源是否投影。若要显示阴影，必须在应用于当前视口的视觉样式中打开阴影。关闭阴影可以提高性能，还可使光源透过实体照射到光源方向和范围内的全部实体。
- "强度因子"：设定控制亮度的倍数强度。
- "过滤颜色"：设定发射的光源颜色。

对于点光源和聚光灯还有如下参数。

- "位置和目标"：光源的源位置和照射目标位置。这两个位置可以通过坐标的方法指定；也可以直接通过对象的夹点拖动，拖动源位置或目标位置可以单独移动源位置点或目标位置点；要将两者同时移动，可拖动光线轮廓本身。
- "衰减"：衰减控制光线具有随着距离的增加而衰减的特性，距光源越远，对象受到的照射越弱，有"无衰减"、"线性反比"或"平方反比"3 种衰减方式以供选择。

● "界限"：界限参数控制光源的起点和终点，只有在光源界限指定的范围之内的实体才会受到该光源的照射。

聚光灯具有与其他两种光源不同的控制参数——聚光圆锥角和衰减圆锥角，可以直接在工作界面中使用夹点编辑来改变这两个锥角的大小，在聚光锥角内的区域，聚光灯的照射强度最大，衰减锥角之外则不会受到聚光灯的照射，中间区域则逐渐衰减，聚光灯照射的效果如图 5-5 所示。

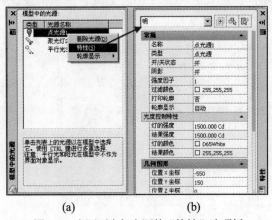

(a)　　　　　　　　　(b)

图 5-4　光源列表与光源的"特性"选项板

图 5-5　聚光灯的照射效果

5.2　材　质

AutoCAD 为用户提供了两种使用材质的方式，第一种是直接从"材质"选项板自己定义所需的材质；第二种是提供了材质库，预定义了大量的常用的材质，用户可以直接使用，也可以在预定义材质的基础上对材质进行修改得到自己想要的材质。

1. 材质浏览器

选择"视图"|"渲染"|"材质浏览器"命令，或者单击"渲染"工具栏中的"材质"按钮，弹出如图 5-6 所示的"材质浏览器"选项板，用户可以导航和管理材质，还可以在所有打开的库中和图形中对材质进行搜索和排序。

01 "在文档中创建新材质"下拉列表

单击"在文档中创建新材质"按钮，弹出材质类别列表，选择其中的某一个类别，可以创建某一个类别的材质，如果用户不想基于某个类别创建材质，则选择"新建常规材质"选项。在选择某个选项后，弹出"材质编辑器"选项板，用户可在其中设置材质的各个参数。

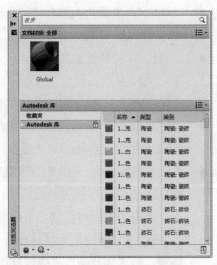

图 5-6　"材质浏览器"选项板

02 "搜索"文本框

在"搜索"文本框中输入材质名称的关键词,则在材质库中搜索相应材质,材质列表中显示包含该关键词的材质外观列表。

03 "文档材质"列表

"文档材质"列表显示当前文档中已经创建的材质列表,单击 ▤▾ 按钮弹出下拉菜单,用户可以设置显示哪些材质,材质列表显示的类型、缩略图的大小以及材质排序的类型。

04 Autodesk 库

Autodesk 库可以创建新库,或者管理已有的材质库。AutoCAD 系统在左侧的库列表中为用户默认提供了"Autodesk 库"和"收藏夹"库,用户可以直接使用"Autodesk 库"中的材质,也可以把自己创建的材质放入"收藏夹"库,当然,也可以创建新的库名。

2. 材质编辑器

选择"视图"|"渲染"|"材质编辑器"命令,或者单击"渲染"工具栏中的"材质"按钮 ◈ ,弹出如图 5-7 所示的"材质编辑器"选项板。在"材质编辑器"选项板中,用户可以对材质的参数进行各种设置,创建新的材质,或对材质进行编辑。通常情况下,材质编辑器和材质浏览器同时使用,用户可以在材质浏览器中选中一个材质,在材质编辑器中对材质参数进行编辑,也可以创建一个新的材质,在材质编辑器中进行参数设置。

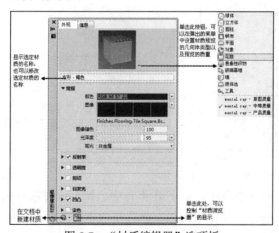

图 5-7 "材质编辑器"选项板

3. 应用材质

"材质编辑器"选项板只能完成对材质参数的设置和修改,使用"材质浏览器"选项板才可以将材质应用到对象。

01 应用库中的材质

当选中材质库列表中的某个材质的时候,右击,在弹出的快捷菜单中,用户可以对材质进行重命名,可以删除材质,可以把材质添加到相应的库或工具选项板中,还可以把材质添加到"文档材质"列表中。

02 应用文档材质

当材质添加到"文档材质"列表中后，用户就可以将材质应用到文档中的对象。用户选择列表中的某一个材质，右击，在弹出的快捷菜单，用户可以选择相应的命令以将材质应用到对象或对材质进行重命名、删除或添加到库等操作。

5.3 渲　染

渲染操作的主要目的是出图，也就是将当前场景中的效果用图像文件的方式显示出来并将文件保存起来以备使用。选择"视图"|"渲染"菜单中的"渲染"命令可以对当前场景进行渲染，选择其中的"渲染环境"命令和"高级渲染设置"命令，可以进行相关设置，这些命令也可通过单击"渲染"工具栏或"三维建模"工作空间功能区"渲染"选项卡下"渲染"面板中的按钮来调用。渲染的设置则在"高级渲染设置"选项板中进行，可通过选择"视图"|"渲染"|"高级渲染设置"命令来打开。这些选项板和工具栏如图 5-8 所示。

图 5-8　渲染命令的工具栏

在渲染之前，首先选择适当的视图，本书第 4 章中已经有过详细介绍，默认情况下，渲染所产生的效果图是当前视图中的所见效果，这可以在"高级渲染设置"选项板中的"基本"卷展栏进行修改。渲染是建立在光源和材质基础上的，因此渲染之前首先应该进行的是光源和材质操作，操作过程中也经常会进行渲染以得到中间效果图，以利于修改调整。

5.3.1　渲染出图

选择"视图"|"渲染"|"渲染"命令，或单击各工具栏中的相应按钮，即可对当前场景的实体进行渲染，系统弹出如图 5-9 所示的"渲染"窗口，渲染过程可能需要一些时间，尤其对于高分辨率的渲染图及形状复杂的几何形体。

"渲染"窗口分为以下 3 个窗格："图像"窗格，用来显示渲染图像；"统计信息"窗格，位于右侧，显示用于渲染的当前设置；"历史记录"窗格，位于底部，提供当前模型的渲染图像的近期历史记录以及进度条以显示渲染进度，选择历史记录中的渲染图可以显示出以往的渲染图。

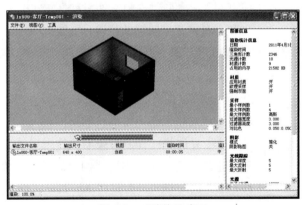

图 5-9   "渲染"窗口

选择"文件"菜单中的命令可以保存渲染图像或关闭"渲染"窗口，选择"视图"菜单中的命令可以改变"渲染"窗口的各个元素，即控制窗格的显示，选择"工具"菜单中的命令可以调用放大和缩小渲染图像的命令，渲染图放大后，可以进行平移操作和滚动条操作，与普通的 Windows 窗口程序中类似。

值得注意的是，渲染所反映的光源效果除用户建立的光源之外还有系统光源，当用户未建立任何光源时，系统光源将会被开启，即两束从观察者方向照亮场景的平行光，这使得即使未建立光源也可以使用渲染命令得到实体和场景的效果，而不会漆黑一片。一旦用户建立光源，系统光源就会被自动关闭，首次出现这种情况时系统会有相应提示。

5.3.2　渲染设置

渲染设置主要改变渲染图的精确程度和分辨率高低。

修改渲染图的分辨率，可以通过修改"高级渲染设置"选项板中"常规"卷展栏的"输出尺寸"一项来实现，如图 5-10 所示。

渲染的精确程度一般可以通过预设渲染模式来完成，单击"高级渲染设置"选项板中的"选择渲染预设"下拉列表中的选项，可以对渲染模式进行设置，如图 5-11 所示。其中"演示"预设模式最为精确，效果图清晰，计算量以及渲染时间最大，"草稿"则最为粗略，也最为快速。"渲染"面板中也有下拉列表可以直接实现修改。

图 5-10   修改渲染图的分辨率

图 5-11   选择预设渲染模式

用户也可在某一预设模式的基础上手动对如下常用参数进行修改。

- "渲染描述"卷展栏：包含影响模型获得渲染的方式的设置。"过程"选项控制渲染过程中处理的模型内容，渲染过程中包括 3 项设置，分别是视图、修剪和选择。"目标"选项用于确定渲染器用于显示渲染图像的输出位置。单击"确定是否写入文件"按钮，当按钮变

成可写入时 ，"输出文件名称"文本框可用。单击  按钮，弹出对话框，用户可指定文件名和要存储渲染图像的位置。"输出大小"选项用于显示渲染图像的当前输出分辨率设置。"曝光类型"选项控制色调运算符设置。"物理比例"选项指定物理比例，默认值为 1500。

- "材质"卷展栏：包含影响渲染器处理材质方式的设置。可以开启和关闭材质的应用，若未选择"应用材质"选项，图形中的所有对象都假定为"全局"材质所定义的属性，"纹理过滤"选项则用来指定过滤纹理贴图的方式，"强制双面"选项控制是否渲染面的两侧。

- "采样"卷展栏：控制渲染器执行采样的方式。"最小样例数"选项可设定最小采样率，该值决定每个英寸长度内的样例个数，样例数是决定渲染计算精确程度的最重要参数。"最大样例数"选项设定最大采样率，如果邻近样例发现对比中的差异超出了对比限制，包含该对比的区域将细分为最大数指定的深度，最大样例数不得小于最小样例数值。"过滤器类型"选项确定如何将多个样例组合为单个像素值，可以采用 Box(最快的采样方法)、Gauss、Triangle、Mitchell 和 Lanczos 等方法。"过滤器宽度"和"过滤器高度"选项指定过滤区域的大小，增加过滤器宽度和过滤器高度值可以柔化图像，但是将增加渲染时间，"对比色"选项指定样例色为 3 个颜色分量的阈值。

- "阴影"卷展栏：包含影响阴影在渲染图像中显示方式的设置。"启用"选项指定渲染过程中是否计算阴影。"模式"选项可以选择阴影为"简化"模式、"分类"模式或"分段"模式。"阴影贴图"选项控制是否使用阴影贴图来渲染阴影，打开时渲染器将渲染使用阴影贴图的阴影，关闭时将对所有阴影使用光线跟踪。

- "光线跟踪"卷展栏：包含影响渲染图像着色的设置。"启用"选项指定着色时是否执行光线跟踪。"最大深度"选项限制反射和折射的组合。当反射和折射总数达到最大深度时，光线追踪将停止。"最大反射"选项设定光线可以反射的次数，设定为 0 时不发生反射，设定为 1 时光线只能反射一次。"最大折射"选项与"最大反射"选项类似。

- "全局照明"卷展栏：影响场景的照明方式。"启用"选项指定光源是否应该将间接光投射到场景中。"光子/样例"选项设定用于计算全局照明强度的光子数，增加该值将减少全局照明的噪值，但会增加模糊程度，减少该值将增加全局照明的噪值，但会减少模糊程度。 样例值越大，渲染越复杂。"使用半径"选项确定光子的大小。"半径"选项指定计算照明度时将在其中使用光子的区域。"最大深度"选项限制反射和折射的组合，它与"最大反射"、"最大折射"选项和"光线追踪"卷展栏中的这些选项含义相同。

选择"视图"|"渲染"|"渲染环境"命令，或单击工具栏上的相应按钮，可以打开如图 5-12 所示的"渲染环境"对话框，在其中可以选择"启用雾化"选项。开启此功能后，渲染的场景中将会加入雾化效果，即是场景中充满了指定颜色的薄雾，远处实体的渲染效果变得模糊，这是对真实情况的一种模拟。

图 5-12 "渲染环境"对话框

第6章 室内平面图

在建筑装潢图中，与建筑装潢有直接关系的平面图纸有建筑平面布置图、地面铺装图、建筑天花图、立面图、给排水、电气施工图以及各类门窗施工图。对于住宅建筑来讲，由于其建筑面积较小，工程项目施工相对简单，图样的数量会相对少一些。

在住宅建筑装潢图纸中，室内平面图用来表达住宅建筑整体布局，通常来讲，是指住宅空间布局、家具布置以及地面材质的铺装。所谓室内天花图，也可以叫顶棚平面图，是主要表达顶棚结构的造型、材料、构成形式和工艺做法、灯具安装位置以及材料特征的图纸。本章将向读者介绍室内平面图中客厅平面图、套房平面图、地面铺装图、平面布置图、客厅顶棚平面图和立面图的绘制。

6.1 客厅平面图

在本节的实例中，将要介绍从打开 AutoCAD 2013 程序开始，到绘制完成一幅简单的室内平面图的全过程。作为一个入门实例，将绘图环节作了一定的简化，建筑图的规范和设计方面的考虑也没有具体解释，6.2 节的实例将会有更为详细的介绍。如果读者已经使用过 AutoCAD 之前的版本，此实例只需大略浏览即可。

6.1.1 文档的建立和设置

打开 AutoCAD 2013 进入程序界面，设置系统参数 STARTUP 为 1，选择"文件"|"新建"命令，通过"使用向导"中的"高级设置"选项创建一个新的文件。

在"高级设置"向导中将"单位"、"角度"、"角度测量"和"角度方向"保留默认设置，"区域"一项需要设定的是图纸的大小，设置图纸大小为 A4 规格。

新建文件完毕，AutoCAD 2013 默认的模型空间的背景色为黑色，这与一般绘图者的习惯不一致，可以先对此进行修改。选择"工具"|"选项"命令，系统弹出"选项"对话框，选择"显示"选项卡，单击"颜色"按钮，弹出"图形窗口颜色"对话框，在"上下文"列表中选择"二维模型空间"项目，在"界面元素"列表中选择"统一背景"选项，在"颜色"下拉列表中选择"白"选项，单击"应用并关闭"按钮，完成设置。

进入程序之后，单击工具栏中的"切换工作空间"按钮，在弹出的菜单中选择"AutoCAD 经典"命令进入经典工作空间。本书实例的绘制，都在这一风格的工作空间下进行，因为此工作界面与之前多个版本的 AutoCAD 基本一致，具有更好的兼容性。

提示

工作空间是对窗口和工具栏的定制，在不同工作空间下，AutoCAD 2013 的功能完全一样。

6.1.2 绘制轴线

绘制室内平面图的第一步通常是轴线，轴线可为绘制过程提供一个坐标的基准。轴线的线型应该是点画线，有时将其设置为较浅的颜色以示区分。

选择"绘图"|"直线"命令，指定第一个点为(20,20)，也就是输入"20,20"，并且按 Enter 键。

提示

在 AutoCAD 2013 中，各种命令的输入都是在英文输入法状态下的，初次使用者应当注意。

指定第二点时，可以使用相对坐标系，也可以使用绝对坐标系。若采用相对卡笛儿坐标，直接输入"@0,130"；若采用绝对坐标，则直接输入"20,150"。

选择绘制的直线，打开特性选项板，设置线型为 Dash Dot X2 线型，线型比例为 0.2，颜色为 253。使用同样的方法，绘制横向的轴线，并执行"偏移"命令，按照图 6-1 所示的尺寸偏移轴线。

选择"绘图"|"矩形"命令，用光标在图形中绘制一个适当大小的矩形，将轴线交点的区域包含起来，如图 6-2(a) 所示。之后输入 TRIM 并按 Enter 键，按照命令提示区的提示进行如下输入(这些输入显示在光标右下角的动态输入框中，历史记录保留在命令提示区)：

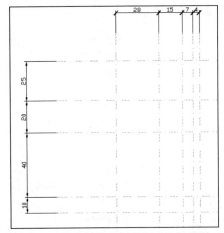

图 6-1　各条轴线之间的相对位置关系

```
命令: trim
当前设置:投影=UCS，边=无
选择剪切边...
选择对象或 <全部选择>:                          //按 Enter 键，将所有对象作为剪切边
选择要修剪的对象，或按住 Shift 键选择要延伸的对象，或
[栏选(F)/窗交(C)/投影(P)/边(E)/删除(R)/放弃(U)]：  //单击矩形之外的轴线，进行剪切
……                                            //重复上一过程，或通过窗交选择方式
```

剪切之后的效果如图 6-2(b)所示，修剪完成之后删除作为辅助线的矩形，完成轴线，如图 6-2(c) 所示。

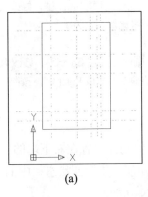
(a)

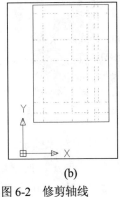
(b)

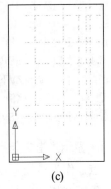
(c)

图 6-2　修剪轴线

6.1.3　绘制墙体线

建筑上的墙体一般都是使用 AutoCAD 2013 中的多线对象，多线样式是 AutoCAD 2013"格式"菜单中的一项设置内容。

选择"格式"|"多线样式"命令，弹出"多线样式"对话框，创建"墙体"多线样式，图元设

置如图 6-3 所示。

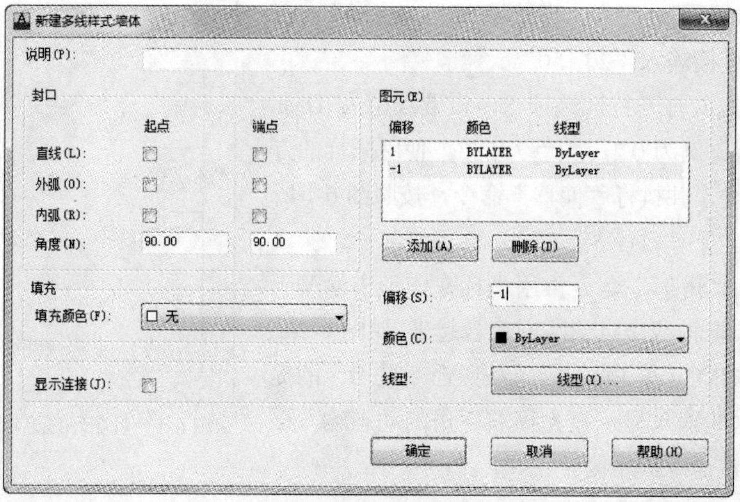

图 6-3　新建多线样式

输入 MLINE(或 ML)并按 Enter 键，或者选择"绘图"|"多线"命令，按照命令提示区的提示进行如下输入。

```
命令: _mline
当前设置: 对正 = 上，比例 = 20.00，样式 = STANDARD
指定起点或 [对正(J)/比例(S)/样式(ST)]: st            //输入 st 并按 Enter 键，修改样式
输入多线样式名或 [?]: 墙体                            //将样式指定为前面新建的样式
当前设置: 对正 = 上，比例 = 20.00，样式 = 墙体
指定起点或 [对正(J)/比例(S)/样式(ST)]: s             //输入 s 并按 Enter 键，修改比例
输入多线比例 <20.00>: 1                              //将比例指定为 1
当前设置: 对正 = 上，比例 = 1.00，样式 = 墙体
指定起点或 [对正(J)/比例(S)/样式(ST)]: j             //输入 j 并按 Enter 键，修改对正方式
输入对正类型 [上(T)/无(Z)/下(B)] <上>: z             //输入 z 并按 Enter 键，按照中间对正的方式
当前设置: 对正 = 无，比例 = 1.00，样式 = 墙体
指定起点或 [对正(J)/比例(S)/样式(ST)]:
```

当命令提示区显示"指定起点"时，使用对象捕捉功能，将光标放置在右下端的轴线交点附近，可以捕捉到这一点，作为多线起点，如图 6-4 所示。使用这项功能，要保证状态栏中的"捕捉"按钮处于按下状态。使用捕捉功能时，为了避免干扰，可关闭 DYN 功能。

继续使用对象捕捉选择下一个轴线交点，使用对象捕捉功能时，光标右下角的动态输入框将会显示出最近的特殊点的类型，如图 6-5 所示。

当完成绘图时，在命令提示区中输入 C 并按 Enter 键，可以将所绘制的多线自动闭合，如下:

```
指定下一点或 [闭合(C)/放弃(U)]: c
```

按轴线的交点绘制出如图 6-6 所示的墙体线。

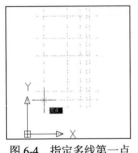
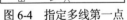

图 6-4 指定多线第一点

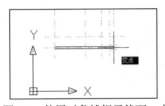

图 6-5 使用对象捕捉寻找下一点

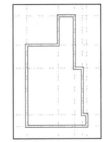

图 6-6 完成墙体线的绘制

6.1.4 绘制门窗

门窗是建筑平面图中的重要内容，首先在图纸空间的空白处绘制出局部的图形，然后再通过复制粘贴将图形对象插入到墙体线中。

选择"绘图"|"矩形"命令，绘制出一个长为 8、宽为 2 的矩形，如图 6-7 所示。

选择前面绘制的矩形，选择"修改"|"分解"命令，可以将矩形对象分解为 4 条直线对象，选择矩形的两条长边，按 Delete 键将两条边删除，得到如图 6-8 所示的两条短直线。

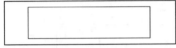

图 6-7 绘制矩形

图 6-8 删除矩形长边

选择"绘图"|"直线"命令，进入绘制直线的状态，使用光标捕捉到前面得到的两条短边的左边一条的中点，如图 6-9 所示。

接下来通过相对极坐标的方法指定下一点，也就是输入"@8<315"并按 Enter 键，即相对于上一点，以角度为 315°（等于-45°）、距离为 8 绘制下一点，动态输入框的显示如图 6-10(a)所示，绘制出的直线则如图 6-10(b)所示。这条线表示门扇。

图 6-9 捕捉中点

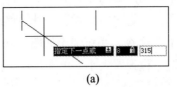

(a)

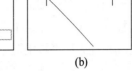

(b)

图 6-10 用极坐标绘图

选择"绘图"|"圆"|"圆弧"|"起点、圆心、端点"命令，继续使用对象捕捉功能，选择门扇的外端点作为圆弧的起点，如图 6-11(a)所示，选择门扇的根部端点作为圆弧的圆心，如图 6-11(b)所示。

此时命令提示区和动态输入框均显示"指定圆弧的端点:"，使用对象捕捉，寻找右边短线的中点作为圆弧的端点，如图 6-12(a)所示，便完成了圆弧的绘制，得到如图 6-12(b)所示的门示意图，此图示符合建筑制图的一般规范。

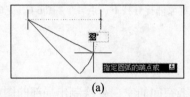
(a)

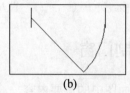
(b)

图 6-11　选择圆弧的起点和圆心

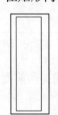
(a)

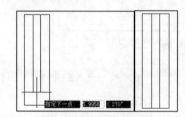
(b)

图 6-12　完成门的绘制

　　下面开始绘制窗的示意图。先选择"绘图"|"矩形"命令来绘制一个长为 7、宽为 2 的纵向的矩形，如图 6-13 所示。之后选择"绘图"|"多线"命令，使用默认的 STANDARD 样式，指定比例为 0.6，选择对齐方式为"无"，然后通过对象捕捉，选择矩形上方短边中点为起始点，选择矩形下方短边中点为终点，在矩形内部绘制出如图 6-14 所示的双线。

图 6-13　绘制矩形　　　　　　　　　　　图 6-14　绘制多线

　　使用与绘制门同样的方法，先选择"修改"|"分解"命令将矩形分解，然后删除其左右的两条长边，这样就获得了窗的示意图，如图 6-15 所示。

　　下面一步需要指定插入点，这里将要设置一种简单而便于查找的样式。

　　选择"格式"|"点样式"命令，系统弹出如图 6-16 所示的"点样式"对话框，选择一种可见的点样式，并且选择"按绝对单位设置大小"单选按钮，指定点的大小为 3 个单位。

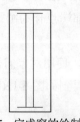

图 6-15　完成窗的绘制

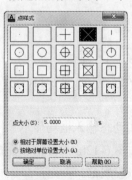

图 6-16　设置点样式

选择"绘图"|"点"|"单点"命令，使用对象捕捉找到轴线的左下角交点作为第一点，如图 6-17 所示。

接下来命令提示区显示依然处在绘制点命令中，使用相对坐标来指定下一个点的位置，输入"@0,34"作为第二点，接下来是"@0,12"、"@6,24"、"@29.5,25"和"@18.5,-90"，这样按照如图 6-18 所示的顺序绘制出各个门窗的参考点位置，重复相对坐标的方式可简化点坐标的输入，这些点坐标是根据室内设计来确定的。

下一步是将门窗的示意图复制并且粘贴到图形中去。

单击状态栏中的"对象追踪"按钮至按下的状态，开启图形的"对象追踪"功能。然后选择前面绘制的窗示意图全部的图形对象，右击，在弹出的快捷菜单中选择"剪贴板"|"带基点复制"命令，根据提示，下面需要选定一点作为基点。

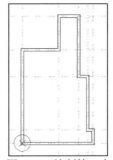

图 6-17　绘制第一点

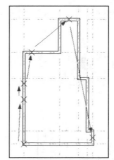

图 6-18　绘制各个门窗位置点

首先将光标置于如图 6-19(a)所示的中点位置，使用对象捕捉功能捕捉出这一点，但不要单击。向下移动光标，此时图形界面中出现了如图 6-19(b)所示的竖直虚线，这就是对象追踪功能起作用，显示出从特殊点引出的垂直或水平线。将光标移动到竖直线的中点位置，让对象捕捉功能捕捉到这一点，如图 6-19(c)所示，向右移动光标，并且使用鼠标滚轮将图形适当放大，通过此中点的水平追踪线将和前面的竖直追踪线同时出现，在两条线交点位置单击，选定此交点作为复制的基点，即为窗图示的中心点，如图 6-19(d)所示。

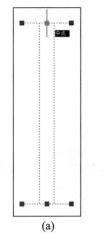

(a)

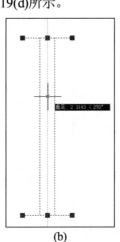

(b)

(c)

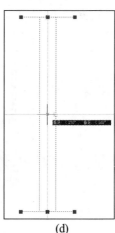

(d)

图 6-19　使用对象追踪功能选择复制基点

右击，在弹出的快捷菜单中选择"粘贴"选项，在"指定插入点"的提示下，使用对象捕捉功能捕捉到前面所绘制的右下角定位点并单击，将窗的图示复制到此位置，如图 6-20 所示。

除了使用对象捕捉功能之外，选择复制基点的方法其实很灵活。使用"绘图"|"直线"命令，在门图示上绘制出交叉的两条直线，作为辅助线，如图 6-21 所示。

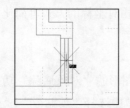

图 6-20　复制窗图示到定位点

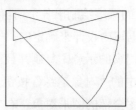

图 6-21　绘制辅助线

选择门图示所包含的全部图形对象，包括 3 条直线和一段圆弧，但不要将辅助线也选择在内，如图 6-22 所示。

右击，在弹出的快捷菜单中选择"剪贴板"|"带基点复制"选项，动态输入框中显示"指定基点"，如图 6-23 所示，使用对象捕捉选择两条辅助线的交点作为基点，经过了前面的操作练习，这项操作将会很容易。

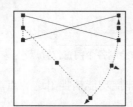

图 6-22　选择门图示的图形对象

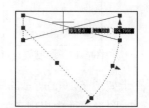

图 6-23　利用辅助线选择基点

之后的操作与前面粘贴窗的图示一样，右击，在弹出的快捷菜单中选择"粘贴"选项，指定插入点为前面在图形中绘制的定位点，得到的图形如图 6-24 所示。

因为各个门的方向不一致，所以需要进行旋转和镜像操作。选择左端轴线上的门的全部图形对象，选择"修改"|"旋转"命令或右击，在弹出的快捷菜单中选择"旋转"命令，如图 6-25 所示。

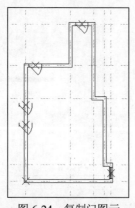

图 6-24　复制门图示

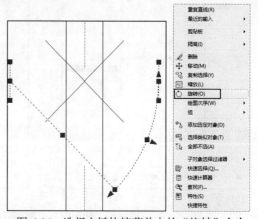

图 6-25　选择右键快捷菜单中的"旋转"命令

在"指定基点"的提示下，捕捉定位点作为旋转中心，如图 6-26(a)所示，然后输入旋转角度为 270°，或开启极轴功能，使用鼠标捕捉到从基点垂直向下的方向，图形中将会以实线显示旋转之后的对象所在位置，以虚线显示对象原来的位置，如图 6-26(b)所示。单击确定，将门移动到和墙体的方向一致，如图 6-26(c)所示。

使用类似的方法旋转前面插入的全部门图示成为如图 6-27 所示的方向。

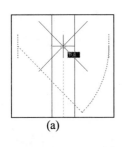 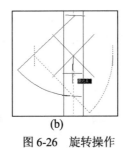 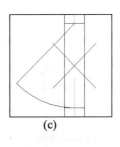

(a)　　　　　　　　　　(b)　　　　　　　　　(c)

图 6-26　旋转操作

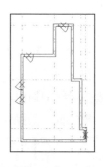

图 6-27　旋转全部门图示

接下来使用镜像操作对门图示进行最后的调整。根据设计，最上端的一扇门是客厅的出口，其他三扇门是房间门，各个门的开启方向都为向内，且左边两个房间门的开启方向在同一侧。

为此，需要对门图示进行镜像操作，步骤如下：选择左侧并排两扇门的上方一扇，再选择"修改"|"镜像"命令或者输入 MIRROR(或 MI)并按 Enter 键，在"指定镜像第一点"的提示下捕捉定位点作为镜像第一点，如图 6-28(a)所示；然后在"选择镜像第二点"的提示下，使用极轴功能，选择以第一点向左水平方向的直线上任意一点，即在如图 6-28(b)的虚线上单击；接下来动态输入框显示"要删除源对象吗？"，输入 Y 并按 Enter 键，如图 6-28(c)所示；最终将这个门图示变换到图 6-28(d)图所示的位置。

依照前面类似的方法处理左上方的门图示，最终完成门窗图示的插入，如图 6-29 所示。

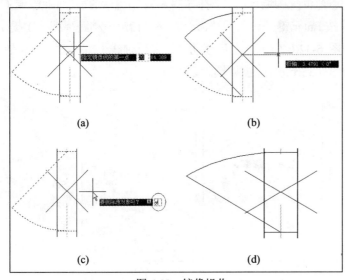

(a)　　　　　　　　　　　(b)

(c)　　　　　　　　　　(d)

图 6-28　镜像操作

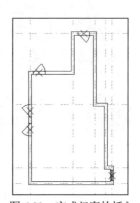

图 6-29　完成门窗的插入

接下来需要剪切掉门窗图示位置的墙体线，选择"修改"|"剪切"命令或输入 TRIM(或 TR)并按 Enter 键，进入剪切命令，此时命令提示区显示如下。

> TRIM
> 当前设置:投影=UCS，边=无
> 选择剪切边...
> 选择对象或 <全部选择>:

直接按 Enter 键，将会以图形中的任意对象作为剪切边。之后将光标置于如图 6-30(a)所示的位置，和一般选择操作时一样，此时光标所在的图形对象将会显示为粗线，以便于判断。单击，将这一段多段线剪切掉，图形成为如图 6-30(b)所示的情形。

重复同样的操作，得到如图 6-31 所示的平面图。

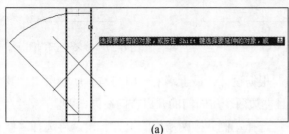
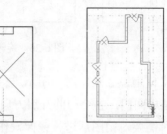

图 6-30　剪切门位置的墙体线　　　　　图 6-31　剪切全部门位置的墙体线

提示

此时多线仍作为一个完整的图形对象，因此剪切时只需要选择多线位于门图示中间的一段即可将两条同时剪切掉。

下面利用轴线剪切掉客厅到餐厅通道位置的墙体线。选择如图 6-32(a)所示的横向轴线，选择"修改"|"偏移"命令或输入 OFFSET 并按 Enter 键，进入偏移命令，在"指定偏移距离或"的提示下，输入偏移距离为 3 并按 Enter 键，如图 6-32(b)所示，之后移动光标在原轴线上方任意一个位置，单击确定偏移方向为向上，就得到了如图 6-32(c)所示的偏移轴线。

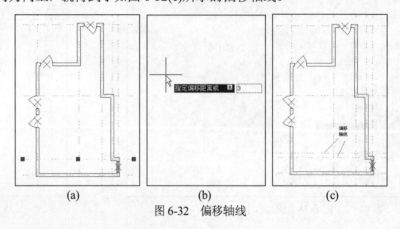

(a)　　　　　　　　(b)　　　　　　　　(c)

图 6-32　偏移轴线

此时仍然不会退出偏移命令，偏移距离为 3，直接选择并且偏移上方的一条横轴线，如图 6-33 所示。

接下来使用剪切命令将偏移得到的两条轴线之间的右侧墙体线剪切掉，具体的操作与前面相同，此处不再赘述，如图 6-34 所示。

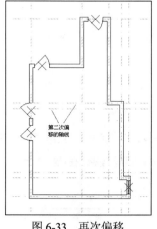

图 6-33 再次偏移

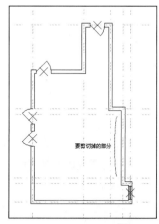
图 6-34 剪切墙体线

此时，剪切过的墙体线的端口出现一个缺口，如图 6-35(a)所示，使用直线命令在端口位置绘制短线，将其封口，如图 6-35(b)所示。

删除前面偏移得到的轴线，选择墙体线全部的图形对象，在"特性"工具栏中的"线宽"下拉列表中选择"0.30mm"选项，如图 6-36(a)所示，将墙体线的线宽设置为 0.3mm。同时单击工作界面下方状态栏中的"线宽"按钮，使之成为按下的状态，可以看到线宽的效果，如图 6-36(b)所示。目前得到的图形已经包括了客厅平面图的全部图形对象，还需最后一步操作——标注。

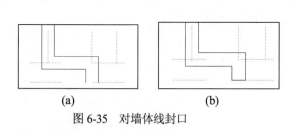
(a)   (b)
图 6-35 对墙体线封口

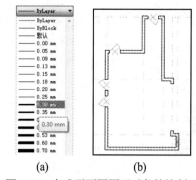
(a)   (b)
图 6-36 完成平面图图形对象的绘制

提示

需要单击状态栏中的"线宽"按钮至按下状态才可将线宽显示出来，在不需要观察线宽效果时建议关闭线宽显示，可提高程序的处理速度。

6.1.5 添加标注

为建筑平面图添加标注，主要分为两个内容，文字标注和尺寸标注。这里首先将要进行的是文字的标注。

选择"格式"|"文字样式"命令，弹出"文字样式"对话框，创建"墙体"文字样式，参数设置如 6-37 所示。

> **提示**
>
> 基本绘图命令都会同时给出命令提示符，通过输入命令的方法可以达到和选择菜单项一样的效果，另一些命令如这里的文字样式，一般不使用命令提示符调用，读者如有需要，在选择菜单项之后查看命令提示区的显示便可看到命令名称。

选择"绘图"|"文字"|"单行文字"命令，在命令提示区或光标旁的动态输入框里作如下操作：

```
命令: _dtext
当前文字样式: 标注   当前文字高度: 3.5000
指定文字的起点或 [对正(J)/样式(S)]:          //使用光标选择门图示旁的适当位置
指定文字的旋转角度 <0>:                      //直接按 Enter 键，使用默认值 0
```

默认情况下的插入点为文字的左下角点，经过前面的操作之后，图形界面上出现一个浅色的文本边框，在其中输入所需标注的文字 M1 并且按 Enter 键两次，就可以完成文字的绘制并退出文字命令，得到如图 6-38 所示的门的编号。如果插入文字的位置不合适，则可以选择文字对象，使用右键快捷菜单中的"移动"命令来进行调整。移动文字对象时，程序按照所见即所得的方式显示，可以方便调整位置。

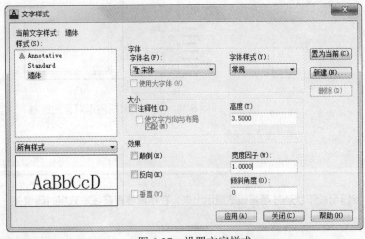

图 6-37　设置文字样式

图 6-38　添加门编号

提示

　　插入文字时因为对象捕捉和极轴等功能的影响，难以将光标放置在目标点上，此时一般将对象捕捉、对象追踪和极轴等功能关闭，在状态栏上单击相应的按钮即可。

　　为了简化操作，复制最初添加的文字到各个门和窗的位置，如图 6-39(a)所示。双击其中最上方的门的编号，就在图上直接修改文字，将其修改为 M2，按 Enter 键或者使用光标单击图形空白处，此时命令提示区显示"选择注释对象"，在下方的床编号上单击，进入文本框编辑文字，改为 C1，并按 Enter 键确定。最终得到如图 6-39(b)所示的门窗编号。

　　门的编号分为"M1"和"M2"两种，因为最上方的门是整个房间的大门，其他的则为房间门，图纸上的图示虽然一样但规格不同。

　　完成了门窗编号的输入，下面开始添加图形标注，与文字样式类似，标注之前也要设置标注样式。选择"格式"|"标注样式"命令，弹出"标注样式管理器"对话框，与文字样式的设置类似，在该对话框中单击"新建"按钮，弹出"创建新标注样式"对话框，在"新样式名"文本框中输入新样式的名称"标注"，单击"继续"按钮，进行设置。

　　接下来系统弹出如图 6-40 所示的"新建标注样式"对话框，标题栏中会显示出新建的样式名。首先在"符号和箭头"选项卡中修改箭头的形式和大小，如图 6-40 所示，将类型都指定为"建筑标记"，箭头大小和圆心标记大小都指定为 1.5。

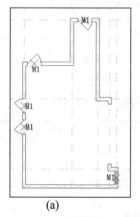
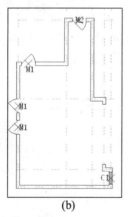

图 6-39　完成全部的门窗编号　　　　　　　　图 6-40　设定符号和箭头

　　在"文字"选项卡中单击"文字样式"列表后的　按钮，打开"文字样式"对话框并建立名为"宋体"的文字样式，字体为宋体、高度为 0，之后将新建立的"宋体"文字样式指定为此标注的文字样式，并指定高度为 1。

提示

　　这里在标注样式设置中调用文字样式设置，是因为标注样式依赖于文字样式。此外，当一个文字样式高度指定为 0 时，则表示高度并未指定，而是在每次使用时指定。

在"主单位"选项卡中指定比例因子为 100，因为在本平面图中，出于计量的方便，图纸中的一个单位表示 0.1m，而建筑平面图的标注应该以 mm 为单位，因此标注的尺寸数值为图形中原数值的 100 倍。

设置完成后，单击"确定"按钮，回到"标注样式管理器"对话框，选择前面建立的"标注"标注样式，单击"置为当前"按钮，将这个标注样式设置为默认的标注样式，这样在使用标注时不必每次都选择样式。

选择"标注"|"快速标注"命令，选择如图 6-41 所示的图形对象，按 Enter 键，将光标放在图中适当的位置单击，确定标注的位置，得到的标注如图 6-42 所示。

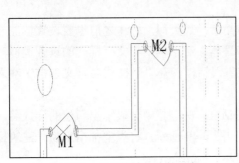

图 6-41　选择快速标注的对象

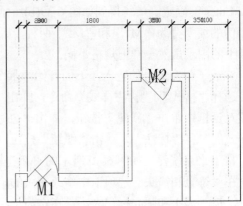

图 6-42　标注的结果

标注之后可以看到最左端的两个标注的数字重叠在一起，单击最左端的一个标注，如图 6-43(a) 所示，然后将光标放置在表示文字的关键点上，拖动到不与第二个标注重叠的位置，如图 6-43(b)所示，在合适的位置再次单击，将标注固定在这个位置，得到如图 6-43(c)所示的效果。

按照前面类似的方法添加其他方向上的标注，最终完成的客厅平面图如图 6-44 所示。

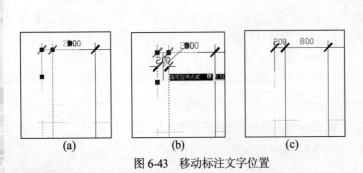

(a)　　　　　(b)　　　　　(c)

图 6-43　移动标注文字位置

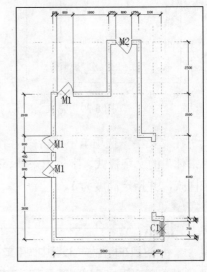

图 6-44　完成的客厅平面图

6.2 套房平面图

下面的实例是更为复杂的建筑平面图的绘制，除了更全面介绍 AutoCAD 绘图命令和技巧外，还需要注意的是，实例中将要介绍利用 AutoCAD 2013 创建个人图例库的方法，这能大大提高绘图效率。

本节实例是一个套房平面图的绘制，与 6.1 节实例不属于同一套房。本书实例，基本都围绕本节实例的这套房间展开。

6.2.1 图形初始设置

6.1 节已经提到了图形文件的建立，这里不再赘述。

在"图层"工具栏中单击"图层管理器"按钮，打开"图层特性管理器"选项板。按照前面的方法建立多个图层，名称分别为"轴线"、"墙与门窗"、"标注"、"图框"和"辅助线"，此外 AutoCAD 系统默认的图层"0"是无法删掉的，如图 6-45 所示。除"轴线"图层之外，其他图层的线型都设置为默认的连续实线。

提示

图层也可以在绘图过程中新建，这里为了讲解的方便而在绘图之初全部建立。

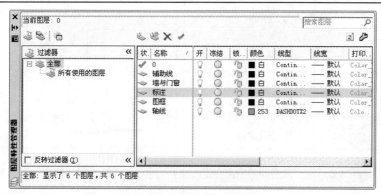

图 6-45 创建好的图层列表

6.2.2 建筑制图规范

建筑平面图包括以下主要内容。

01 图名和比例。一般的比例为 1:100，根据实际情况如果需要使用其他比例，可以使用 1:200、1:500 或者较大的 1:1、1:2、1:5、1:10、1:20 等。比例写在图名之下，字体比图名字体稍小，图名写在图纸中的空白显眼处，字体比普通标注大。确定图纸的比例之后，图线的宽度应该选用表 6-1 所给出的。

表 6-1 图线宽度

图形比例	1:1 1:5 1:2 1:10	1:20 1:50	1:100	1:200
粗线	b	0.75b	0.5b	0.35b
中粗线	0.5b	0.5b	0.35b	0.25b
细线	0.35b	0.35b	0.25b	0.18b
加粗线	1.4b	b	b	0.5b

02 定位轴线和轴线编号。平面图中凡承重的墙和柱等结构的位置都要有轴线，轴线采用细点画线来绘制。轴线要加以编号，以轴线端部的直径为 8mm 或 10mm 的细线圆圈内写数字表示，写在轴线的端部。从左到右的纵轴线以阿拉伯数字 1、2、3 等依次编号，从下至上的横轴线以英文字母 A、B、C 依次编号，其中 I、O、Z 等易与数字混淆的字母不用来编号。

03 墙、柱的断面形状、线型，以及门窗的规格和型号。平面图上凡是被水平切面剖到的墙、柱等的轮廓线要用粗实线，门和窗则用中粗实线，其余可见的布置图线均为细实线。门和窗的代号为 M 和 C，代号后面是编号，如 M1、M2 和 C1、C2、C3 等。门窗的类型、规格和尺寸要编制门窗表，指明门窗的类型、规格和尺寸，如表 6-2 所示。

表 6-2 常用图例

图　例	含　义	图　例	含　义
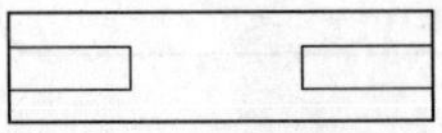	空门洞	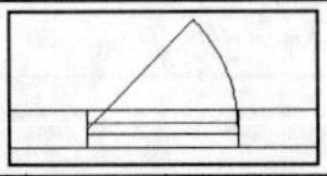	单扇外开窗
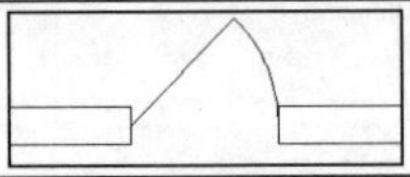	单开门	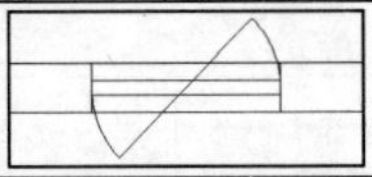	单扇中悬窗
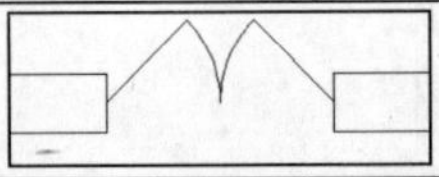	双开门		双扇外开窗
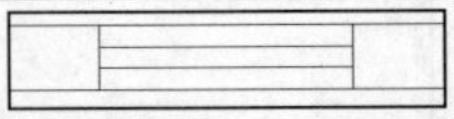	单层固定窗	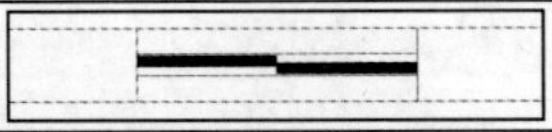	滑动窗
	淋浴间等室内布置	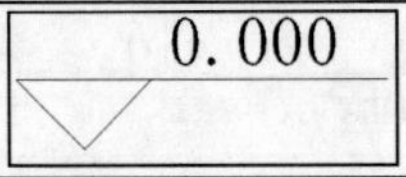 0.000	标高符号
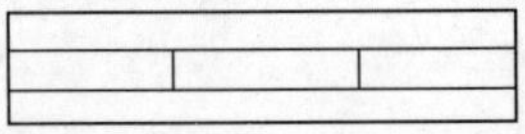	墙上预留洞	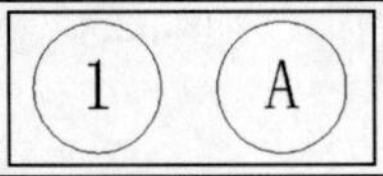 1　　A	轴线符号
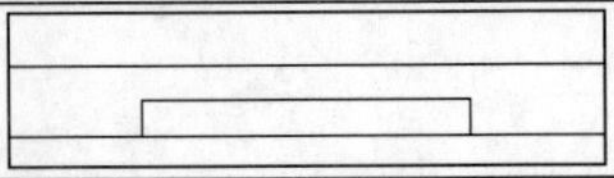	墙上预留槽	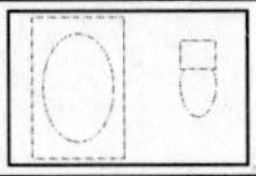	马桶和浴缸
	指北针		

从表 6-2 可看出，室内平面图中的各种图示，基本是以象形的方法为主，每种图例的距离绘制方

法将会在本实例中该图例第一次出现时简单介绍。经过 6.1 节实例的练习，读者可独立进行这些图例的绘制。

04 尺寸和标高。平面图的尺寸一般需要有 3 个层次：总尺寸、定位轴线的尺寸和各部位的几何定位尺寸。各个房间都要有标高符号，标高符号和房间名称一起写在房间平面图的中间空白处。标高以 m 为单位，其他平面图标注以 mm 为单位。

05 平面图中要标出指北针。指北针的图例如表 6-2 所示。

06 详细部位的索引符号。需要用另外的图纸来说明局部情况时，要在平面图中相关部位标出。但是本实例因为不涉及到整套图纸，实际图中没有索引符号。

6.2.3 绘制轴线及建立块定义库

与 6.1 节实例一样，绘制图纸的第一步是创建轴线，这里介绍使用图块功能来建立通用轴线图例的方法。

新建一个 DWG 文件，并且命名为 BLOCK.DWG，轴线图块及后面提到的全部图块都会在这个文件中绘制并保存，以便于今后统一使用。

选择"绘图"|"圆"|"圆心、半径"命令，指定空白处任意一点作为圆心，输入"4"并按 Enter 键作为半径，绘制出一个直径为 8mm 的圆，如图 6-46 所示。

选择这个圆，右击，在弹出的菜单中选择"剪贴板"|"带基点复制"命令，利用对象捕捉功能拾取如图 6-47(a)所示的下端象限点作为基点，再次右击，在弹出的菜单中选择"剪贴板"|"粘贴"命令，使用对象追踪功能捕捉如图 6-47(b)所示的圆心竖直向上的位置作为插入点。

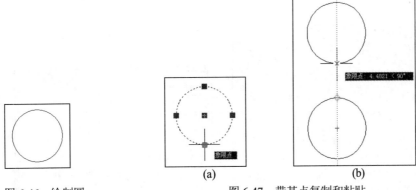

图 6-46 绘制圆　　　　　　图 6-47 带基点复制和粘贴

选择"绘图"|"直线"命令，利用对象捕捉功能在两个圆之间绘制一个连接线，如图 6-48(a)所示，选择这条直线，在"特性"选项板中修改这条直线的线型为双倍距离的点画线，颜色为 253，线型比例为 0.1。

此时轴线的基本轮廓已经成形，下面将它设置为一个图块，以便日后使用。

选择"绘图"|"块"|"创建"命令，弹出"块定义"对话框，选择绘制的圆和直线将它们定义为图块，选择如图 6-48(b)所示的象限点作为图块的基点。

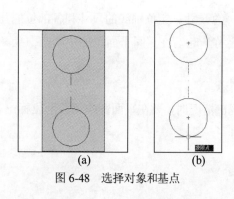
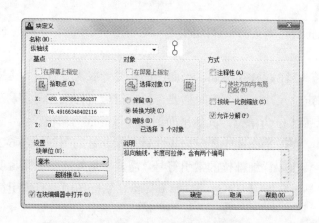

图 6-48　选择对象和基点　　　　　　　　图 6-49　指定块的名称和说明

此时"块定义"对话框中将会显示出基点的位置，在"名称"和"说明"文本框中填入适当的说明性文字，在建立自己的图块库时，建议为每一个图块都配上可以识别的说明文字，以便管理和使用，如图 6-49 所示。

填写完毕，单击"确定"按钮关闭对话框，双击建立的块或在关闭"块定义"对话框时选中"在块编辑器中打开"复选框，可以进入块编辑器界面，"块编辑"选项板自动弹出，如图 6-50(a)所示。其中，若双击一个块或选择"工具"|"编辑块定义"命令，系统会弹出如图 6-50(b)所示的"编辑块定义"对话框，在其中选择所要编辑的块并单击"确定"按钮。

在块编辑器工作界面中进行的任何绘图操作都会添加到这个块中，绘图和编辑命令与原来的工作空间使用方法一样。不同之处在于，这里可以给块添加一些特殊的属性。如图 6-51 所示的"块编辑"工具栏。

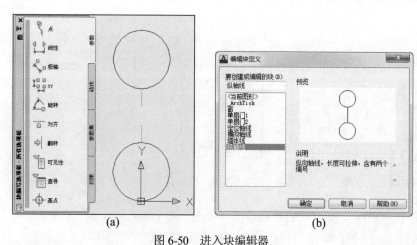

图 6-50　进入块编辑器

图 6-51　"块编辑"工具栏

通过单击这个工具栏中的按钮，可以保存对块的修改，或者向图块添加一些属性，如果需要退出块编辑模式，可单击"关闭块编辑器"按钮。

下面对这个图块进行编辑，使之成为通用的轴线图块。

选择"格式"|"文字样式"命令，在"文字样式"对话框中建立一个样式，名为"宋体"，字体为宋体，高度使用默认为 0.0000，此时使用这个样式时不会强制指定高度，而是每次使用时要求一个输入值。单击"置为当前"按钮将这个字体设置为默认字体。

选择"绘图"|"块"|"定义属性"命令，弹出"属性定义"对话框，在其中填入如图 6-52 所示的这些值，其中"文字样式"下拉列表只能在已有的文字样式中选择，这就是前面需要建立"宋体"文字样式的原因。

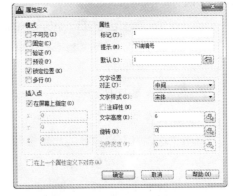

图 6-52　"属性定义"对话框

提示

在 AutoCAD 中，文字的插入，可以采用"单行文字"和"多行文字"两种方法，采用"单行文字"必须使用已有的文字样式；而"多行文字"可以如文本框一样自由编辑，但并不是任何情况都使用，上面就是一例，这里属性的标记必须使用"单行文字"的方式，因此使用文字时，尽量按照先定义文字样式再插入单行文字的方法。

单击"确定"按钮，此时命令提示区将会提示"指定起点"，由于已经选择对正方式为"中间"，因此使用对象捕捉功能捕捉下圆的圆心即可，此时图形并非所见即所得的显示，在圆心处单击，如图 6-53(a)所示，之后这个标记被放置在实际的位置，如图 6-53(b)所示。

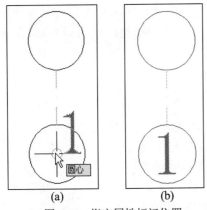

图 6-53　指定属性标记位置

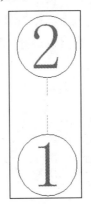

图 6-54　继续添加属性定义

继续选择"绘图"|"块"|"定义属性"命令，继续在图中添加属性，标记和默认的值设为 2，提示为"上端编号"，其他内容与之前相同，使用对象捕捉功能选择上圆的圆心作为这个属性标记的起点，得到的图形如图 6-54 所示。通过不同的标记将这两个属性区分开来。

提示

　　使用属性定义的方法添加轴线的编号，因为属性是一个图块可更改的参数，并且一个图块可以具有多个属性。多个属性应具有不同的标记，否则程序会无法区分。

实际使用中的图块需要进行一定程度的拉伸，并且拉伸的程度各不相同，且应与图纸大小相适应，因此需要在图块中定义这样的一个拉伸动作。

单击"块编辑"选项板的"参数"下的"点参数"选项，按照命令提示区的提示作如下输入。

```
命令: _BParameter 点
指定参数位置或 [名称(N)/标签(L)/链(C)/说明(D)/选项板(P)]: //捕捉上方圆圈的下象限点
指定标签位置:                                          //任意指定一个位置放置这个点参数的标签
```

选择参数位置的动作如图 6-55 所示。

在点参数的引出线或标签上双击，或者选择"块编辑"选项板中"动作"下的"拉伸动作"选项，都可以为图块添加一个拉伸动作。采取前一种方法时，命令提示区的显示和操作如下。

```
命令: _.BACTION
输入动作类型 [移动(M)/拉伸(T)]: t          //输入 t 并按 Enter 键，添加拉伸动作
指定拉伸框架的第一个角点或 [圈交(CP)]:     //指定拉伸框起点
指定对角点:                                //指定拉伸框对角点
```

此时在图形中选择如图 6-56 所示的一个拉伸框，拉伸框的含义是被拉伸对象如果完全在拉伸框的中间，拉伸操作实际上就是移动；被拉伸对象部分在拉伸框中，拉伸操作改变的是框中的关键点，框外的点保持不变，同一图形对象中各点的相对位置保持不变。由于需要进行的拉伸操作是保持轴线的下端点而拉伸上端点，上方圆圈和编号随之移动即可，因此选择如图 6-56 所示的拉伸框。当然，如果图形较为复杂，也可以选择"圈交"方式，以任意多边形来选择拉伸框，这种方式在 AutoCAD 其他命令中也有使用。

接下来命令提示区显示"指定要拉伸的对象"，依次作如下选择。

```
指定要拉伸的对象
选择对象: 找到 1 个                       //选择轴线
选择对象: 找到 1 个，总计 2 个            //选择上方圆圈
选择对象: 找到 1 个，总计 3 个            //选择上方编号
选择对象:                                 //按 Enter 键确定
指定动作位置或 [乘数(M)/偏移(O)]:         //任意指定一个动作标识的位置
```

选择作为拉伸对象的图形将会显示为灰色，按 Enter 键确定之后，完成动作创建，效果如图 6-57 所示。

提示

在图块的编辑中，任意一个动作都是与一个参数对应的，也就是动作过程中需要改变的参数要先建立起来，再通过这个参数来建立动作。

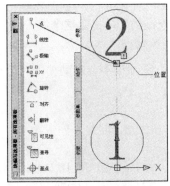

图 6-55　设置点参数

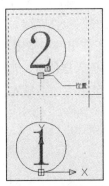

图 6-56　指定拉伸框

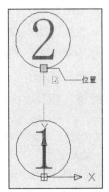

图 6-57　完成动作的添加

完成之后，单击工具栏中的"保存块定义"按钮 💾 保存图块。

保存之后，单击"关闭块编辑器"按钮，退出块编辑模式，回到普通的图纸空间，编辑之后的块虽然已是当前图形文件的内容，但并不显示出来。选择"插入"|"块"命令，弹出"插入"对话框，在"名称"下拉列表中可以选择当前图形中已经存在的块，或者单击"浏览"按钮，按照目录寻找别的图形文件，并将整个图形文件作为一个块插入到当前图形中。

当前编辑的图形文件被命名为 BLOCK.DWG，作为一个专门存放图块的文件，使用上面的方法插入块，可以在当前的文件中检验所建立的块的图形对象与属性对象是否符合要求，并进行必要的修改。

更为常用的使用图块的方法是使用 AutoCAD 2013 的"设计中心"。

切换到本实例绘制的"套房平面图.DWG"文件，通过"图层"工具栏选择进入"0"图层。选择"工具"|"选项板"|"设计中心"命令，弹出如图 6-58 所示的"设计中心"选项板。左边是以文件夹树型图显示的文件夹列表，打开 BLOCK.DWG 文件的子项目，选择"块"项目，就可以在右边的列表中看见此文件中包含的全部块，以及下方的预览和说明，选择前面建立的"纵轴线"块并右击，在弹出的快捷菜单中选择"插入块"选项，如图 6-58 所示。如果之前已经插入过同名的一个块，则应该选择"插入并重定义"选项，对这个块进行更新，否则插入的还将是原来的块。

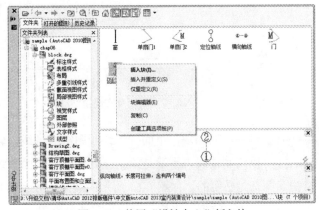

图 6-58　使用"设计中心"插入块

提示

　　因为图层中设置的线性线宽等参数将会改变块的属性，为操作造成不便，所以插入块一般都放置在图层 0 上，然后再移动到相应的图层中。

　　在"设计中心"选项板之上，弹出"插入"对话框，可以看到，插入的块已经被指定，其他可以修改的包括"插入点"、"缩放比例"和"旋转"，选择"统一比例"，指定这个统一比例为 1，旋转角度为 0，插入点则通过光标在工作空间中指定，单击"确定"按钮。

　　此时通过光标在工作界面中找到插入点位置，但"设计中心"选项板不会自动关闭，可将其关闭，继续进行插入块操作，命令提示区中作如下输入。

指定插入点或 [基点(B)/比例(S)/旋转(R)]:	//指定适当的插入点
输入属性值	
下端编号 <1>:	//按 Enter 键，使用默认值
上端编号 <2>:	//按 Enter 键，使用默认值

　　此时图形中就可以看到如图 6-59(a)所示的轴线图块，除了最底端最初的插入点之外，轴线上方圆圈上有一个淡蓝色的关键点，通过拖动这个点就可以实现前面定义的拉伸动作，如图 6-59(b)所示。

　　双击这个图块，即可弹出如图 6-60 所示的"增强属性编辑器"对话框，在其中可对这个图块上下两端的编号按需要进行修改。

(a)　　　　　　　(b)

图 6-59　插入轴线图块以及实现拉伸动作

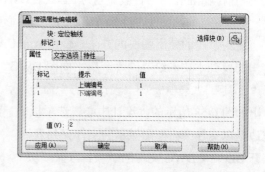

图 6-60　"增强属性编辑器"对话框

　　有了创建好的图块，下面开始绘制图纸的轴线。轴线是建筑平面图的框架，必须确定房屋的布置后才可以绘制轴线，不管是绘制已有房屋的平面图还是设计房屋的室内设计，首先绘制一张室内结构简图都是必要的。如图 6-61 所示的就是一张室内结构的简图，图中箭头所指出的是通道、门和通风口等的大概位置，未标出者均为普通单扇门。

　　若是进行房屋设计，需要考虑很多使用性和施工性的内容，如厅室之间的位置和相对大小、水电设施的布置、门窗的布置和厨房卫生间通风口的安排等。这里不再赘述，但在绘制建筑图纸时必须要给予足够的重视。

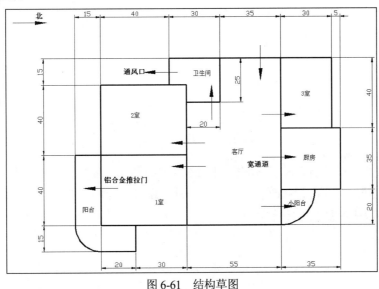

图 6-61 结构草图

首先根据草图的尺寸估算一下所需的轴线范围，选择"绘图"|"矩形"命令，绘制出一个宽度(X 向)为 215，高度(Y 向)为 170 的矩形，为了指定坐标的方便，指定矩形的左下角点为(0,0)，再指定对角点为(215,170)。如果此时得到的矩形无法在图形中正常显示，需选择"视图"|"缩放"|"全部"命令，将窗口自动缩放到显示出全部的图形对象，得到矩形如图 6-62 所示。

使用图 6-58 提到的设计中心，插入定位轴线图块，在命令提示区的"指定插入点"的提示下，输入"30,0"并按 Enter 键，在命令提示区中依照提示作如下输入。

输入属性值	
上端编号 <1>:	//按 Enter 键使用默认值
下端编号 <2>:1	//指定为 1

将第一条定位纵轴线插入到如图 6-63 所示的位置上。

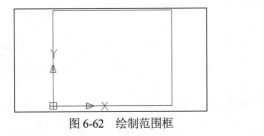

图 6-62 绘制范围框

图 6-63 插入第一条定位轴线

单击选择定位轴线，选择拉伸动作的关键点，进行拖动，开启"极轴"功能，找到垂直向上并且与矩形框上边线相交的点，在图中将会显示提示为"垂足"，如图 6-64(a)所示，单击确定，就将定位轴线拉长到了如图 6-64(b)所示的位置。

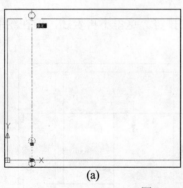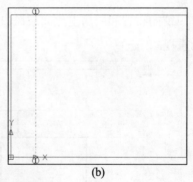

图 6-64　拉伸定位轴线

使用同样的方法，按照图 6-61 所示的尺寸插入其他的轴线，最终得到的图形如图 6-65 所示。

除了使用依次插入块并进行修改和拉伸的方法外，还可将拉伸好的第一条轴线带基点复制后进行多次粘贴，然后双击各复制对象修改文字。

 提示

> 在定义块时，如果有更改，要注意块定义的更新，否则将会出现一些错误。

选择全部的定位轴线，在"图层"工具栏中的下拉列表中选择"轴线"图层，将全部轴线移动到"轴线"图层中，如图 6-66 所示。

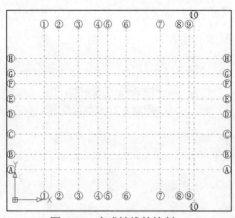

图 6-65　完成轴线的绘制

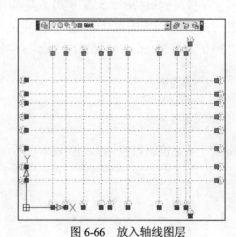

图 6-66　放入轴线图层

 提示

> 一般情况下，初学者容易忽略图形对象的图层放置。请读者养成分图层放置图形对象的习惯，这会给绘图带来很大的方便，可以通过图层来控制相应对象的显示和选择。

6.2.4　绘制墙体和门窗

在"图层"工具栏中通过下拉列表，转到"墙与门窗"图层，进行墙体与门窗的绘制。

首先使用多线来绘制墙体线，如前面已经提到的。选择"绘图"|"多线"命令，按照命令提示区的提示作如下输入。

```
命令: _mline
当前设置: 对正 = 上，比例 = 20.00，样式 = STANDARD
指定起点或 [对正(J)/比例(S)/样式(ST)]: s          //指定比例
输入多线比例 <20.00>: 2                           //比例为2
当前设置: 对正 = 上，比例 = 2.00，样式 = STANDARD
指定起点或 [对正(J)/比例(S)/样式(ST)]: j          //指定对正样式
输入对正类型 [上(T)/无(Z)/下(B)] <上>: z          //对正样式为"无"，也就是中间对正
当前设置: 对正 = 无，比例 = 2.00，样式 = STANDARD
```

这里直接使用了默认的多线样式而并未建立新样式，在 6.1 节中是为了说明多线样式的建立方法才建立了一个新的样式。标准样式为两条线组成的多线，间距为 1，墙体线的厚度应该表现墙的实际厚度，因此设置为 2(dm)，指定多线的比例为 2，对正方式是"无"，也就是采用中间对正，设置之后在图形中利用对象捕捉在已经绘制的轴线的关键点之间绘制多线，方法与 6.1 节相同，如图 6-67 所示。

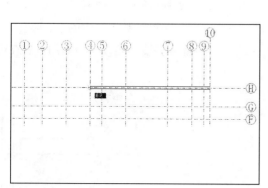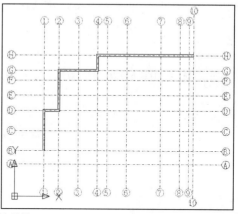

图 6-67　绘制墙体线

墙体线的形式复杂，需要通过绘制多条多线才可以完成，最终得到如图 6-68 所示的图形。

然后选择"绘图"|"圆弧"|"起点、圆心、端点"命令，在图形中的两个位置绘制圆弧，如图 6-69 所示，其中因为左边的圆弧是墙体，所以需要绘制两条圆弧，或者绘制出一条之后使用偏移命令生成另一条，而右边的圆弧并非墙体而只是一个小阳台的边缘线，因此只需绘制单线即可，后面将要在此处绘制出扶栏。

在"图层"工具栏的"轴线"组合框中单击 (灯泡)图标，灯泡图标变为暗色，如图 6-70(a)所示。轴线图层将不会在工作界面中显示出来，如图 6-70(b)所示。

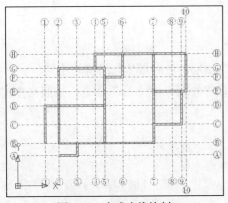

图 6-68　完成多线绘制

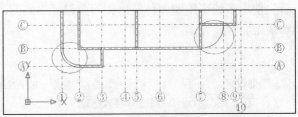

图 6-69　绘制两处圆弧

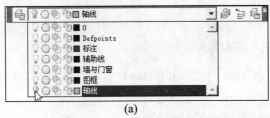

(a)

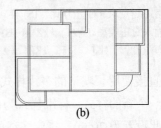

(b)

图 6-70　隐藏"轴线"图层

　　隐藏"轴线"图层是为了避免墙体线的显示和编辑受到轴线的干扰。由于绘制过程中多线并不是连续的一条，因此会出现如图 6-71 所示的连接处没有封口的现象，而墙体线应该是完全封闭的。

　　选择"修改"|"对象"|"多线"命令，系统弹出如图 6-72(a)所示的"多线编辑工具"对话框，选择其中通过图示给出的修改方法，就可以对多线进行编辑。例如，单击对话框中的"T 形合并"图标，然后先后选择如图 6-72(b)所示的横向和纵向的多线，程序就将多线自动修剪为如图 6-72(c)所示的样式。

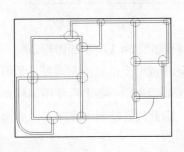

图 6-71　多条墙体线连接处局部未封口

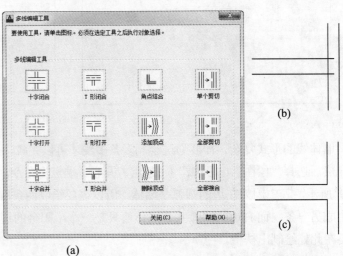

图 6-72　"多线编辑工具"对话框

按照上面的方法，将图形中多线的连接处一一进行修剪。

如果多线绘制不是非常规则，则使用"多线编辑工具"对话框中的任何命令都无法达到修剪的效果，此时采用的方法是，选择涉及的多线对象，选择"修改"|"分解"命令，将多线分解为直线对象，然后使用 TRIM 命令，也就是"修改"|"修剪"命令，对图形对象进行修剪，将不需要的部分切去，最后将这些线条的宽度设置为 0.35mm，将得到如图 6-73 所示的墙体线。为了方便以后调用，可以选择此时完整的墙体线对象，将其定义为一个块，并且命名为"完整墙体线"。

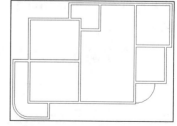

图 6-73　绘制完成的墙体线

下面进行的步骤是绘制门窗。

门窗的图示因为线条具有一定的复杂性，而且在绘图过程中需要反复使用，因此也建议在 BLOCK.DWG 文件中先绘制并且设置为块定义，然后采用插入块的方式，绘制门窗图示在 6.1 节实例中已经有详细的介绍，这里将会着重于定义块的操作。

绘制出如图 6-74(a)所示的门图示，门的宽度为 8，端面的厚度为(墙体厚度)2。特别注意的是，其中靠近墙体封口的两条短线要设置为具有宽度，因为它是墙体外轮廓的一部分，当门图示作为一个块插入时，修改局部的线型会比较烦琐，因此在定义块时应设置好。中间的一条竖线并不是门图示的组成部分，而是一条辅助线，便于定义块时找出中心点作为基点。选择"绘图"|"块"|"创建"命令，选择除辅助线之外的图形对象，作为块所包含的对象，如图 6-74(b)所示。再通过在图形界面中拾取点来确定块的基点，利用对象捕捉，选择辅助线的中点作为基点，如图 6-74(c)所示。

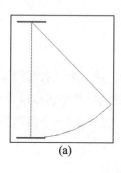 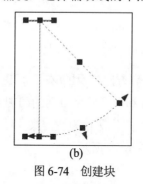 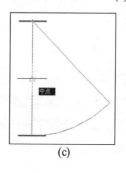

(a)　　　　　　　　(b)　　　　　　　　(c)

图 6-74　创建块

为这个块指定一个名称，并且加以一定的说明，选中"在块编辑器中打开"复选框，如图 6-75 所示。

在"块编辑器"的界面中选择"绘图"|"块"|"属性"命令，在块中添加属性，应该特别注意取消选择"锁定位置"复选框，这样属性可以在插入块之后随意进行移动而不是与块锁定在一起，标记的具体内容设为"M"即可，使用中还会进行修改，字体使用前面已经建立的"宋体"，文字高度设为 4，如图 6-76 所示。

单击"确定"按钮，在图形界面中选择一个适当的位置放置门的编号，保存并关闭块编辑器。

使用和前面一样的方法，将门图示插入到图形中，并且指定一个编号为"M1"，得到如图 6-77(a)所示的图形，选择这个块，可以看到图中将会出现如图 6-77(b)所示的两个关键点，中间的一个是平

121

移整个图块的关键点，而左下角则是移动门编号文字的关键点(事实上，门图示编号的关键点还有一个，与图块的基点重合了)。拖动属性文字的关键点，可以将编号文字拖动到任意位置，但不影响图块的其他对象，如图 6-77(c)所示。这就是不锁定图块属性的效果，参见图 6-76 中圈出的"锁定位置"复选框。

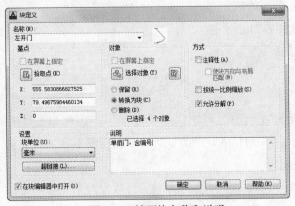

图 6-75　填写块名称和说明

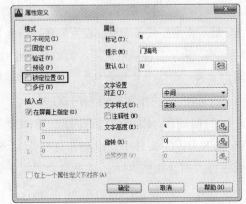

图 6-76　添加属性

(a)

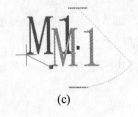

(b)

(c)

图 6-77　门图块的特性

再建立如图 6-78 所示的一个与开启方向相反的(右开)门图示，命名为"右开门"，因为建筑图中各个门的开门方向不一样，通过左开和右开两个方向的门加上旋转操作就可以满足全部要求。

按照前面类似的方法绘制窗图示，并且保存为块定义，绘制方法与前一个实例类似，其中窗的两端短线不需加粗，且宽度为 10，如图 6-79 所示。

提示

　　窗图示的宽度设置为 10，是因为图纸中的窗图示规格不一，以 10 作为标准可以在插入时进行方便的缩放。

下面开始绘制图纸中门窗图示的插入点。

选择"格式"|"点样式"命令，弹出"点样式"对话框，在其中选择一种较为醒目的点样式，并且选择点的大小为绝对单位 5，如图 6-80 所示。单击"确定"按钮，确定并关闭对话框。

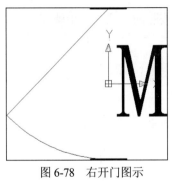

图 6-78　右开门图示

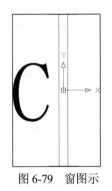

图 6-79　窗图示

图 6-80　设置点样式

选择"绘图"|"点"|"多点"命令，在如图 6-81 所示的位置插入第一点作为基准点。

选择第一点，右击，在右键菜单中选择"剪贴板"|"带基点复制"选项，选择这个点为基点，或者单击屏幕上任意一点作为基点，命令提示区将会显示：

命令: _copybase 指定基点:找到 1 个

之后右击，在右键菜单中选择"粘贴"选项，通过相对坐标的方式指定插入点，每次都以上一个插入点为基准，命令提示区的输入如下。

命令: _pasteclip 指定插入点:@10,0
命令: _pasteclip 指定插入点:@65,0
PASTECLIP 指定插入点:@30,10
PASTECLIP 指定插入点:@10,10
PASTECLIP 指定插入点:@20,10
PASTECLIP 指定插入点:@5,55
PASTECLIP 指定插入点:@-35,-20
PASTECLIP 指定插入点:@-10,30
PASTECLIP 指定插入点:@-40,-25
PASTECLIP 指定插入点:@-15,20
PASTECLIP 指定插入点:@10,-44
PASTECLIP 指定插入点:@0,-12
PASTECLIP 指定插入点:@-50,26

这与 6.1 节中所采用的方法是相同的，按照图 6-82 中给出的顺序，依次将各个门窗的基准点进行插入。

这里已经标出了图纸中各普通门窗的中心点位置。其中，左下角的房间到阳台的铝合金推拉门和阳台上的铝合金推拉窗，以及客厅到厨房墙的通孔，这 3 处图示的绘制将在后面介绍。基准点的绘制要在图层 0 中完成，绘制之后，将"轴线"图层关闭，避免工作界面中显示内容太多而造成不便。

选择"工具"|"选项板"|"设计中心"命令，打开"设计中心"选项板，利用设计中心插入前面已经绘制好的门窗图示块，与 6.1 节中的操作完全一样，此处不再赘述。

值得一提的是，门窗的方向以及宽度，在图纸中各不相同，如有需要，在插入块时应当指定一个旋转角度和各个轴向的缩放比例。例如在插入入口处的大门时，按照如下的操作步骤。

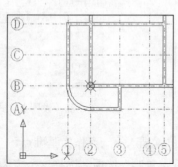

图 6-81　插入第一个基准点

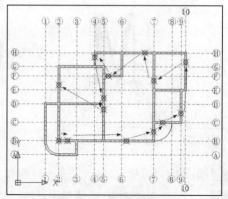

图 6-82　插入门窗基准点

提示

也可通过设计和计算，将各点的绝对坐标得出并直接输入，定位点根据设计所得，且决定室内设施的位置。

在"设计中心"选项板中找到 BLOCK.DWG 文件，并且将它的"块"列表显示出来，选择"门"块，右击，在弹出的快捷菜单中选择"插入块"选项，弹出"插入"对话框，在"插入点"选项区域内保持默认设置，在屏幕上指定；在"缩放比例"选项区域中，选择"在屏幕上指定"复选框，并取消选择"统一比例"复选框；在"旋转"选项区域中，指定旋转角度为 270。

按照已经绘制的基准点插入"门"图块，在命令提示区作如下输入：

```
指定插入点或 [基点(B)/比例(S)/X/Y/Z/旋转(R)]:
输入 X 比例因子，指定对角点，或 [角点(C)/XYZ(XYZ)] <1>: 1        //指定 X 轴比例
输入 Y 比例因子或 <使用 X 比例因子>: 1.25              //指定 Y 轴比例
……
```

提示

缩放比例的指定是按照原图块的 X 轴和 Y 轴，因此为了拉长门的宽度，应该增加 Y 轴方向的比例。

可以得到如图 6-83 所示的图形。

双击插入的图块，系统弹出如图 6-84 所示的"增强属性编辑器"对话框，在其中修改文字的属性。因为文字也随前面的缩放和旋转而作出改变，包括高度、宽度因子和旋转角度。在"属性"选项卡中将文字修改为"M1"，在"文字选项"选项卡中将文字

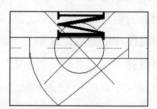

图 6-83　插入"单扇门 1"图块

的高度设置为 4，宽度因子设置为 1，旋转设置为 0，如图 6-84 所示。

单击"确定"按钮，关闭对话框，在图形中单击文字属性的关键点，将文字拖动到适当的位置，如图 6-85 所示。拖动文字位置时，最好关闭"对象捕捉"和"极轴"等功能，避免这些功能对于位置点选取的干扰。

图 6-84 修改文字属性

图 6-85 将文字编号移动到适当的位置

提示

因为前面指定的 X 和 Y 两个方向的比例不一致，门图示的圆弧有一定的变形，但并无影响，实际操作中也可以使用 X 和 Y 轴方向相同的比例，但这会让门图示的墙厚度的短线变长，再将图块分解为单独对象。

继续插入门图示，除前面的正门之外，其他的门都不需要进行缩放，保持原来的宽度 8，也就是 0.8m，按照门的开启方向的不同，在"单扇门 1"和"单扇门 2"之间进行选择，使平面图的安排具有一定的合理性和美观性，插入这些门图示之后如图 6-86 所示。

注意到，图中的门编号有 4 种：M1、M2、M3 和 M4。相同的门的编号相同，M1 为正门、M2 为卫生间门、M3 为房间门、M4 为小阳台门。

插入窗图示时，采用类似的方法，因为前面创建的窗图示的宽度被指定为 10，根据 Y 轴的比例可以方便地改变宽度，不会影响 X 轴，设置比例不会引起变形。

在图中其他的基准点位置插入窗图示，如图 6-87 所示。

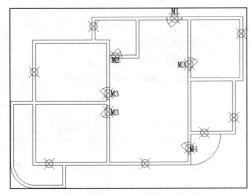

图 6-86 插入全部门图示

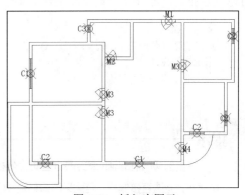

图 6-87 插入窗图示

其中各个窗的编号、宽度与考虑因素如表 6-3 所示。

表 6-3　窗的编号和宽度

窗 编 号	宽度和说明
C1	宽度为 20，利于房间和客厅采光
C2	宽度为 10，在图中多处使用
C3	宽度为 5，卫生间的通风窗

插入完成门窗图示之后，就可以删除作为辅助的基准点，之后如果需要再次选择这些基准点，也可以通过捕捉门窗图块的插入点来实现。显示"轴线"图层，如图 6-88 所示。

选择"工具"|"查询"|"点坐标"命令，用光标在如图 6-89 所示的位置捕捉轴线交点。

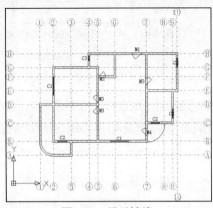

图 6-88　显示轴线

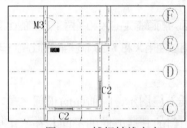

图 6-89　捕捉轴线交点

可以在命令提示区看到如下显示。

命令:'_id 指定点: X = 150.0000　　　Y = 100.0000　　　Z = 0.0000

利用查询功能获得关键点的坐标之后，可以参照此坐标来绘制辅助线，以剪切墙体线，留出房间到阳台门洞的位置，选择"绘图"|"构造线"命令，以 Y 坐标为 95 和 70 绘制水平构造线，X 坐标可以任意指定，即在命令提示区中作如下输入。

```
命令:_xline
指定点或 [水平(H)/垂直(V)/角度(A)/二等分(B)/偏移(O)]: h//选择绘制水平构造线
指定通过点: 0,95                          //绘制高度为 95 的构造线
指定通过点: 0,70                          //继续绘制高度为 70 的构造线
```

提示

这里剪切门洞的辅助线采取了查询点坐标的方式来绘制，这与 6.1 节中不同，因为此时轴线作为图块存在，无法直接偏移。若需采用偏移轴线的方法，可先将图块分解为单独对象后再执行偏移。

绘制得到的构造线如图 6-90(a)所示，选择"修改"|"剪切"命令，选择前面绘制的构造线作为剪切边，按 Enter 键确定，之后选择墙体线在两条构造线之间的部分，并将其切去，如图 6-90(b)所示。

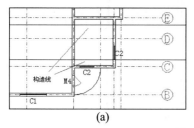 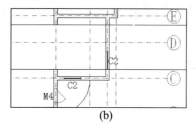

图 6-90　剪切墙体线

使用"绘图"|"直线"命令，在切开的墙体线之间的端口绘制短线，进行封口。

使用同样的方法，在左侧下方的房间到阳台的墙体上也剪切出门洞，门洞两侧距离上下墙的距离为 7(dm)，如图 6-91 所示。

选择"绘图"|"多段线"命令，在命令提示区中按照提示指定首尾宽度均为 0.6，捕捉前面剪切产生的门洞上方端面的中点作为多段线的起点，再使用对象捕捉功能找到中间轴线的交点作为中点，也就是门洞的中心点，如图 6-92 所示。

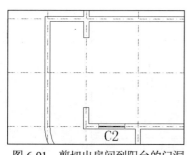 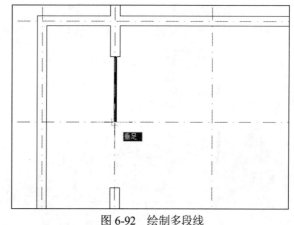

图 6-91　剪切出房间到阳台的门洞　　　　　　图 6-92　绘制多段线

按 Enter 键确定，继续以这条多段线的中点作为起点绘制另一条多段线，线条的宽度不变，绘制到门洞的下侧端面的中点位置，如图 6-93 所示。

这样绘制出来的多段线就是两个单独的图形对象，对它们进行偏移操作，在命令提示区中作如下输入。

```
命令: _move 找到 1 个                      //选择上方一条多段线
指定基点或 [位移(D)] <位移>: -0.3,0        //指定平移的位移
指定第二个点或 <使用第一个点作为位移>:      //按 Enter 键，以前面指定的位移进行移动
```

这样就将上方的一条多段线往左边移动了 0.3，使用相同的方法，将下方的一条多段线向右移动 0.3，得到如图 6-94 所示的图形。

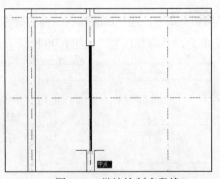

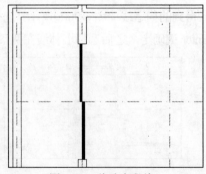

图 6-93　继续绘制多段线　　　　　　　　图 6-94　移动多段线

提示

　　前面两个多段线作为单独的图形对象，必须要分开绘制，也就是绘制上方一条之后按 Enter 键确定，再绘制下方一条。不能采用绘制成一整条多段线后再使用"修改"|"分解"命令将其分解的方法，多段线分解之后将成为直线对象，失去线宽的特性。

　　完成了铝合金推拉门之后，下面开始绘制阳台朝外的铝合金推拉窗。

　　选择如图 6-95(a)所示的墙体线，向外偏移 0.5，得到如图 6-95(b)所示的图形。

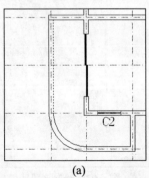

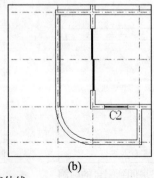

(a)　　　　　　　　　　　　　　　(b)

图 6-95　偏移墙体线

　　继续选择如图 6-96(a)所示的弧形墙体线，向外偏移 0.5，得到如图 6-96(b)所示的图形。

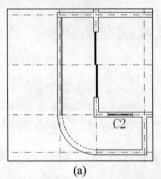

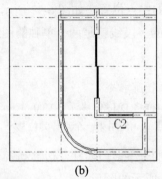

(a)　　　　　　　　　　　　　　　(b)

图 6-96　偏移墙体线 1

　　继续对此段墙体线进行偏移操作，将内侧的墙体线向外偏移 0.5，外侧的墙体线向内偏移 0.5，得到如图 6-97(a)所示的图形。对右下侧的墙体线也进行同样的操作，并且将中部的内侧圆弧墙体线再向外偏移 1，并将偏移所得弧线修改为轴线的线型和颜色，得到如图 6-97(b)所示的圆弧轴线。

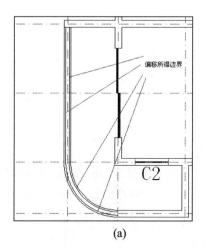
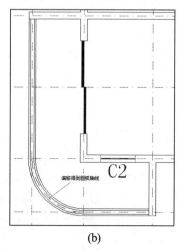

（a）　　　　　　　　　　　　　　　　　　（b）

图 6-97　偏移墙体线 2

　　选择"绘图"|"正多边形"命令，在命令提示区作如下输入。

```
命令: _polygon
输入侧面数 <4>:              //选择绘制正四边形
指定正多边形的中心点或 [边(E)]:          //选取如图 6-98 所示的轴线交点作为中心点
输入选项 [内接于圆(I)/外切于圆(C)] <C>:       //选择外切于圆的方式
指定圆的半径:      //使用捕捉功能将光标放置在横向轴线与墙体内层线的交点上，单击
```

　　此时，使用捕捉功能，用光标在图形中选择内切圆的半径，使绘制出来的四边形的边长正好等于如图 6-98 右侧所示的墙体线中间夹层的宽度。

　　按照前面类似的方法，在如图 6-99 所示的几个连接处绘制相同大小相同方向的正四边形。这是铝合金推拉窗的支撑结构的图示。

　　然后在图形中绘制作为面域界限的直线，这里使用构造线来绘制，在铝合金支柱所隔开的各段推拉窗的中间位置绘制界限，具体的参数如下所示。

```
命令: _xline
指定点或 [水平(H)/垂直(V)/角度(A)/二等分(B)/偏移(O)]: h
指定通过点: 0,75
指定通过点: 0,55
```

　　绘制得到的两条水平构造线如图 6-100(a)所示。

　　继续在命令提示框中作如下输入，绘制出 45°方向的构造线。

```
XLINE
```

指定点或 [水平(H)/垂直(V)/角度(A)/二等分(B)/偏移(O)]: a
输入构造线的角度 (0) 或 [参照(R)]:　45
指定通过点:　　　　　　　　　　　　　　　//捕捉左下角弧形墙体线的圆心并选择

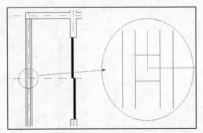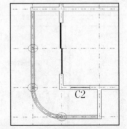

图 6-98　绘制正四边形　　　　　　图 6-99　绘制铝合金窗支柱

绘制所得图形如图 6-100(b)所示。继续绘制下端水平推拉窗的平分线,即一条垂直方向的构造线,参数的输入与前面类似,此处不再赘述。最终得到的 4 条构造线如图 6-100(a)所示。

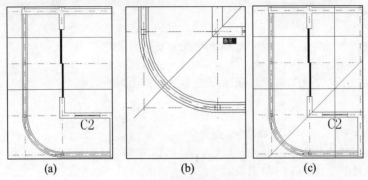

(a)　　　　　　　　　　(b)　　　　　　　　　　(c)

图 6-100　绘制填充区域的边界

选择"绘图"|"图案填充"命令,弹出"图案填充和渐变色"对话框,在其中的"图案"下拉列表中选择 SOLID 样式,在对话框中单击"添加-拾取点"按钮,可以回到图形界面中进行选择,在所需填充的区域内单击任意一点,就可以将此区域添加到填充区域中,它的边界将会用虚线显示出来,如图 6-101(a)所示。选择完之后,按 Enter 键确定,回到前面的对话框,单击"确定"按钮,就可以完成对指定区域的图案填充。填充之后的图形如图 6-101(b)所示。

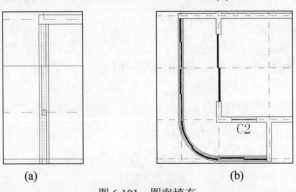

(a)　　　　　　　　　　　　　(b)

图 6-101　图案填充

提示

前面绘制铝合金推拉门采用的是带宽度的多段线，但此处绘制推拉窗采用的是图案填充，主要原因是此处有弧线且两端的端口不规则。

使用单行文字功能，给这个铝合金推拉窗添加一个标注"C4"。

选择"修改"|"剪切"命令，按 Enter 键，以全部的线条作为剪切边，将图形中多余的墙体线剪切掉，主要是门图示中的墙体线，如图 6-102 所示。

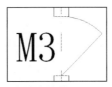

图 6-102　剪切门图示中的墙体线

在门图示中，需要注意的是，门的开启圆弧外侧的墙体线容易被忽略，如图 6-103 所示，这一小段直线也需要剪切掉。

至此，全部的墙体和门窗线已经绘制完毕，这已经构成了一个室内平面图的主体内容，下面只需在图形中添加适当的标注和文字即可。此时的平面图如图 6-104 所示。

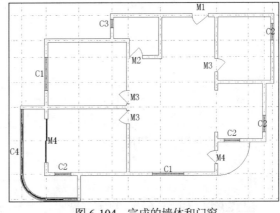

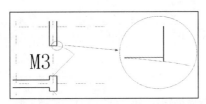

图 6-103　门图示弧线外侧的墙体线

图 6-104　完成的墙体和门窗

6.2.5　添加标注和文字

在这一部分，将要完成这个套房平面图的最后绘制，其内容包括如下几个部分：尺寸标注、文字说明、标题、图框和部分室内结构等。

在"图层"工具栏的图层下拉列表中选择"标注"图层作为当前图层，这一小节中进行的全部绘制都放置在这个图层中。

按照与 6.1 节实例相同的方法建立一个标注样式，使用字体为"宋体"，高度为 2.5。然后选择

"标注"|"线性"命令,使用捕捉功能,在图纸轴线上的适当位置选取第一点,如图 6-105(a)所示。继续选择线性标注的第二点,开启"极轴"功能,在前一点的水平向右延长线与第二条轴线的交点上单击,作为标注的第二个点,如图 6-105(b)所示。

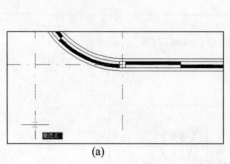
(a)

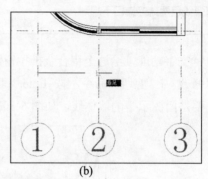
(b)

图 6-105 选择线性标注的界线点

此时就可以在图形中添加一个标注,使用光标选取标注所处的位置,最终得到如图 6-106 所示的图形对象。

选择"标注"|"连续"命令,可以在前一标注的基础上进行类似的标注,此时得到的全部标注线都被放置在共线的位置,利用捕捉功能将光标置于下一条轴线的交点上,尺寸线将自动生成为如图 6-107 所示的形式。

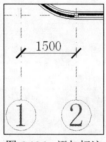

图 6-106 添加标注

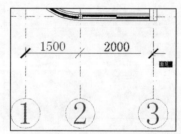

图 6-107 连续标注

提示

这里之所以不使用与 6.1 节中相同的快速标注方法,是因为轴线为图块,不能作为直线对象被识别。

继续选择 4 号轴线上的任意一点,并且依次完成全部的标注,之后按 Enter 键确定。再用同样的方法对横轴线进行标注,得到的图形如图 6-108 所示。

此时定位轴线的标注已经完成,下面应该将每一个细部的尺寸都表现出来。为了达到这一目的,任何有墙体的断开或者门窗的位置都要进行局部标注,使用的标注方法还是先线性标注之后再连续标注。如图 6-109 所示就是一个局部标注的例子。为了表现出窗 C3 的具体位置和宽度,只需将窗的两端到轴线的距离和宽度 3 个参数中的两个标注在图形中。而在图 6-109 中,将全部 3 个参数都标出来了。实际绘图时也可只标出窗一侧边缘到轴线的距离,窗的宽度根据参数表可查出,从而使图纸变得精简。

对于有圆弧的地方，则要使用圆弧标注。选择"标注"|"半径"命令，然后选择需要标注的圆弧，就可以添加半径和圆心的标注，如图 6-110 所示。

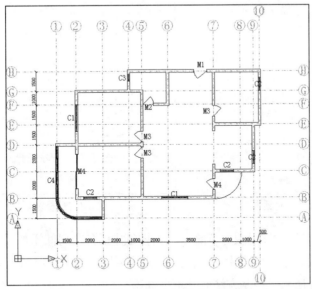

图 6-108　标注轴线

图 6-109　局部标注

图 6-110　半径标注

在工作界面中右击，在弹出的菜单中选择"快速选择"选项，系统弹出如图 6-111 所示的"快速选择"对话框，在其中的"特性"列表中选择"图层"选项，在"值"下拉列表中选择"标注"选项，其他保持默认值，然后单击"确定"按钮，就可以将此时"标注"图层中的全部图形对象，也就是前面绘制的标注全部选中。

将这些标注的颜色都指定为灰色，以示区分，此时图形如图 6-112 所示。

提示

　　按图层对图形对象进行分类的一个重要优势就是可以按照图层来进行选择，配合使用"快速选择"对话框中的"包括在新选择集中"和"排除在新选择集之外"两个选项，可以给大量的对象选择带来更多便利。

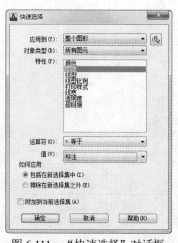

图 6-111 "快速选择"对话框

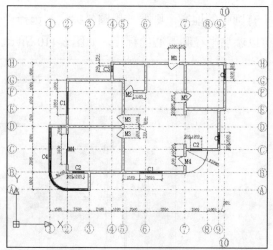

图 6-112 标注后的图纸

使用"绘图"|"文字"|"单行文字"命令，给图纸中的各个房间添加说明，根据规范或实际需要调整文字高度，这里将文字高度设为 3。并且在文字说明的下方绘制一个地坪高度的符号，由直线和文字组成，如图 6-113 所示，绘制方法此处不再赘述。

需要注意的是，出于排水的考虑，卫生间的地坪应该略低于其他房间，因此设计卫生间的地坪高度为 0.05，与平面图中其他单位不同的是，此时单位为 m。

卫生间中的某些室内设施一般是包含在建筑施工中的，因此添加文字说明的步骤也包含这些设施的绘制。以合适的大小绘制出相交的矩形和椭圆，如图 6-114(a)所示，选择"修改"|"剪切"命令，直接按 Enter 键，将全部对象作为剪切边，然后用光标选择以剪切掉椭圆的上方部分，如图 6-114(b)所示，这就构成了简单的马桶图示。

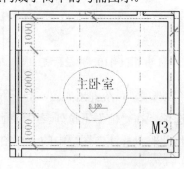

图 6-113 添加房间说明

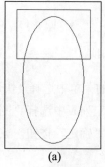
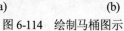

(a)   (b)

图 6-114 绘制马桶图示

将前面绘制的马桶图示添加到卫生间中的合适位置，如有必要，可进行适当的缩放，之后在卫生间的左上角绘制一个矩形以及两条对角线，添加高度较小的文字标注"淋浴小间"，如图 6-115 所示，基本完成卫生间室内设施的绘制。

下面绘制另一个设施：小阳台上的扶栏。此处没有墙体，无法绘制墙体线，只能以细线绘制出一个示意。

134

选择"绘图"|"圆"|"圆心、半径"命令，使用对象捕捉，以小阳台弧线的圆心为圆心，略小于小阳台，即半径长度为 18 绘制圆，如图 6-116 所示。这个圆是扶栏和支柱的定位线。

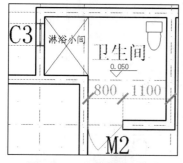

图 6-115　卫生间室内设施

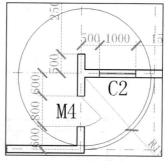

图 6-116　绘制扶栏定位圆

选择"绘图"|"圆"|"圆心、半径"命令，使用对象捕捉功能捕捉前面绘制的定位线与上方的外侧墙体线的交点作为圆心，半径为 0.5，绘制出一个小圆，如图 6-117(a)所示。选择这个小圆，选择"修改"|"阵列"|"环形阵列"命令，选择半径为 0.5 的圆为阵列对象，使用对象捕捉功能选择前面所绘定位圆弧的圆心，作为阵列的中心点，设置项目总数为 5，填充角度为-90，阵列生成如图 6-117(b)所示的 5 个小圆。

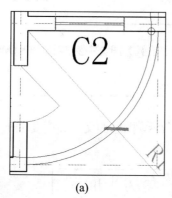
(a)

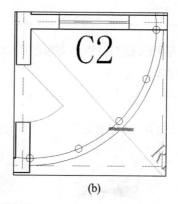
(b)

图 6-117　环形阵列

下面对扶栏图示作适当的修改。首先剪切掉定位弧线在墙体线之外的部分，只保留它右下角的 1/4，如图 6-118(a)所示。选择留下的这条 1/4 圆弧，选择"修改"|"偏移"命令，将偏移距离设置为 0.2，向外偏移一次，再选择这条弧线，向内偏移相同的距离，如图 6-118(b)所示。选择中间的定位弧线并将其删除，如图 6-118(c)所示。使用剪切命令，剪切掉扶栏两端的支柱在墙体内的部分，以及前面绘制的扶栏弧线在各支柱小圆内部的部分，并使用图案填充命令，将每个支柱小圆都填充为 SOLID 样式，以表示这些支柱在地板位置的截面上是实心的，效果如图 6-118(d)所示。

一般建筑平面图上方应该绘制一个指北针来指明方向，指北针的形状如图 6-119 所示，操作方法是：绘制一个圆和以这个圆右边象限点为端点的直线，以水平轴线为镜像轴生成直线的镜像，剪切掉两条直线在圆外的部分，以 SOLID 样式填充两条直线之间的箭头形区域，在填充区域箭头处添加一个字母"N"。本设计图的右侧为北边，因此指北针箭头方向朝右。

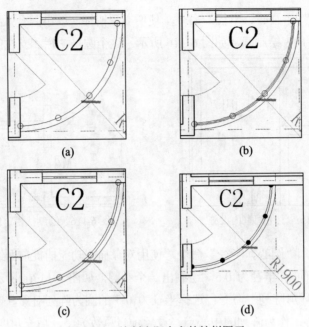

图 6-118　绘制小阳台上的扶栏图示

提示

　　地坪标高符号和指北针符号，也可以仿照6.2.4节的方法创建为图块并存储到BLOCK.DWG文件中，方便其他绘图时使用。

　　在图纸的醒目位置，添加图题和比例，如图 6-120 所示，图题的文字高度要大于前面一般的文字标注。

图 6-119　绘制指北针

图 6-120　图题和比例

　　为了给出一个打印的界限，可以在图纸上绘制一个图幅框，以长度为 420、高度为 297 绘制一个矩形，也就是与横排的 A3 图纸一样大小。调整这个图幅框的位置，就可以知道平面图在一张图纸中打印的位置，如图 6-121 所示。

　　图幅框只标明图纸的范围，不会被打印出来，通常还要在图幅框之内绘制一个图框和标题栏。标题栏的结构根据规范和具体要求绘制，下面给出一个示例。

　　绘制出标题栏的长度为 50 的下边线和长度为 20 的右边线，如图 6-122(a)所示，选择"修改"|"阵列"|"矩形阵列"命令，选择如图 6-122(a)所示的下边线为阵列对象，设置阵列的行数为 5，列数为 1，行之间的间距为 5，阵列生成如图 6-122(b)所示的表格横线。

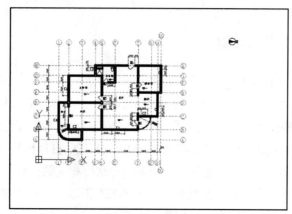

图 6-121　图幅框

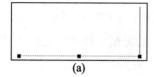

(a)

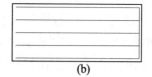

(b)

图 6-122　矩形阵列

选择右边线,用同样的方法生成阵列,得到如图 6-123(a)所示的表格。使用剪切命令剪切掉图中的部分线条,得到标题栏所需的形式,如图 6-123(b)所示。

然后在标题栏中添加文字,如图 6-124 所示的是一个示例。

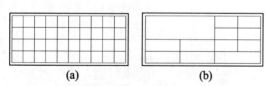

(a)　　　　　　　　(b)

图 6-123　绘制标题栏

套房平面图	比例	
绘制		
审核		——公司

图 6-124　标题栏的示范

选择图幅框,将其向内偏移 10,可以得到图框,使用对象捕捉将前面绘制的标题栏移动到图框的右下角,如图 6-125 所示。

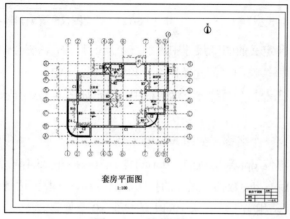

套房平面图
1:100

图 6-125　绘制图框

6.2.6　图纸的打印与输出

工程图纸一般是要打印出来的，这个图纸的比例为1:100，打印的页面选择为横排的A3图纸。

选择"文件"|"打印"命令，在"打印机/绘图仪名称"中选择现有硬件设备的打印机，根据硬件设备所支持的图纸大小和打印质量进行选择。一般工程图纸为了便于查看，会打印为图片文件存储。本节将要介绍使用AutoCAD 2013默认的PublishToWeb JPG打印机将图纸输出为图片文件的方法。如果需要更加强大的输出，可能需要与某些图形处理软件相关的插件。

选择"文件"|"打印"命令之后，系统弹出如图6-126所示的"打印-模型"对话框，在其中的"打印机/绘图仪"选项区域中的"名称"下拉列表中选择PublishToWeb JPG选项，在普通的AutoCAD 2013中就包含这个虚拟打印机，不需要硬件的支持。

单击打印机名称右边的"特性"按钮，系统会弹出如图6-127所示的"绘图仪配置编辑器-PublishToWeb JPG"对话框，在"设备和文档设置"选项卡的树型文件夹中选择"自定义图纸尺寸"选项，对话框下方出现了目前已有的图纸尺寸的列表，可以看到，其中的尺寸都是以像素为单位给出的。

图 6-126　"打印-模型"对话框　　　　图 6-127　"绘图仪配置编辑器-PublishToWeb JPG"对话框

单击"添加"按钮，在自定义的图纸尺寸中添加一个新的尺寸，系统会弹出如图6-128所示的"自定义图纸尺寸-开始"对话框，选中"创建新图纸"单选按钮，单击"下一步"按钮。

接下来在"自定义图纸尺寸-介质边界"对话框中，给定如图6-129所示的宽度和高度，单击"下一步"按钮。

为新建的图纸大小指定一个名称，如图6-130所示。

一般打印质量是通过单位dpi来衡量的，dpi的含义为每英寸(25.4毫米)中包含的像素个数，打印机等设备的技术参数中就有dpi数值。照片的打印质量较高，一般可达到300dpi，普通打印机的典型数值为72dpi，换算之后，相当于每毫米中间大约包含10个像素。

图 6-128　"自定义图纸尺寸-开始"对话框

图 6-129　"自定义图纸尺寸-介质边界"对话框

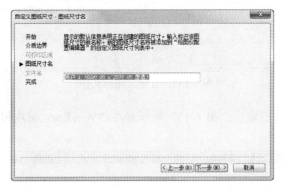

图 6-130　"自定义图纸尺寸-图纸尺寸名"对话框

设置完成后，单击对话框中的"完成"按钮，关闭对话框。

完成新建图纸并且确定之后，回到"打印-模型"对话框，在其中的"图纸尺寸"下拉列表中选择已经建立的尺寸，并且在"打印范围"下拉列表中选择"窗口"选项，如图 6-131(a)所示。回到工作界面，使用对象捕捉功能选取前面所绘制的图幅框的两个交点，确定打印的矩形范围，如图 6-131(b)所示的白色区域。

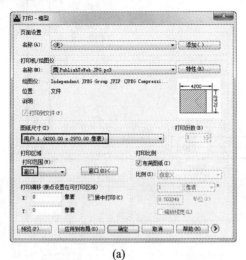

(a)

(b)

图 6-131　指定打印范围

单击"确定"按钮，选择需要打印输出的图片文件的路径和文件名，单击"确定"按钮，系统开始生成图形文件，并通过进度条来显示打印完成的情况，如图 6-132 所示。

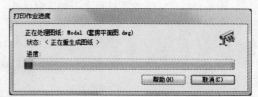

图 6-132 打印为图形文件

这样就完成了图形文件的输出。图 6-133 所示是在"Windows 图片和传真查看器"中观察这张图纸图片的情形。

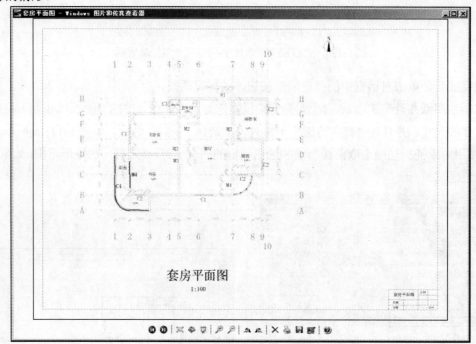

图 6-133 打印输出的平面图

6.3 室内平面布置图

室内平面布置图是家居室内设计中最常用的平面图。它实际上就是在室内平面图的基础上把将要设计的家具陈设和各种室内设施的平面图形画在图样中建筑室内相应的位置上，所以称为室内布置图。这种图样基本上是以单元空间或单户型住宅空间为主要设计对象。单元空间主要是指公共环境或商业环境中的同样类型的局部空间环境，如学校的教室、宾馆和餐厅等。单户型住宅空间则是指各种类型的家庭住宅空间。

本节将在 6.2 节介绍的套房平面图的基础上创建室内平面布置图，为了图面清晰，将地面铺装图和室内平面布置图分开绘制，其中地面铺装图的效果如图 6-134 所示。

在套房平面图的基础上，删除除墙体、门窗以外的一切图形对象，并在房间边界处绘制隔断线，以便创建各种材质的填充图案，效果如图 6-135 所示。

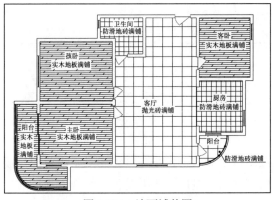

图 6-134　地面铺装图

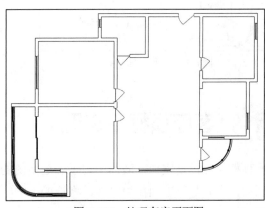

图 6-135　处理套房平面图

使用文字样式"宋体"，其中字体为宋体，字高为 3，创建如图 6-136 所示的房间功能说明和地面材质说明。使用"绘图"|"图案填充"命令，按照图 6-137 所示的填充图案和参数设置填充地面材质图案，完成地面铺装图的绘制。

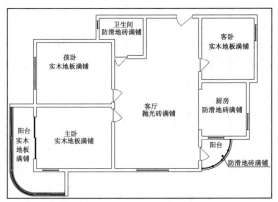

图 6-136　创建说明文字

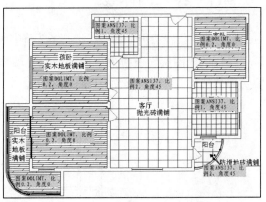

图 6-137　使用不同材质和参数

使用同样的方法，创建如图 6-138 所示的基本图形，使用"插入"|"块"命令，弹出如图 6-139 所示的"插入"对话框，在该对话框中已经定义好了所有家具和设施图块，在基本图形中插入已经定义好的各种图块，即完成平面布置图的绘制，效果如图 6-138 所示。

141

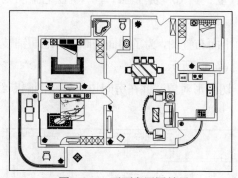

图 6-138　平面布置图效果

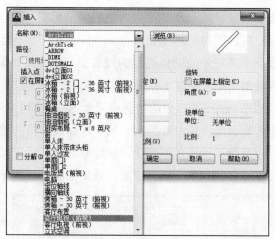

图 6-139　插入各种图块

6.4　客厅顶棚平面图

顶棚平面图是室内装潢图中用于表达室内的顶棚结构和布置的图纸，理论上是采用镜像投影法得到的，也就是以地面作为镜面，将顶棚上的结构用俯视图绘制出，主要是为了表现出顶棚的灯具和吊顶的外观。本书侧重于室内的外观结构以及 AutoCAD 2013 的应用，结合室内平面图和顶棚平面图，便可表现出室内全部的外观结构。为了节省篇幅，实例中绘制的是客厅顶棚平面图，其他房间的绘制方法与此类似。

6.4.1　导入墙体线

选择"文件"|"打开"命令，选择 6.2 节中绘制的"套房平面图.DWG"文件，将其打开。在"图层"工具栏的"图层"下拉列表中取消除"墙体与门窗"图层之外其他全部图层的显示，可以看到套房的墙体线和门窗图示，如图 6-140 所示。

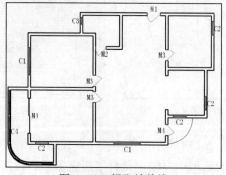

图 6-140　提取墙体线

选择此时图形中显示的全部对象，复制并粘贴到一个新的文件中，并将其命名为"客厅顶棚平面图.DWG"。

选择"绘图"|"修订云线"命令，并且在命令提示区中作如下输入。

```
命令: _revcloud
最小弧长: 15    最大弧长: 15    样式: 普通
指定起点或 [弧长(A)/对象(O)/样式(S)] <对象>: a              //指定弧长
指定最小弧长 <15>: 5
指定最大弧长 <5>: 5                                        //固定弧长为 5
指定起点或 [弧长(A)/对象(O)/样式(S)] <对象>:
```

在图形中单击，之后直接拖动鼠标，在光标经过的路径上会自动生成修订云线。当修订光标回到起点位置附近时云线自动闭合，成为一条封闭曲线，如图 6-141 所示。

选择"修改"|"剪切"命令，将墙体线与云线相交且在云线范围之外的部分剪切掉，如图 6-142(a)所示。再选择云线范围之外的线条对象，将其删除，如图 6-142(b)所示。之后再使用剪切命令将云线在房屋范围之外的部分剪切掉，如图 6-142(c)所示。

将此时图形中的门图示全部删除，双击窗 C1 的图示，将它的属性值去掉，也就是取消 C1 这个标注的显示，或者在将这个窗图示分解之后再将文字删除，如图 6-143(a)所示。选择"绘图"|"矩形"命令，在门图示删除之后留下的缺口处绘制矩形，将墙体线补为密封，如图 6-143(b)所示。

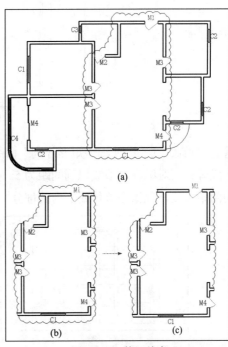

(a)

(b)   (c)

图 6-142　剪切线条

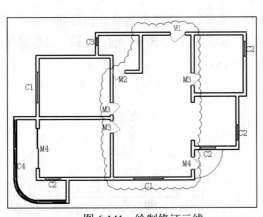

图 6-141　绘制修订云线

在如图 6-144 所示的位置绘制一条直线，将客厅的顶棚分为两个部分：进门小厅的顶棚与客厅主体的顶棚。客厅主体的顶棚在靠近墙壁侧有简单的吊顶，围成中部的椭圆形，为保持顶棚高度的一致性，在进门小厅处有木质方格吊顶，顶棚整体的布置如图 6-144 所示。

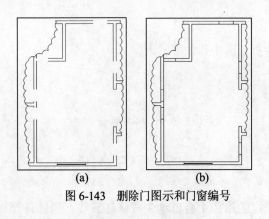

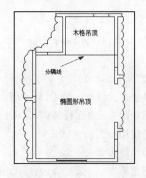

图 6-143　删除门图示和门窗编号　　　　　　　图 6-144　顶棚吊顶示意图

6.4.2　绘制顶棚平面图

首先开始绘制上方小厅的木格吊顶。选择"绘图"|"多线"命令，选择如图 6-145 所示的墙体线内侧的角点作为起点，绘制多线：将多线的比例指定为 1，也就是两条线之间的宽度为 1，将对齐方式选择为"无"，绘制横向和纵向的两条多线，如图 6-145 所示。

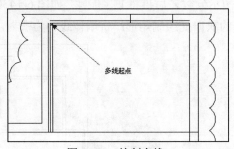

图 6-145　绘制多线

选择"修改"|"阵列"|"矩形阵列"命令，对横向的多线进行阵列操作，以行间距为 5、行数为 5 生成阵列，对纵向的多线以列间距为 5、列数为 7 生成阵列，如图 6-146(a)所示，之后删除最初绘制的两条多线，保留在墙体线之内的部分，如图 6-146(b)所示。

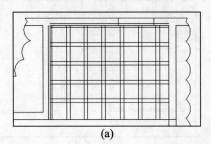
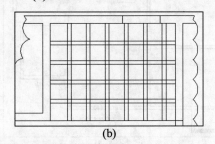

图 6-146　阵列操作

选择"修改"|"对象"|"多线"命令，系统弹出"多线编辑工具"对话框，单击其中的"十字合并"按钮，可回到工作界面，进行修改操作。用光标单击选择图形中每一个多线交叉位置所涉及的两条多线，这些十字交叉部位将会自动合并，成为如图 6-147 所示的形式。

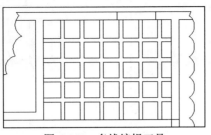

图 6-147 多线编辑工具

选择"绘图"|"图案填充"命令，在"图案填充和渐变色"对话框中单击"样例"选项区域的图标，在"填充图案选项板"中选择如图 6-148(a)所示的 ANSI31 填充图案，这个填充图案是最为常见的一种，以等距的 45°斜线对区域进行填充，单击"确定"按钮，返回对话框。单击"添加-拾取点"按钮，在图形中多线的内部区域任意一点上单击，就可以选择整个区域，并且边界用虚线显示出来，如图 6-148(b)所示，按 Enter 键确定，返回对话框，将"比例"指定为 0.1，如图 6-148(c)所示。再单击"确定"按钮，就可以对区域进行填充，效果如图 6-148(d)所示。

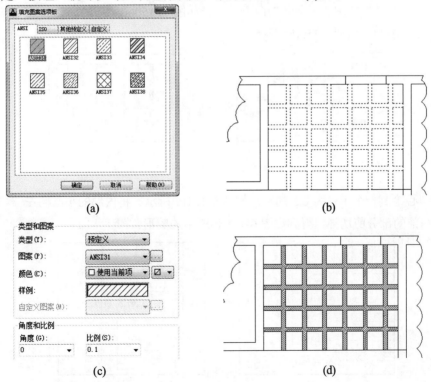

图 6-148 填充操作

选择"绘图"|"样条曲线"命令，在图形中绘制如图 6-149(a)所示的样条曲线，其中曲线的起点和终点利用捕捉功能选取在墙体线上。然后将前面所绘制的多线分解为单独的直线对象，以便于进行接下来的操作。选择"修改"|"剪切"命令，指定样条曲线为剪切边，接下来单击选择被样条曲线围住的线条，将它们剪切掉，最终得到的图形如图 6-149(b)所示。

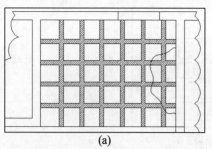
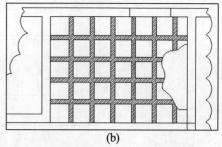

(a)　　　　　　　　　　　　　　　(b)

图 6-149　绘制样条曲线并进行剪切操作

提示

　　此处样条曲线所围的是表现壁灯结构的区域，也可以用修订云线来绘制，但修订云线易受到捕捉功能的影响，无法选择到合适的路径。

　　选择"绘图"|"圆"|"圆心、半径"命令，选择如图 6-150(a)所示的墙体线中点作为圆心，以 2.5 作为半径绘制一个圆，如图 6-150(b)所示。

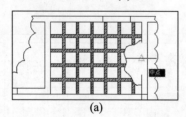
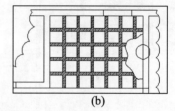

(a)　　　　　　　　　　　　　(b)

图 6-150　绘制圆

　　以同一个圆心绘制一个半径为 0.5 的圆，如图 6-151(a)所示。将内部的小圆向左偏移 1，并且将大圆在墙体线内部的部分剪切掉，得到如图 6-151(b)所示的图形。

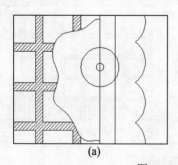
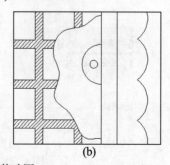

(a)　　　　　　　　　　　　　(b)

图 6-151　修改圆

　　前面完成的就是一个局部的剖视图，表现出壁灯的位置和外形，之后在此局部剖视图中标出各结构的标高和文字说明，如图 6-152 所示。标高符号与 6.2 节中实例的绘制方法相同，而且数据还是以 m 为单位的，无法在图中清楚表示的符号，可通过引线引到图外进行标注。

　　下面进行客厅主体的顶棚平面图绘制。

首先在图中绘制出如图 6-153 所示的矩形区域的对角线,以得到对角线的中点。选择"格式"|"点样式"命令,选择一个便于观看的点样式。之后选择"绘图"|"点"|"单点"命令,在两条对角线的交点处绘制一个点,作为下面绘图的基准,之后便可删除辅助的对角线。

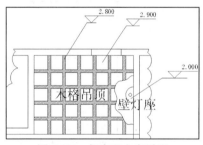

图 6-152　标高和文字说明

选择"绘图"|"椭圆"命令,选择前面绘制的点作为椭圆的圆心,以 X 方向半轴长度为 24、Y 方向半轴的长度为 30 绘制出一个椭圆,如图 6-154 所示。

选择"绘图"|"矩形"命令,选择椭圆的中心点为一个角点,通过相对坐标的方式输入下一个角点为"@20,25",绘制出如图 6-155 虚线所示的矩形,得到矩形右上角点作为绘制射灯的定位点。

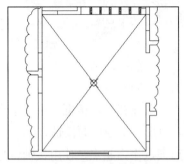
图 6-153　绘制辅助对角线

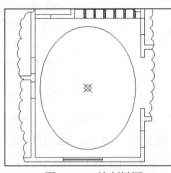
图 6-154　绘制椭圆

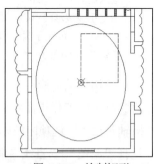
图 6-155　绘制矩形

选择"绘图"|"圆"|"圆心、半径"命令,使用对象捕捉功能选择前面所绘矩形的右上角点作为圆心,以 1 为半径绘制圆,并以圆心为起点,分别向竖直和水平 4 个方向绘制 4 条长度为 2 的直线,将以上的圆和直线组合起来为射灯图示,完成绘制之后删除之前的虚线矩形,如图 6-156 所示。

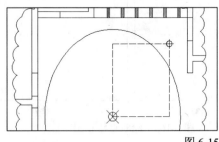
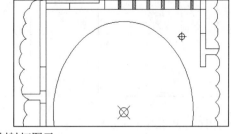

图 6-156　绘制射灯图示

选择"修改"|"阵列"|"矩形阵列"命令,选择前面绘制的射灯图示作为阵列的对象,生成行数和列数均为 2 的阵列,其中行间距为 50、列间距为 40 的阵列,如图 6-157 所示,生成客厅顶棚上四角的 4 个射灯图示。

选择"绘图"|"文字"|"单行文字"命令,在命令提示区中输入命令,指定"宋体"文字样式,文字高度为 3、角度为 0,在图形中任意一个射灯图示的周围插入单行文字对象,输入的文字内容为"射灯",如图 6-158 所示。

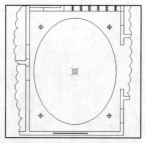

图 6-157　生成射灯阵列

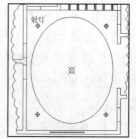

图 6-158　添加射灯文字说明

选择"绘图"|"正多边形"命令，按照命令提示区的提示作如下输入。

```
命令: _polygon
输入侧面数 <4>: 6                           //输入 6，绘制正六边形
指定正多边形的中心点或 [边(E)]:             //捕捉客厅顶棚的中心点作为中心点
输入选项 [内接于圆(I)/外切于圆(C)] <I>: I    //选择"内接于圆"方式
指定圆的半径: 2                             //指定圆半径为 2
```

之后使用极轴功能，选择六边形的方向，得到如图 6-159 所示的正六边形。

将光标置于工作界面状态栏的"极轴"按钮上右击，系统弹出"草图设置"对话框，在其中修改"极轴角设置"选项区域中的"增量角"为 30，这允许极轴捕捉六边形 6 个顶点的极轴方向。

选择"绘图"|"直线"命令，选择如图 6-160(a)所示的正六边形顶点作为起点，使用极轴将光标置于 60°的位置，输入"1"并按 Enter 键，绘制出一条长度为 1、方向为 60°的直线。再选择"绘图"|"圆"|"圆心、半径"命令，选择前面绘制的直线的末端作为圆心，输入半径为 0.5 并按 Enter 键，绘制出如图 6-160(b)所示的圆。

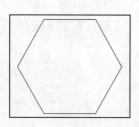

图 6-159　绘制正六边形

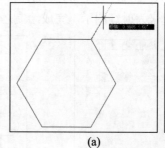

(a)

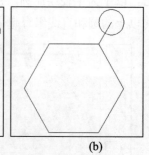

(b)

图 6-160　绘制直线和圆

选择"修改"|"阵列"|"环形阵列"命令，选择前面绘制的直线和圆作为阵列的对象，选择六边形中心为阵列的中心，设置项目数为 6，指定填充角度为 360°，生成如图 6-161 所示的阵列，完成顶灯图示的绘制。

使用与绘制射灯同样的方法，在顶灯图示旁添加文字说明"顶灯"。吊顶主要平面的标高为"2.800"和"2.900"。图纸的标题为"客厅顶棚平面图"。图纸标题下方的比例尺为"1:100"，其中。"顶灯"和"1:100"的文字高度为 3，"客厅顶棚平面图"的文字高度为 6，如图 6-162 所示。至此完成客厅顶棚平面图的绘制，图框和标题栏的内容就不作重复，可参考本章 6.2 节。

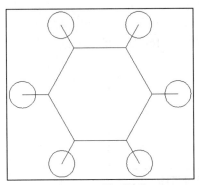

图 6-161 阵列操作

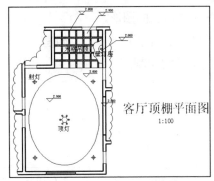

图 6-162 完成客厅顶棚平面图

6.5 室内立面图的绘制

　　建筑立面图是建筑物各个方向的建筑墙面正向投影图,主要有建筑室内立面图和建筑室外立面图两类。室内装饰施工以建筑室内立面图为主要施工依据。

　　建筑室内立面图多数是以室内墙面的正投影为主,主要表达室内空间中向该建筑开面投影的所有构造和物体的形态。重点是该建筑界面上的墙体造型,如与表面装饰的材料构成形式、尺寸位置,尤其是高度尺寸要标注详细。家居室内装修立面图中主要的轮廓线应是各种建筑的墙体界面,一般情况下立面图在墙体主要部位的表面不画任何剖面图,以方便施工人员清楚地看到该墙面完整的空间投影,掌握装修施工后的墙体造型与表面装饰效果要求。下面在平面布置图的基础上创建客厅、卧室和厨房的主要立面图效果。

　　完成的客厅立面图的效果如图 6-163 所示,图 6-164 为客厅门的立面详图。

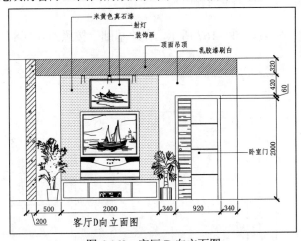

图 6-163 客厅 D 向立面图

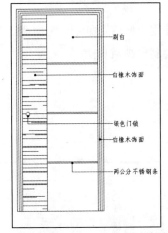

图 6-164 客厅门的立面详图

　　首先复制客厅放置电视的那一部分墙体、家具和电器,用户选择对象的时候使用交叉选择,这可能会带入多余的线条,绘制合适的构造线作为剪切边,对复制的图形进行修剪,完成后,旋转 90°,

得到如图 6-165 所示的图形。

以复制的平面布置图为基础，创建垂直构造线，并根据图 6-166 所示的尺寸绘制水平构造线，完成立面图辅助线的绘制。

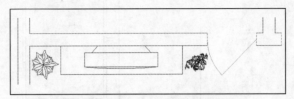

图 6-165　复制部分室内平面布置图

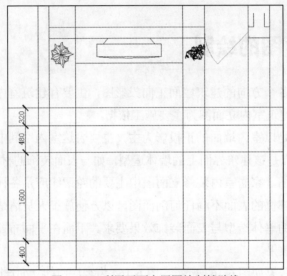

图 6-166　利用平面布置图绘制辅助线

使用"修剪"命令，对构造线进行修剪，效果如图 6-167 所示，在此基础上按照图 6-168 所示的尺寸绘制电视柜和门。

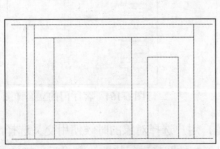

图 6-167　构造线的修剪效果

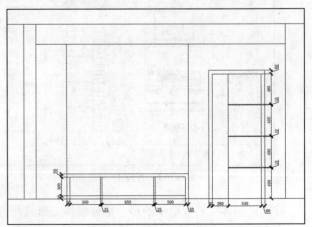

图 6-168　创建电视柜和门

在图 6-168 的基础上，插入电视机立面图块、装饰画图块和植物立面图块，并创建墙面装饰材料。使用仿宋 GB2312 字体，设置字高为 1，创建墙面装饰和立面家具的文字说明，效果如图 6-169 所示。完成后，创建水平和高度方向的尺寸标注，即完成立面图的绘制。

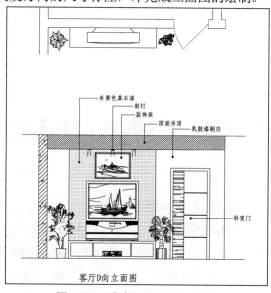

客厅D向立面图

图 6-169　为客厅立面添加装饰

提示

请读者注意，室内立面图的绘制一般来说都需要配合室内平面布置图来进行绘制，主要是使用平面布置图进行辅助线的绘制，对各种墙体、门洞和家具的布置进行定位。

其他立面图的绘制方法与客厅立面图的绘制大同小异，这里不再赘述。主卧 A 向立面图和厨房 A 向立面图分别如图 6-170 和图 6-171 所示，读者可以根据客厅立面图的绘制方法去练习绘制。

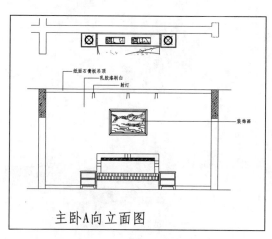

主卧A向立面图

图 6-170　主卧 A 向立面图

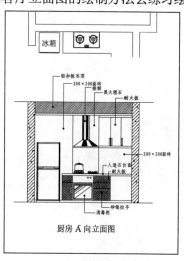

厨房 A 向立面图

图 6-171　厨房 A 向立面图

第7章 电气系统图与给排水图

电气系统图和给排水图是建筑装潢中的两种重要图纸。电气系统图实际上可以分为强电电气系统图和弱电电气系统图，是指电气工程设计人员根据安装配线要求，将所需要的电源、负载以及各种电气设备按照国家规定的画法和符号表现在图纸上，并标注相应的说明文字，以表达电气设备和元件的名称、用途和作用。室内给排水施工图主要反映室内给排水的方式、相关设备以及材料的规格符号、安装要求等，它是在建筑平面图的基础上，根据给排水工程的制图标准而绘制的。

本章将在第 6 章已经绘制的房间平面图的基础上，向读者讲解建筑装潢中的电气系统图和给排水图的绘制。

电气系统图

室内装潢图纸中的电气系统图包括的内容较多，因为涉及的线路多有交叉，一般将不同类型的电气设备分成单独的图纸。本实例绘制的电气系统图分为强电系统图和弱电系统图。

7.1.1　电气系统图概述

电气系统图是电气图纸中的一个图示，如图 7-1 所示，它能反映出室内主电气线路的代号、分配和电线参数。

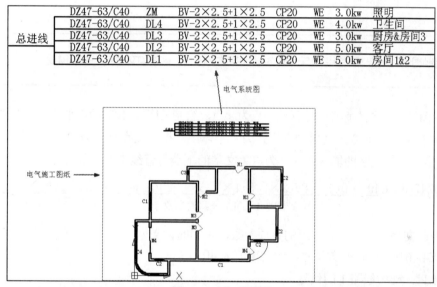

	DZ47-63/C40	ZM	BV-2×2.5+1×2.5	CP20	WE	3.0kw	照明
	DZ47-63/C40	DL4	BV-2×2.5+1×2.5	CP20	WE	4.0kw	卫生间
总进线	DZ47-63/C40	DL3	BV-2×2.5+1×2.5	CP20	WE	3.0kw	厨房&房间3
	DZ47-63/C40	DL2	BV-2×2.5+1×2.5	CP20	WE	5.0kw	客厅
	DZ47-63/C40	DL1	BV-2×2.5+1×2.5	CP20	WE	5.0kw	房间1&2

图 7-1　电气系统图

下面介绍电气系统图中代号的含义和绘制方法。

首先导入"套房平面图"的 DWG 文件，选择其中"墙体与门窗"图层中的全部图形对象，将它们复制到新的文件，电气系统图将在此基础上绘制。如图 7-2 所示，标出了室内各部分的代号。电气系统图给出的是从总进线和配电箱出来之后线路的分配情况，需要满足室内各个房间的照明、电器和插座的供电需要。

室内的电路设计分成 5 条回路，名称分别为 ZM(照明)和 DL1(动力)~DL4，照明线路连接室内的照明设施，动力线路连接室内的插座和电器。

首先选择"格式"|"文字样式"命令，系统弹出如图 7-3 所示的"文字样式"对话框，单击"新建"按钮，在弹出的"新建文字样式"对话框中输入"宋体"作为样式名称，指定该样式的字体为宋体，倾斜角度保持默认值为 0，将"宋体"文字样式置为当前，单击"确定"按钮，关闭"文字样式"对话框。

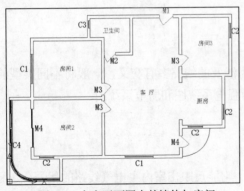

图 7-2　套房平面图中的墙体与房间

图 7-3　新建文字样式

提示

> 在绘制图纸时一般都需要建立宋体作为默认的文字样式，这是中文图纸的基本需要。

选择"绘图" | "直线"命令，选任意一点为起点，绘制长度为 100 的水平直线，再选择"绘图" | "文字" | "单行文字"命令，使用文字样式为"宋体"，指定文字高度为 2，在直线上方添加如图 7-4 所示的文字。完成文字的输入之后，为避免文字的下端与直线重合，应将文字向上稍作移动。

DZ47-63/C40　　DL1　　BV-2×2.5+1×2.5　CP20　　WE　5.0kw　房间1&2

图 7-4　DL1 线路的参数

线路上方的文字给出了这条线路的各项参数，它们的含义如下。

- "DZ47-63/C40"：开关型号，额定电流为 40A。
- "DL1"：动力线路 1 的代号。
- "BV-2×2.5+1×2.5"：两条截面为 2.5mm2 的电线与一条截面为 2.5mm2 的地线。
- "CP20"：穿金属软管保护，所用保护管的管径为 20mm。
- "WE"：线路沿墙面暗铺。
- "5.0kw"：本条线路的额定功率。
- "房间 1&2"：该线路的用电设备位置。

全面的代号和参数，可查阅相关手册和国家标准，本书不再赘述。

5 条不同的线路，基本参数可以保持一致，需修改的参数包括额定功率和用电设备两项。在用电设备位置确定的情况下，额定功率应适当设定，充分考虑线路的负荷能力和过载保护。

选择前面绘制的 DL1 线路的文字和直线，选择"修改" | "阵列" | "矩形阵列"命令，使用矩形阵列生成 5 行相同的实体，其中行距设置为 3，如图 7-5 所示。

DZ47-63/C40	DL1	BV-2×2.5+1×2.5	CP20	WE	5.0kw	房间1&2
DZ47-63/C40	DL1	BV-2×2.5+1×2.5	CP20	WE	5.0kw	房间1&2
DZ47-63/C40	DL1	BV-2×2.5+1×2.5	CP20	WE	5.0kw	房间1&2
DZ47-63/C40	DL1	BV-2×2.5+1×2.5	CP20	WE	5.0kw	房间1&2
DZ47-63/C40	DL1	BV-2×2.5+1×2.5	CP20	WE	5.0kw	房间1&2

图 7-5　阵列操作

使用阵列操作可避免重复的操作，直接双击各个单行文字对象，可以对文字内容进行修改，并选择全部的 5 条直线，将线宽指定为 0.3mm，并单击状态栏的"线宽"按钮将线宽显示出来。修改之后的图示如图 7-6 所示。

DZ47-63/C40	ZM	BV-2×2.5+1×2.5	CP20	WE	3.0kw	照明
DZ47-63/C40	DL4	BV-2×2.5+1×2.5	CP20	WE	4.0kw	卫生间
DZ47-63/C40	DL3	BV-2×2.5+1×2.5	CP20	WE	3.0kw	厨房&房间3
DZ47-63/C40	DL2	BV-2×2.5+1×2.5	CP20	WE	5.0kw	客厅
DZ47-63/C40	DL1	BV-2×2.5+1×2.5	CP20	WE	5.0kw	房间1&2

图 7-6　修改图示

每条线路的区别在于名称代号、额定功率和用电设备位置。主要考虑到房间 1、房间 2 与客厅可能安装空调，额定功率设置较大；厨房与房间 3 电器较少，额定功率较小；照明线路的电器总功率相对固定且较小；卫生间电器数量虽然不多，但也有浴霸和热水器等大功率电器。

继续选择"绘图"|"直线"命令，在 5 条线路的左边绘制竖直直线将 5 条线路并联起来，在全部图示的左边再绘制一条直线并添加文字"总进线"，所添加直线均设置为与前面的直线同一线宽，如图 7-7 所示。

总进线	DZ47-63/C40	ZM	BV-2×2.5+1×2.5	CP20	WE	3.0kw	照明
	DZ47-63/C40	DL4	BV-2×2.5+1×2.5	CP20	WE	4.0kw	卫生间
	DZ47-63/C40	DL3	BV-2×2.5+1×2.5	CP20	WE	3.0kw	厨房&房间3
	DZ47-63/C40	DL2	BV-2×2.5+1×2.5	CP20	WE	5.0kw	客厅
	DZ47-63/C40	DL1	BV-2×2.5+1×2.5	CP20	WE	5.0kw	房间1&2

图 7-7　添加"总进线"图示

提示

完整的楼房施工图中总进线也应该有电线的文字说明，这里因绘制的是套房平面图而省略此项。

完成电气系统图，从配电箱分出的各条电线的代号和走向已经确定，下面可以照此绘制室内线路的具体情况。

7.1.2　图例表

电气图使用规范的图例来表达室内施工中频繁出现的电气设备。图例表是电气图中很重要的一个内容，图例表与电气系统图一样，将会出现在电气图空白处的醒目位置。

如图 7-8 所示的是几个常见图例，本节以这 4 个图例为例介绍绘制方法。

图 7-8　部分常用图例

下面介绍线路图例的绘制方法。

选择"绘图"|"矩形"命令，从任意位置开始，通过相对坐标指定下一个角点为"@3,2"，绘制一个长度为 3、高度为 2 的矩形。

选择"绘图"|"直线"命令，使用对象捕捉选择前面绘制的矩形左边线的中点为第一点，然后使用极轴功能，向左绘制长度为 3 的水平直线，如图 7-9 所示。

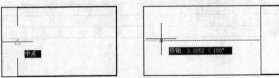

图 7-9　使用极轴功能绘制水平直线

 提示

本节涉及的图例都是较为简单的图形对象，介绍绘制方法时旨在说明如何合理利用软件高效准确地完成绘制。

在矩形的另外一侧使用同样的操作绘制直线，得到的图形如图 7-10 所示。

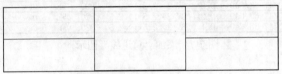

图 7-10　完成图形绘制

选择"绘图"|"文字"|"单行文字"命令，在命令提示区中按提示作如下输入。

```
命令：_dtext
当前文字样式：宋体　当前文字高度：2.0000
指定文字的起点或 [对正(J)/样式(S)]: j                          //改变对正方式
输入选项
[对齐(A)/调整(F)/中心(C)/中间(M)/右(R)/左上(TL)/中上(TC)/右上(TR)/左中(ML)/正中(MC)/右中(MR)/左下
(BL)/中下(BC)/右下(BR)]: m                                  //选择"中间"方式
指定文字的中间点：
```

接下来通过对象捕捉和对象追踪功能找到矩形的中心点作为文字的插入点，首先将光标放置在矩形的左边线的中点向右拖动，图形中将出现向右的追踪虚线，再将光标移动到矩形上边线的中点向下拖动，图形中出现向下的追踪虚线，沿虚线向下移动光标，到中间位置时两条追踪虚线同时出现，就捕捉到了两条虚线的交点，也就是矩形的中心，如图 7-11 所示，单击确定。

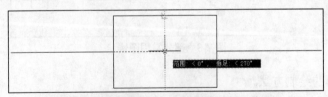

图 7-11　使用捕捉和追踪功能选择矩形中心

由于已经更改对齐选项，因此所建立的文字中心即为所选择的中心点，直接输入文字"ZM"并按 Enter 键确定，然后删除矩形，指定直线的线宽为 0.3mm，完成电线图示的绘制，如图 7-12 所示。

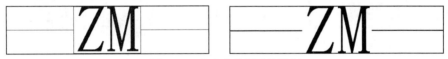

图 7-12　完成电线图示的绘制

接下来绘制开关图例，首先将光标置于状态栏中的"极轴"按钮上右击，选择弹出菜单中的"设置"命令，系统会弹出如图 7-13 所示的"草图设置"对话框，将其中的增量角设为 45°。

开启"极轴"功能，选择"绘图"|"直线"命令，在图形的任意位置单击开始绘制直线，找到 45°的极轴位置，直接输入"8"并按 Enter 键，得到一条角度为 45°、长度为 8 的直线。不必退出命令，继续绘制下一条直线，同样使用极轴找到 -45°的位置，绘制长度为 2 的直线。绘图过程如图 7-14 所示。

图 7-13　改变增量角

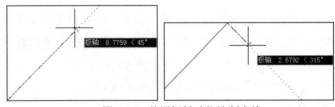

图 7-14　使用极轴功能绘制直线

选择"修改"|"偏移"命令，选择前面绘制的短直线，指定偏移距离为 2，将其向下方偏移，得到如图 7-15 所示的图形。

选择"修改"|"圆环"命令，在命令提示区中按照提示指定内径为 0、外径为 1，然后捕捉前面所绘制直线的下端点，在此处绘制一个内径为 0 的圆环，也就是一个实心圆，如图 7-16(a)所示。选择 3 条直线，指定线宽为 0.3mm，得到如图 7-16(b)所示的开关图示。

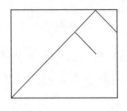

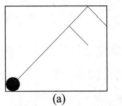

(a)　　　　　　　　(b)

图 7-15　偏移操作

图 7-16　完成开关图示

开启"极轴"功能，选择"绘图"|"直线"命令，在图形的任意位置单击开始绘制直线，绘制长度为 8 的水平直线，然后绘制长度为 2 的竖直直线，如图 7-17(a)所示。选择"修改"|"偏移"命

令，指定偏移距离为 0.5，将上方的水平直线向下偏移 3 次，再使用复制和粘贴命令将右侧的竖直直线复制到左边，得到如图 7-17(b)所示的图形。

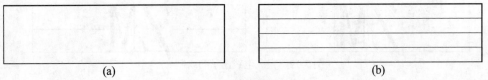

(a)   (b)

图 7-17 绘制和偏移直线

将上方第一条和第三条水平直线删除，指定余下的水平直线的线宽为 0.3mm，即可得到日光灯管的图示，如图 7-18 所示。

选择"绘图"|"直线"命令，在图形的空白处绘制长度为 2 的水平直线，再选择"绘图"|"圆弧"|"起点、圆心、端点"命令，选择直线的左端点作为圆弧起点、中点为圆弧圆心、右端点作为圆弧端点，得到如图 7-19 所示的图形。

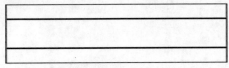

图 7-18 完成日光灯管图示

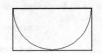

图 7-19 绘制直线和圆弧

选择前面绘制的直线和圆弧，右击，在弹出的快捷菜单中选择"复制选择"命令，指定图形的左端点作为基点，再以图形的右端点作为插入点，得到如图 7-20 所示的图形。

选择"绘图"|"直线"命令，在两个圆弧的下方顶点位置绘制直线。其中，左侧圆弧顶点处只绘制一条长度为 1 的竖直直线，右侧圆弧顶点处，绘制向左、向右和向下的 3 条长度为 1 的直线，如图 7-21 所示。

选择"绘图"|"填充"命令，以 SOLID 样式对两个圆弧和直线围成的封闭区域进行填充，并将图形中直线的线宽全部指定为 0.3mm，即可得到 2、3 孔组合插座的图示，如图 7-22 所示。

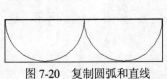

图 7-20 复制圆弧和直线

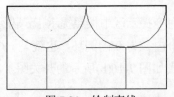

图 7-21 绘制直线

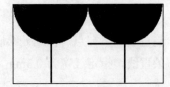

图 7-22 完成 2、3 孔组合插座图示

利用基本的命令和技巧就可以完成电气图中图例的绘制，因篇幅有限，这里不再赘述。为了完成图纸中的图例表，制表是不可缺少的一个步骤，下面介绍使用绘图命令完成表格及其中文字的绘制。

图例表中将要出现如下几种图例：照明线路、动力线路 1~4、单极开关、双联开关、三联开关、双联插座、日光灯管、壁灯、吸顶灯、配电箱和 3(多)根导线。为了在表格中包含这些设施的图示和说明，应该首先建立一个 15 行×2 列的表格。

选择"绘图"|"直线"命令，任意以一点为起始，绘制向右的长度为 80 的直线。选择"修改"|"阵列"|"矩形阵列"命令，在图形中选择前面绘制的直线为阵列对象，设置阵列的行数为 16，列数为 1，行间距为 4，阵列操作可以得到如图 7-23 所示的横线。

提示

　　在 AutoCAD 2010 的二维工作空间的"表格"控制台中，可以找到专门用于制表的命令，但对传统的 AutoCAD 用户来说，使用线条来绘制更为直接和常用。

　　选择最上方的一条横线，右击，在弹出菜单中选择"移动"选项，直接指定移动距离，将这条直线向上移动距离 1，使得表格的第一行宽度较大，成为表头。

　　选择"绘图"|"直线"命令，利用对象捕捉功能选择上方横线的左端点和下方横线的左端点，绘制一条竖线，选择这条竖线，选择"修改"|"偏移"命令，指定偏移距离为 30，将其向右偏移，生成中间竖线，再选择"绘图"|"直线"命令，绘制右端竖线，并适当增加表格外框的线宽，得到如图 7-24 所示的表格。

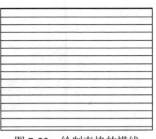

图 7-23　绘制表格的横线

　　选择"绘图"|"文字"|"单行文字"命令，修改对齐方式为"左下"，并且指定如图 7-25 所示的点为单行文字的插入点，指定文字高度为 2.5，随意输入文字内容，如图 7-25 所示。

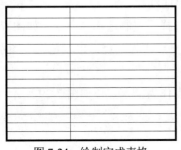

图 7-24　绘制完成表格

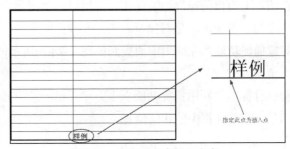

图 7-25　在左下角点插入文字

　　选择"修改"|"阵列"|"矩形阵列"命令，使用与前面直线类似的阵列操作将文字生成阵列，阵列的行数为 14，行距与表格行距相同，得到如图 7-26(a)所示的文字阵列。同样以左下角点作为插入点，在表格的表头两个空格中填入表头的内容，为"图示"和"说明"，文字高度为 3，如图 7-26(b)所示。

　　首先在表格中建立随意的文字内容并且用阵列生成到每一个表格位置，为了方便定位，省去每次插入文字都要指定对齐方式和插入点。现在只需逐个修改文字内容即可。双击每一个单行文字对象，就可对文字进行修改，在文字用黄色高亮显示的情况下可以进行修改，如图 7-27(a)所示。将说明文字修改为前面计划好的 14 种不同图示的说明，如图 7-27(b)所示。

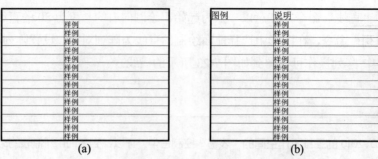

图 7-26　在表格中添加文字

图例	说明
	可以修改
	样例
	样例
	样例
	样例
	样例
	样例
	样例
	样例
	样例
	样例
	样例
	样例

(a)

图例	说明
	照明线路
	动力线路1
	动力线路2
	动力线路3
	动力线路4
	单极开关
	双联开关
	三联开关
	双联插座
	日光灯管
	壁灯
	吸顶灯
	配电箱
	三（多）根导线

(b)

图 7-27　修改图例表中的说明内容

　　接下来将绘制好的图示添加到图示表中，首先将照明线路的图示移动到表格中"图示"一行中的相应位置，如有必要，进行适当的缩放和移动，此时应当关闭对象捕捉、对象追踪和极轴功能，避免光标在图形中的自动捕捉影响操作，得到第一个图示，照明线路。

　　选择这个图示的全部图形对象，右击，在弹出的菜单中选择"复制选择"命令，如图 7-28(a)所示，开启对象捕捉功能，在图形中捕捉到如图 7-28(b)所示的交点作为基点，也就是这个图示所在单元格的左下角点。

　　根据命令行提示，利用捕捉功能以下方单元格的左下角点作为插入点，如图 7-29 所示，即可将图示复制到第二个单元格中的相同位置。

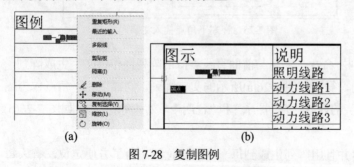

图 7-28　复制图例　　　　　　　　　　　　　　　　图 7-29　捕捉插入点

　　对复制所得的图示进行文字修改，得到第二个图示，动力线路 1，如图 7-30 所示。

　　在 AutoCAD 2013 中填充表格的内容，使用前面的这种方法可以获得很好的对齐，提高制表的效率。继续添加图例表中其他的图示，便可得到完整的图例表，如图 7-31 所示。

图示	说明
—ZM—	照明线路
—DL1—	动力线路1
	动力线路2
	动力线路3
	动力线路4

图 7-30　得到第二个图示

图例	说明
—ZM—	照明线路
—DL1—	动力线路1
—DL2—	动力线路2
—DL3—	动力线路3
—DL4—	动力线路4
	单极开关
	双联开关
	三联开关
	双联插座
	日光灯管
	壁灯
	吸顶灯
	配电箱
	三（多）根导线

图 7-31　完整的图例表

提示

在图示一栏中绘制重复或相似的对象时，除了利用带基点复制和粘贴操作之外，也可以使用前面提到过的阵列操作。用户可根据需要灵活选用。

7.1.3　绘制电气单元图示

将提取出的墙体平面图打开，如图 7-32 所示。

首先在图中添加如图 7-33 所示的各个部分，包括前面绘制的电气系统图、图例表、图题和比例尺，使之成为完整的强电系统施工图，如有要求，还应该加上图框和标题栏，此处不再赘述。

下面开始绘制室内的电气单元，在图纸中建立"电气单元"图层，并在此图层中进行绘制。

首先在 M1 门的入口处绘制如图 7-34 所示的配电箱，室内的总进线是从这里进入并分配给各个用电设备的。直接使用图例表中的配电箱图示，将其复制到图形中进门靠墙的位置。

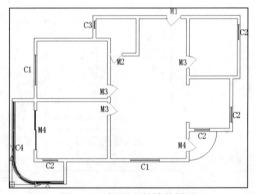

图 7-32　提取出的墙体图形

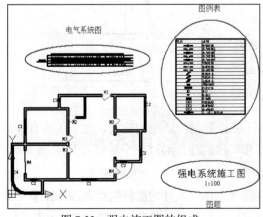

图 7-33　强电施工图的组成

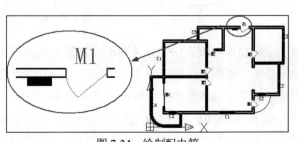

图 7-34　绘制配电箱

接下来再绘制客厅中的灯具图示，打开前面已经绘制的"客厅顶棚图"，将其中的灯具内容复制到当前的图形中来，可以得到如图 7-35 所示的灯具位置。

提示

电气施工图中不标注尺寸，灯具的位置是在顶棚平面图中确定的。

图中的顶灯和壁灯的位置处均有关键点可以选中，将图例表中的图示复制并粘贴到这些位置，之后删除导入进来的顶棚灯具图示，如图 7-36 所示。

在如图 7-37 所示的两个位置添加客厅的插座图示。插座图示的直线端点应该在墙体内壁上，半圆的端面朝外。

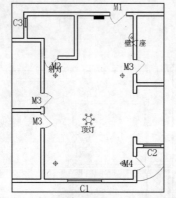

图 7-35　导入顶棚平面图中的灯具位置

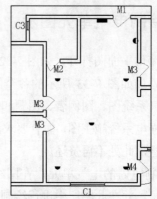

图 7-36　添加客厅的电气图示

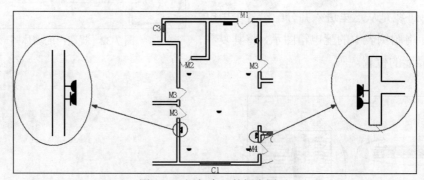

图 7-37　添加客厅的插座图示

继续复制图例表中的开关图示，并插入到图形中的相应位置，作适当的旋转，使开关的直线部分位于墙体外侧，如图 7-38 所示。其中，进门处的壁灯和客厅的顶灯通过一个单极开关控制，客厅四角的顶灯分为两组，分别用一个双联开关控制。

接下来，绘制卫生间内的灯具和插座。首先在图例表中选择吸顶灯的图例，使用右键菜单中的"复制选择"命令，以圆心为基点，插入到图形中卫生间室内的左下角位置。再选择插入的图示，对它进行移动，指定移动的坐标为(6,9.5)，将吸顶灯移动到预计的位置，如图 7-39 所示。

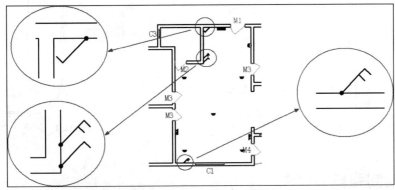

图 7-38　添加客厅的开关图示

 提示

　　虽然本书并未介绍卫生间顶棚平面图，但完整的顶棚图在图纸中是必需的。

　　然后绘制卫生间中的插座和开关，卫生间中的插座是为热水器等电器而备，开关则是控制卫生间中的顶灯，插座在墙体上的方位与前面介绍的类似，如图 7-40 所示。

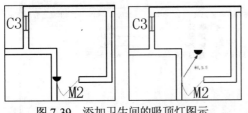

图 7-39　添加卫生间的吸顶灯图示

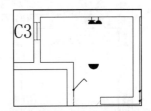

图 7-40　卫生间的插座和开关图示

　　按照与前面类似的方法绘制其他房间中的灯具、插座和开关。

　　房间 1 中的布置如图 7-41(a)所示，其中包括位于房间中心位置的顶灯、控制顶灯的开关和两个插座。房间 2 的布置与房间 1 基本类似，如图 7-41(b)所示。

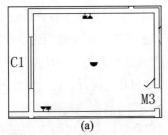
(a)

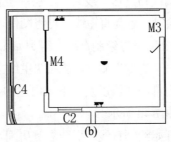
(b)

图 7-41　房间 1 与房间 2 的电气图示

　　房间 3 与厨房的布置如图 7-42 所示，这两个房间内均设置一个顶灯和一个双联插座。

　　阳台的布置如图 7-43 所示，设置 3 个日光灯管以及 1 个三联开关。

163

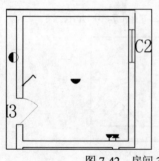

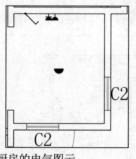

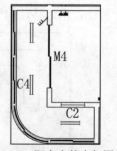

图 7-42　房间 3 和厨房的电气图示　　　　　图 7-43　阳台上的电气图示

7.1.4　绘制强电系统图

完成室内电气单元的图示后，绘制线路将配电箱和各个用电设备连接起来，就构成电气系统施工图。按照线路性质的不同，将强电系统绘制成为单独的图纸。

在图纸中建立"线路"图层，并将此图层的默认线宽设置为 0.3mm，如图 7-44 所示。选择"墙与门窗"图层中的全部对象，也就是墙体线，将线宽设置为"默认"。电气图侧重于电气系统，因此电气单元和线路应为粗线条，墙体线则为细线。

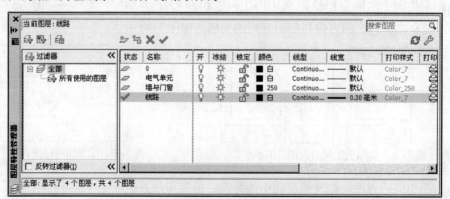

图 7-44　设置"线路"图层的线宽

首先绘制照明线路，在"线路"图层中进行绘图，选择"绘图"|"直线"命令，以配电箱上任意一点为起点，绘制一条竖直短线，再将图例表中的"ZM"复制到这条竖直短线下方，继续使用直线命令在"ZM"文字下方绘制直线，得到如图 7-45 所示的图形。这是照明的主线路。

选择"绘图"|"直线"命令，从照明主线上一点绘制直线至壁灯，再从壁灯开始继续绘制直线，绘制向上至墙体内部的直线以及接下来向左的直线，连接到开关位置。这是壁灯的供电线路，连接壁灯和开关，如图 7-46 所示。

继续从壁灯开始绘制直线，引至右侧房间 3 的开关和壁灯，完成房间 3 的照明线路的绘制，如图 7-47(a)所示。在这种布置下，从照明主线引出的线路应该有两条，主线至壁灯部分的线路应该加上多条线路的图示，选择"绘图"|"直线"命令，在这条线路上绘制倾斜 45°的短线，如图 7-47(b)所示。

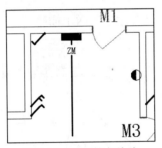

图 7-45　照明的主线路

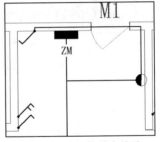

图 7-46　壁灯的供电线路

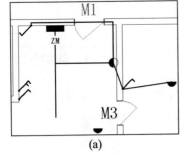

(a)

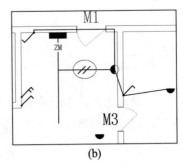

(b)

图 7-47　绘制壁灯和房间 3 的供电线路

继续绘制其他的供电线路，方法与前面所提到的类似，使用直线连接室内的各个照明设备，对多根线路重合的位置添加图示。

如图 7-48 所示的是客厅顶灯和厨房顶灯的照明线路，从主线路引出至客厅右上角顶灯的线路为 6 根，之后分开至各个顶灯。

如图 7-49 所示的是卫生间、房间 1、房间 2 与阳台的照明线路，也包括 6 根线路，3 个顶灯和 3 个日光灯管。

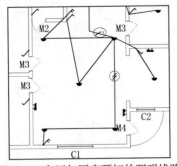

图 7-48　客厅与厨房顶灯的照明线路

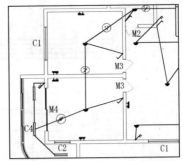

图 7-49　卫生间、房间 1、房间 2 与阳台的照明线路

照明线路已绘制完毕，下面绘制各个插座的供电线路，也就是前面提到的线路"动力 1"至"动力 4"，绘制方法与照明线路类似，从配电箱输出的线路应该在靠近引出点的位置添加线路图示，说明是哪一条动力线路。

如图 7-50 所示是动力线路 1 的绘制，从配电箱引出，包括 4 条线路，分别连接到房间 1 和房间 2 中的 4 个插座。

如图 7-51 所示是动力线路 2 的绘制，此条线路连接到的是客厅中的两个插座。

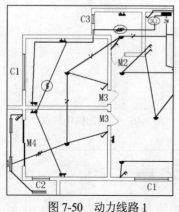

图 7-50　动力线路 1

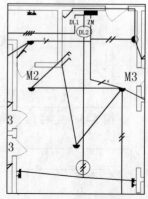

图 7-51　动力线路 2

如图 7-52 所示是动力线路 3 的绘制，此条线路连接到房间 3 和厨房的插座。

如图 7-53 所示是动力线路 4 的绘制，此条线路连接到卫生间的插座。

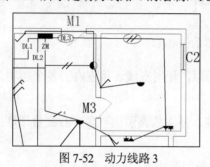

图 7-52　动力线路 3

图 7-53　动力线路 4

至此，强电系统施工图的绘制完成。最终的强电系统施工图如图 7-54 所示。

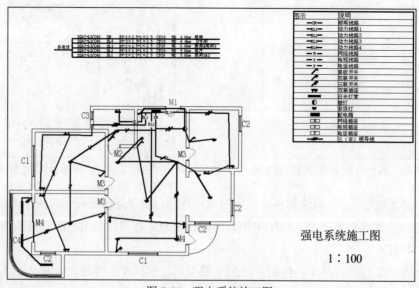

图 7-54　强电系统施工图

7.1.5 绘制弱电系统图

弱电系统施工图的布局和绘制与强电系统施工图类似，也应该包含图例表、图题和比例尺，弱电系统图中使用的图例如图 7-55 所示。

图示	说明
—W—	网络线路
—TV—	电视线路
—TP—	电话线路
⊥W⊥	网络插座
⊥TV⊥	电视插座
⊥TP⊥	电话插座
▭W▭	网络进线箱
▭TV▭	电视进线箱
▭TP▭	电话进线箱

图 7-55　弱电系统图的图例表

弱电系统图中单个图例的绘制方法与强电系统图相似，在 7.1.4 节已经具体介绍，这里不再赘述。弱电系统图中体现的就是从室内总的弱电进线到各房间插座的连接，以及各个房间内插座的布置。

将墙体线复制到当前绘制的"弱电系统图"文件中，在文件中建立一个图层，命名为"弱电系统"，因弱电系统图中的内容较少，故将弱电器件和线路全部绘制在这一个图层中。

首先布置室内的弱电进线的位置，如图 7-56 所示，在进门位置，也就是强电配电箱的位置，绘制一个弱电进线箱图示，方框内说明文字为"W/TV/TP"，表示网络、电视和电话的进线箱都在此处。

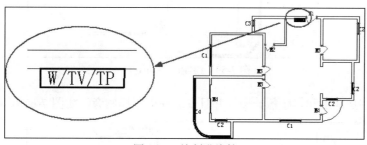

图 7-56　绘制进线箱

选择"绘图"|"直线"命令，从进线箱上一点引出直线，添加如图 7-57 所示的文字说明，弱电进线箱一般不暴露在外。

图 7-57　添加文字说明

在房间 1、房间 2 和客厅绘制电视插座，如图 7-58 所示。应注意电视插座图示的方向，文字一端朝墙外，短直线的端点在墙内壁上。考虑到电视插座使用较多，因此两个房间和客厅均加以设置。

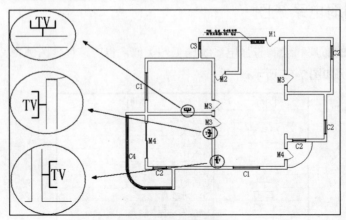

图 7-58   绘制电视插座

下面绘制网络插座，网络插座一般仅在房间使用，因此在房间 1 和房间 2 各设置一个网络插座，如图 7-59 所示。

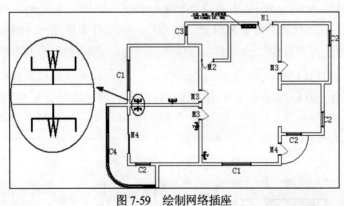

图 7-59   绘制网络插座

电话插座则是在房间 1 和客厅各一个，并且安放在电视插座旁，如图 7-60 所示。

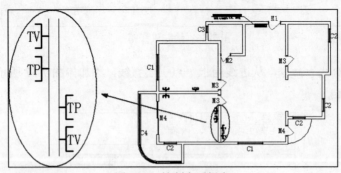

图 7-60   绘制电话插座

接下来，使用直线将进线箱与各插座连接起来，按照图例表中所示对每条线路进行说明。如图 7-61 所示，就完成了弱电平面图的绘制。

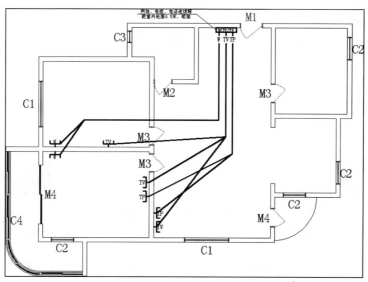

图 7-61　完成的弱电平面图

7.2　给排水平面图

完整的室内给排水施工图涉及一幢建筑物中给排水管道的布置和设备的安装情况，它通过给排水平面图、系统图和详图等多种图纸来详细表达建筑物的给排水系统。本书的实例为一个套房而不涉及完整的建筑物，因此这一实例仅介绍给排水平面图的绘制，给排水平面图可以表达室内管道的大体布置情况。

7.2.1　图例表

与 7.1 节的电气系统图一样，给排水平面图也从绘制图例表开始。

操作步骤与 7.1 节相同，复制墙体线到"给排水平面图"文件，建立新的图层，命名为"给排水图"，设置默认线宽为 0.3mm，以下绘图过程均在此图层中进行。

选择"绘图"|"直线"命令，任选一点作为起点，利用极轴功能，以 45°绘制一段长度为 1 的直线，再次选择同一命令，以同一点为起点，以 135°绘制一段长度为 1 的直线，重复上面的操作，分别以角度为 225°和 315°绘制长度为 1 的直线，得到一个 X 形的图形，如图 7-62 所示。这是给水接口的图示，如水龙头和热水器的入口等。

选择"绘图"|"矩形"命令，在任意位置绘制一个长度为 4，宽度为 2 的矩形，如图 7-63(a)所示，然后选择"绘图"|"多段线"命令，在命令提示区中按照提示作如下输入。

命令: pl
PLINE
指定起点:　　　　　　　　　　　　　　　　　//捕捉矩形左边中点为起点

当前线宽为 0.0
指定下一个点或 [圆弧(A)/半宽(H)/长度(L)/放弃(U)/宽度(W)]: w
指定起点宽度 <0.3000>: 2
指定端点宽度 <3.0000>: 0

接下来使用对象捕捉功能，选择矩形右边中点为端点，并按 Enter 键确定，得到如图 7-63(b)所示的图形，这是水表的图示。

图 7-62　给水接头图例

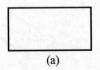
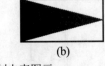

(a)　　　　　　(b)

图 7-63　绘制水表图示

选择"绘图"|"圆环"命令，在命令提示区中指定圆环的外径 (直径) 为 2，内径为 0，在任意位置绘制圆环，再选择"绘图"|"多段线"命令，捕捉圆环的圆心为起点，指定首尾线宽均为 0.3，向上绘制长度为 2 的多段线，再以多段线的上方为端点，向左和向右绘制两条长度为 1 的多段线，如图 7-64 所示。这是截止阀的图示符号。

选择"绘图"|"圆"|"圆心、半径"命令，以任意点为圆心、1 为半径，绘制圆，再使用同样命令，在同一圆心处绘制半径为 0.3 的圆，再选择"绘图"|"直线"命令，捕捉如图 7-65(a)所示的大圆的右侧象限点作为起点，向右绘制一条适当的短线，这是排水孔的图示，如图 7-65(b)所示。

图 7-64　绘制截止阀图示

(a)　　　　　　(b)

图 7-65　绘制排水孔图示

水管则直接用线表示，使用这个图层中的默认线宽 0.3mm，如图 7-66 所示。其中，实线表示生活用水进水管、实线上面加上字母 R 表示热水进水管，虚线则表示排水管；虚线的线型为 ACADISO02W100，线型比例为 0.3。

选择"绘图"|"矩形"命令，在图形的任意位置绘制长和宽分别为 5 和 8 的矩形，并且绘制出矩形的对角线以得到交点，如图 7-67(a)所示。再选择"绘图"|"椭圆"|"中心点"命令，以矩形对角线交点也就是矩形中心为中心点，指定椭圆的长半轴和短半轴长度为 2 和 3，绘制椭圆，再以此点为圆心绘制半径为 0.3 的圆，最后删掉作为辅助线的矩形对角线，如图 7-67(b)所示。这是面盆图示，此图示非排水系统主要设备，采用细线条绘制。

选择"绘图"|"矩形"命令，在图形的任意空白处绘制长度为 3、高度为 6 的矩形，选择"绘图"|"椭圆"|"中心点"命令，如图 7-68(a)所示，以矩形的左下角点作为中心点，绘制一个长半轴长度为 5，短半轴长度为 2.5 的椭圆；选择"修改"|"移动"命令，将矩形向下移动 3，向左移动 4，

效果如图 7-68(b)所示。选择"修改"|"修剪"命令，选择矩形作为剪切边，将椭圆与矩形相交的部分剪掉，随后将椭圆位于矩形左边的部分删除，如图 7-68(c)所示，最后选择"绘图"|"圆"|"圆心、半径"命令，在椭圆中心点位置绘制出半径为 0.3 的圆，如图 7-68(d)所示。这是马桶图示，与前面的面盆类似，也采用细线绘制。

图 7-66　水管图例

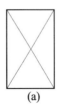

图 7-67　绘制面盆图示

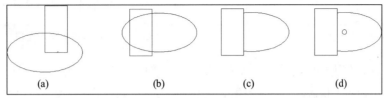

图 7-68　绘制马桶图示

选择"绘图"|"矩形"命令，在图形的任意空白处绘制矩形，长度为 5，高度为 8。然后选择"修改"|"偏移"命令，指定偏移距离为 0.5，选择前面绘制的矩形，将它向内偏移，生成一个较小的矩形，之后在大矩形的左下角绘制半径为 0.3 的圆，再移动到相对位置为(2.5,6)的位置，得到如图 7-69 所示的洗涤池图示。

使用 7.1 节中介绍的制表的方法，制作出图例表，如图 7-70 所示。

图 7-69　绘制洗涤池图示

图例	说明
——————	进水管
——R——	热水进水管
– – – – –	排水管
✕	进水接口
▣◢	水表
♦	截止阀
◉	排水漏斗孔

图 7-70　图例表

> 提示
>
> 马桶和面盆属于说明性质的图示，因此没有放在图例表中。

7.2.2　绘制给排水平面图

绘制给排水平面图，首先定位室内的用水和排水设备。将马桶和面盆的图示移动到图形中，马桶和面盆图示中的小圆即为排水孔的图示,如图 7-71 所示。

在马桶和面盆图示上绘制给水接口,其中马桶上有一个给水接口,面盆上有两个给水接口,分别为冷水和热水龙头,如图 7-72 左图所示。卫生间内还有另外的给排水接口,在卫生间右上角有冷热水龙头,是为淋浴而设置的,卫生间地面上还有一个排水漏斗孔,将这两个图示也添加到图形中,如图 7-72 右图所示。

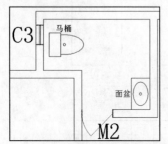
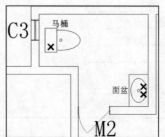
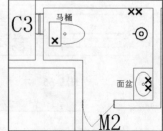

图 7-71　将用水设备图示添加到卫生间中　　　　图 7-72　卫生间给排水接口

使用同样的方法,将厨房的给排水设备洗涤池和给水接口添加到图形中,洗涤池只有冷水的龙头,此外在厨房下方的小阳台上也添加一个漏斗孔,因为小阳台为非封闭式,需要考虑排水,如图 7-73 所示。

从图例表中复制水表和截止阀到卫生间,在水管引入室内的位置加以文字说明,截止阀在水表出口,防止水的回流,如图 7-74 所示。

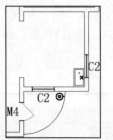
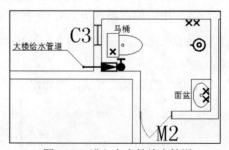

图 7-73　厨房和小阳台给排水接口　　　　　图 7-74　进入室内的给水管道

从水表和截止阀处绘制两条管道,冷水和热水,使用默认线宽为 0.3mm 的实线,如图 7-75 所示。延长冷水和热水管至墙体内,构成如图 7-76 所示的布置。

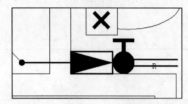
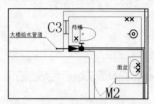

图 7-75　绘制入口处的冷热水管　　　　　图 7-76　绘制主管道的布置

从各给水接口绘制直线,使用水平和竖直直线将各接口连接至主管道上,如图 7-77(a)所示。再使用"修改"|"修剪"命令,将主管道上超出连接节点的部分线条剪去,保留一条通往厨房方向的冷水管,如图 7-77(b)所示。

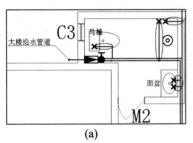
(a)

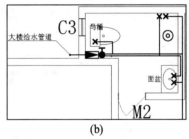
(b)

图 7-77　连接给水接口至主管道

使用类似的方法绘制排水管道，与图例表中类似，使用较粗的 0.6mm 线宽以及线型比例为 0.1 的虚线，在卫生间右侧墙体外的排水管出口添加文字说明为"大楼排水管道"，如图 7-78 所示。

提示

管道在室内按照铺设在地面之下和墙体内安装的方法布置，立体图和详图本书不作介绍。

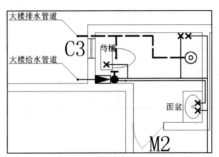

图 7-78　绘制卫生间的排水管道

继续绘制厨房的给排水管道，延长给水主管道至厨房，连接到厨房洗涤池的给水接口，绘制方法与前面所介绍的相同，在厨房和小阳台中间有另一个大楼排水管道，将洗涤池的排水孔和小阳台的漏斗排水孔连接到这一点，如图 7-79 所示。

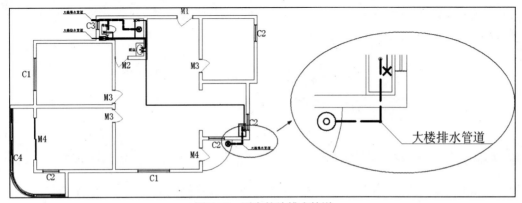

图 7-79　厨房的给排水管道

173

最后，添加图题"给排水平面图"和比例尺"1:100"，将图例表移动到适当的位置，完成给排水平面图的绘制，如图 7-80 所示。

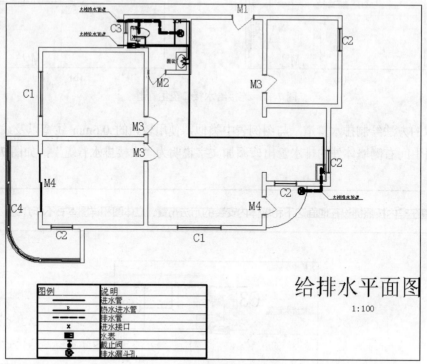

图 7-80 完成的给排水平面图

第8章　家具造型与室内设施

　　家具是房间效果图和布置图中非常重要的组成部分，能反映空间的布局以及整个装潢风格。在建筑装潢图中，需要各种各样的家具图样和效果图来表达家具和室内设施的形态和位置尺寸关系，各类家具是建筑装潢空间的附属设施，而对于室内设施来说则是建筑装潢空间的主要设施。对于一套完整的建筑装潢图纸来说，室内三维效果图是各类平面图的良好补充。有了室内三维效果图，设计施工人员可以清晰地了解各类三维家具以及各类三维设施在三维空间的具体位置以及房间的三维构造。

　　本章将介绍室内家具和设施建模的方法，家具是可以单独绘制、任意摆放的，室内设施的建模是定位在场景中的，因此合理选择绘图的顺序和使用坐标系是值得注意的问题。虽然两者使用的命令类似，但室内设施建模在方法和思路上与家具建模有着一定的区别。

8.1 家具造型——组合床

本节将通过一个组合床案例来展现家具造型方法。为了更好地展现三维建模的方法和技巧，安排了 3 个部分的建模：床、床头柜和台灯。3 个部分各有特点，需要用到不同的建模技巧，这些技巧包括：直接创建与合并实体、通过拉伸或旋转二维对象得到实体、UCS 的应用和放样功能等。通过这一实例的学习，读者可以对三维建模有较为深入的了解，具备绘制一般三维实体的能力。

启动 AutoCAD 2013，建立一个新的文件，命名为"组合床"。在图形中建立 3 个图层，放置 4 个部分的实体，图层的名称分别为"床"、"床头柜"和"台灯"。

8.1.1 绘制床

在"床"图层中进行双人床的实体建模。

选择"绘图"|"建模"|"长方体"命令，也可单击"建模"工具栏上的相应按钮或在命令提示区输入命令名称"BOX"并按 Enter 键。用指定角点的方式输入参数，创建一个长方体模型，两个角点分别为(0,0,0)和(2050,1600,300)，如图 8-1 所示。

选择"绘图"|"矩形"命令，也可以单击"绘图"工具栏上的相应按钮或在命令提示区输入命令名称 REC 并按 Enter 键，在命令提示区作如下输入。

```
命令: rec
RECTANG
指定第一个角点或 [倒角(C)/标高(E)/圆角(F)/厚度(T)/宽度(W)]: 50,50,300
指定另一个角点或 [面积(A)/尺寸(D)/旋转(R)]: d          //输入 d 并按 Enter 键，按尺寸方式给出
指定矩形的长度 <2000.0000>:                          //X 方向长度
指定矩形的宽度 <1500.0000>:                          //Y 方向长度
指定另一个角点或 [面积(A)/尺寸(D)/旋转(R)]:           //用光标选择一个矩形的方向
```

矩形按照给定角点和尺寸的方式指定，可以看到，绘制的矩形总是在与 XY 轴平行的平面上，如图 8-2 所示。

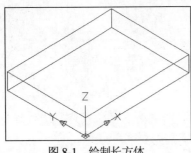

图 8-1　绘制长方体

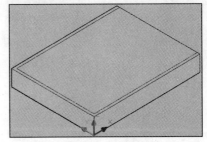

图 8-2　绘制矩形

将前面绘制的矩形生成为面域，然后选择"绘图"|"建模"|"拉伸"命令，也可以单击"建模"

工具栏上的相应按钮或在命令提示区输入名称 EXTRUDE 并按 Enter 键,指定拉伸高度为﹣50,得到如图 8-3 所示的拉伸实体。

选择"修改"|"实体编辑"|"差集"命令,也可以单击"建模"工具栏中的相应按钮或在命令提示区输入命令名称 SUBTRACT 并按 Enter 键,首先选择前面绘制的较大长方体,按 Enter 键确定,作为差集的主体;然后选择拉伸得到的长方体,按 Enter 键确定,从主体中减去后者,得到如图 8-4 所示的实体。

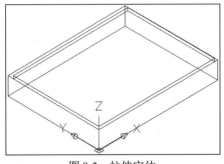

图 8-3　拉伸实体

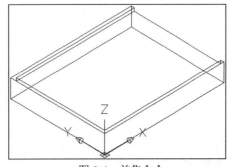

图 8-4　差集命令

将视觉样式改为"概念",可以看到此时的实体如图 8-5 所示,这是床的主体,中间减去的凹形尺寸为 2m×1.5m,是准备放置床垫的位置。

下面使用对象捕捉的方法绘制另外一个长方体。选择菜单项进入长方体命令,命令提示区显示:

```
-box
指定第一个角点或 [中心(C)]:
```

使用对象捕捉功能捕捉到图 8-6 中圈出的实体角点,作为长方体的第一点。

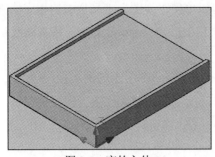

图 8-5　床的主体

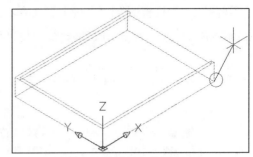

图 8-6　捕捉长方体的第一点

此时命令提示区显示如下,将光标沿 X 轴的棱边移动,此时工作界面中出现如图 8-7 所示的虚线,表示此时光标所选择的方向是在 X 轴的延长线上,直接在命令提示区输入"100"并按 Enter 键,程序将会选择虚线所示方向上的线段作为长方体的边,长度为 100。

```
指定其他角点或 [立方体(C)/长度(L)]:1
指定长度 <100.0000>: 100
```

接下来，命令提示区显示"指定宽度"的提示，使用光标捕捉如图 8-8(a)所示的角点以确定矩形的 Y 方向边长，此时工作界面中将会可视化地显示出长方体的 XY 截面的形状，最后为长方体指定一个高度，直接输入"400"并按 Enter 键，如图 8-8(b)所示。

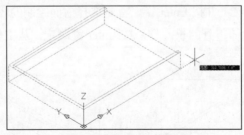

图 8-7　捕捉长方体的长度

指定宽度 <1599.8966>:	//捕捉如图 8-8 左图所示的角点
指定高度或 [两点(2P)] <400.0000>: 400	

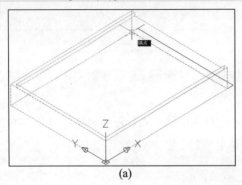
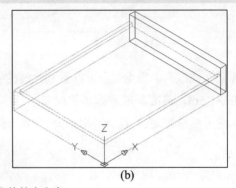

(a)　　　　　　　　　　　　　　(b)

图 8-8　指定长方体的宽和高

选择"视图"|"三维视图"|"左视图"命令，也可以单击"视图"工具栏中的相应按钮或者在命令提示区输入命令名称 VIEW，按 Enter 键之后再输入 LEFT，按 Enter 键，将三维视图改换为左视图的平面视图。

在这个视图中绘制矩形，按照如下的输入参数，可得到如图 8-9 所示的图形。

```
命令:_rectang
指定第一个角点或 [倒角(C)/标高(E)/圆角(F)/厚度(T)/宽度(W)]: 50,400
指定另一个角点或 [面积(A)/尺寸(D)/旋转(R)]: -1650,900
```

提示

可以看到，当改换三维视图为"左视"平面视图时，坐标系也发生了相应的变化，原点保持不变而坐标轴改变，而此时的二维绘图也发生在当前的 XY 平面上。

继续在此视图中绘制圆，捕捉矩形上方的两个交点，绘制两个半径为 200 的圆，如图 8-10 所示。

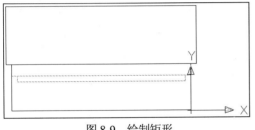

图 8-9　绘制矩形

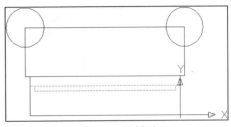

图 8-10　绘制圆

选择"绘图"|"边界"命令，或者在命令提示区输入命令名称 BOUNDARY 并按 Enter 键，系统将会弹出如图 8-11(a)所示的"边界创建"对话框。在其中的"对象类型"下拉菜单中选择"面域"命令，单击"拾取点"按钮，在如图 8-11(b)中虚线所示区域的中间任意一点单击，将这个区域选中，按 Enter 键确定，回到对话框，单击"确定"按钮，将这个区域生成为面域。

(a)

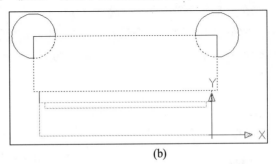

(b)

图 8-11　由边界生成面域

选择"视图"|"三维视图"|"西南等轴测"命令，也可以单击"视图"工具栏中的相应按钮或者在命令提示区中输入命令名称 VIEW，按 Enter 键之后再输入 SWISO，按 Enter 键，将三维视图改换为西南等轴测。可以看到，前面绘制的面域在坐标系的 XY 平面上，且坐标系仍然保持为左视图的坐标系，如图 8-12 所示。如果需要改变坐标系，可以在 UCS II 工具栏的 UCS 下拉菜单中选择"世界"命令，如图 8-13 所示。

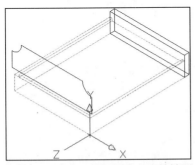

图 8-12　改变三维视图为西南等轴测

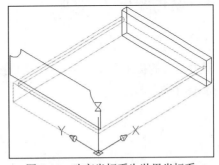

图 8-13　改变坐标系为世界坐标系

对这个面域进行移动操作，向 X 轴方向移动 2150，其他轴不作改变，面域被移动到如图 8-14 所示的位置。

选择这个面域，进行拉伸，拉伸高度为 50，如图 8-15 所示。

179

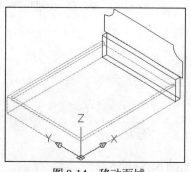

图 8-14　移动面域

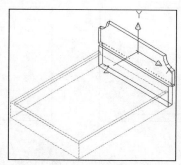

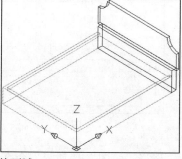

图 8-15　拉伸面域

提示

　　对图 8-15 所示的左右两图的说明：在拉伸过程中，坐标系实际上发生了改变，拉伸时工作界面中显示出的坐标系将面域所在的面置为 XY 平面，如左图所示，拉伸之后坐标系自动恢复，如右图所示。因此可以说，在 AutoCAD 中，拉伸总是在 Z 轴方向上进行的，其他三维命令也有类似之处。

　　选择"修改"|"圆角"命令，也可以单击"修改"工具栏中的按钮或在命令提示区中输入命令名称 FILLET 并按 Enter 键，进入圆角命令，命令提示区显示如下。

　　命令:_fillet
　　当前设置: 模式 = 修剪，半径 = 0.0000
　　选择第一个对象或 [放弃(U)/多段线(P)/半径(R)/修剪(T)/多个(M)]:

　　按照命令提示区中的提示，选择如图 8-16 左图圈出的 4 段短线中的任意一段，此时命令提示区将会显示如下。

　　输入圆角半径或 [表达式(E)]: 50
　　选择边或 [链(C)/环(L)/半径(R)]:
　　……
　　已选定 4 个边用于圆角。

　　在"选择边"的提示下，将 4 段短线的另外 3 段选中，最后按 Enter 键确定。这 4 条边将会被圆角，如图 8-16 右图所示。

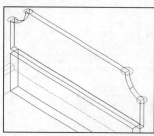

图 8-16　三维圆角

提示

圆角命令主要针对二维对象设计，所以应用到三维实体时需要注意它的特点，首先选择一个需要圆角的棱边，之后再将需要圆角的全部棱边都选中，以完成圆角。下面将要提到的倒角命令在三维实体上的应用同样需要特别注意这点。

下面对外侧棱边进行倒角。选择"修改"|"倒角"命令，也可以在"修改"工具栏中单击相应按钮或在命令提示区中输入命令名称 CHAMFER 并按 Enter 键，进入倒角命令。

命令提示区将会显示如下。

```
命令: _chamfer
("修剪"模式) 当前倒角距离 1 = 0.0000，距离 2 = 0.0000
选择第一条直线或 [放弃(U)/多段线(P)/距离(D)/角度(A)/修剪(T)/方式(E)/多个(M)]:
```

在如图 8-17 中圈出的位置单击，图中将会有一个面的边界变为虚线显示，如图 8-17 中的上端面所示。

边界显示为虚线的面为倒角操作的对象，也就是倒角操作将要在这个面的边界上进行，而此时需要进行倒角的不是这个面，因此在命令提示区的"输入曲面选择选项"提示下，输入 N 并按 Enter 键。

```
输入曲面选择选项 [下一个(N)/当前(OK)] <当前(OK)>: n
```

程序自动改变虚线标出的面，如图 8-18 所示，这正是倒角操作需要进行的面，按 Enter 键确定。

接下来输入倒角的距离，"基面倒角距离"为倒角在前面所选面上的距离，"其他曲面倒角距离"则为其他曲面上倒角的距离，这两个数值均设置为 50，如下所示：

```
输入曲面选择选项 [下一个(N)/当前(OK)] <当前(OK)>:        //按 Enter 键确定
指定 基面 倒角距离或 [表达式(E)]:50
指定 其他曲面 倒角距离或 [表达式(E)] <50.0000>:50        //指定两个倒角距离
选择边或 [环(L)]:                                      //选择要倒角的边
……
```

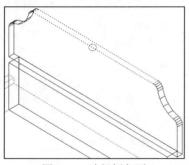

图 8-17　选择倒角面

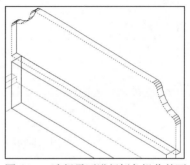

图 8-18　选择需要进行倒角操作的面

在命令提示区"选择边"的提示下，选择要进行倒角的边。前面选定的曲面，给出了倒角操作施行的范围，从中选择实际施行操作的边，如图 8-19 所示，选中的是除最下端棱边以外的端面上的全部棱边。

按 Enter 键确定，对这些棱边进行倒角，效果如图 8-20 所示。

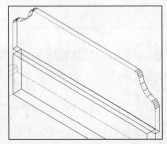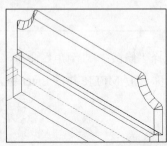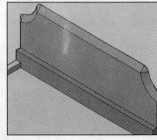

图 8-19　选择倒角棱边　　　　　　　　　　　　图 8-20　倒角效果

改换三维视图为左视图，操作与前面类似，在这个平面视图中绘制矩形和圆，其中矩形的角点为(0,400)与(-1600,600)，圆的圆心为(-800，-500)、半径为 1300，如图 8-21 中的加粗线条所示。

选择"修改"|"修剪"命令，也可以单击"修改"工具栏中的相应按钮或在命令提示区中输入命令名称 TRIM 并按 Enter 键，在"选择对象"提示下，直接按 Enter 键，将全部的图形对象作为修剪边，使用光标单击，修剪掉矩形内部的圆弧以及圆内部的矩形上边线部分，如图 8-22 所示。

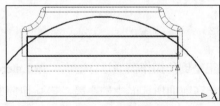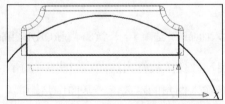

图 8-21　绘制矩形与圆　　　　　　　　　　　　图 8-22　修剪

将三维视图改换为西南等轴测，将多余的线条删除，并将由部分矩形和圆组成的封闭线条生成为面域，如图 8-23 所示。

将这个面域向 X 轴方向移动 2100，并且在这个位置对面域进行拉伸，拉伸高度为 50，得到如图 8-24 所示的拉伸实体。

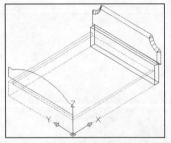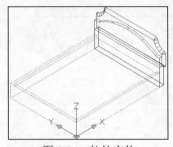

图 8-23　改换三维视图并生成面域　　　　　　　图 8-24　拉伸实体

选择"修改"|"实体编辑"|"旋转面"命令，也可以单击"实体编辑"工具栏中的相应按钮或

在命令提示区中输入命令名称 SOLIDEDIT 并按 Enter 键，依次输入 FACE 和 ROTATE 选项，进入旋转面命令，如下所示。

> 命令: _solidedit
> 实体编辑自动检查:　SOLIDCHECK=1
> 输入实体编辑选项　[面(F)/边(E)/体(B)/放弃(U)/退出(X)] <退出>: _face
> 输入面编辑选项
> [拉伸(E)/移动(M)/旋转(R)/偏移(O)/倾斜(T)/删除(D)/复制(C)/颜色(L)/材质(A)/放弃(U)/退出(X)] <退出>: _rotate

在命令提示区中的"选择面"提示下，将光标置于如图 8-25 所示的虚线面中的任意位置单击，选择这个面，然后按 Enter 键确定，如下所示:

> 选择面或 [放弃(U)/删除(R)]: 找到一个面。
> 选择面或 [放弃(U)/删除(R)/全部(ALL)]:　　　　　　　　　　//按 Enter 键确定

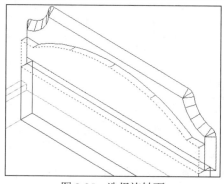

图 8-25　选择旋转面

选定旋转面之后，在命令提示区的提示下，制定旋转轴和旋转角度，完成这个面的旋转，旋转轴由光标捕捉轴上两点确定，这两点分别如图 8-26 所示。

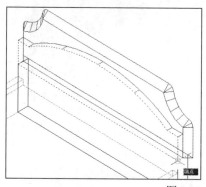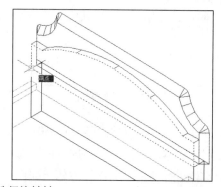

图 8-26　选择旋转轴

> 指定轴点或 [经过对象的轴(A)/视图(V)/X 轴(X)/Y 轴(Y)/Z 轴(Z)] <两点>:
> 　　　　　　　　　　　　　　　　　//选择第一点，如图 8-26 左图所示
> 在旋转轴上指定第二个点:　　　　　　//选择第二点，如图 8-26 右图所示
> 指定旋转角度或 [参照(R)]: 5　　　　//指定旋转角度

完成旋转面之后的实体，效果如图 8-27 所示。

提示

　　轴线的选择有方向之分，总是以所选第一点指向第二点为正方向的，并由右手定则决定了角度旋转的正方向。

对图 8-28 所示的两处进行圆角操作，圆角半径为 20。

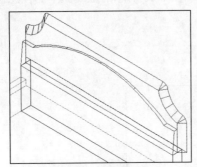

图 8-27　完成旋转面

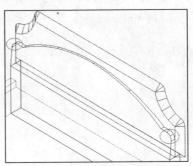

图 8-28　圆角侧面

使用与前面完全相同的方法，对这个实体外侧面的棱边(除下端线以外)进行圆角，圆角半径为 10，得到的实体如图 8-29 所示。

在"概念"视觉样式下，可以看到已完成床头结构的绘制，如图 8-30 所示。

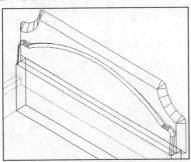

图 8-29　圆角端面

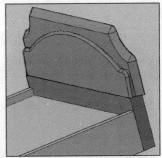

图 8-30　床头实体效果

使用"长方体"命令，以角点(50,50,250)和(2050, 1550,400)绘制长方体，如图 8-31 中加粗的线条所示。这是床垫实体，所以将它的规格设置为长 2m 宽 1.5m。

对床垫的实体进行圆角，选择长方体上端面的 4 条边和竖直方向的 4 条边，也就是如图 8-32(a)所圈出的全部 4 个上方顶点所涉及的全部边，设定圆角半径为 50，圆角效果如图 8-32(b)所示。

选择"视图"|"创建相机"命令，也可以在"视图"工具栏中单击相应按钮，或在命令提示区中输入命令名称 CAMERA 并按 Enter 键，在图形中任意位置建立一个相机，之后在"视图"工具栏中的下拉菜单中选择相机视图，对相机进行必要的调整。选择"视图"|"显示"|"相机"命令，取

消相机的显示。

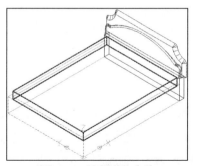

图 8-31　绘制床垫实体

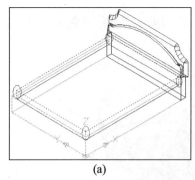

(a)

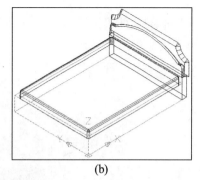

(b)

图 8-32　对床垫进行圆角

　　进入到相机视图，只要保持视觉样式为三维，则视图中显示的将一直是三维真实感的透视图，选择"西南等轴测"等三维视图，虽然名为等轴测，但只给出观察者的方向，界面中的对象仍然是透视图。切换为"二维线框"视觉样式一次之后，视图转换为等轴测，且以后改变视觉样式和三维视图都不会改变等轴测的显示方式。等轴测和透视图工作界面中的坐标系图标会有不同，如图 8-33 是等轴测图显示的组合床实体。此种情况下，坐标系的图标无论在何处都显示为互相之间夹角为 60° 的形式，如图 8-33 中左下方所示；但若改变为透视图的显示，坐标系的图标会随其位置的改变而改变指向，如果在图中位置，则会显示为图 8-33 中左上方所示的外观。

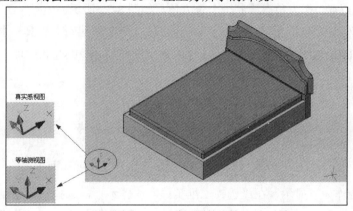

图 8-33　两种视图的比较

有过画几何基础的读者一定了解，正等轴测图是通过二维图纸表现三维形体的理想方法。在AutoCAD 2013 中，正等轴测图有着同样的定义。而增加了具有真实感的透视图显示，是这个版本的重要特色之一。

> **提示**
>
> 具有真实感的透视图使三维观察更加方便，但绘图操作的过程中还需经常使用等轴测图，以提高处理速度，可单击"视觉样式"工具栏中的"二维线框"按钮，将图形改换为二维线框，则图形自动改为等轴测图显示，再切换到别的视觉样式也会保持等轴测图的投影方式。

将这个实例中绘制的全部实体进行适当的合并，将同类的实体组合起来，便于整体的选择和操作，整个床的实体效果如图 8-34 所示。

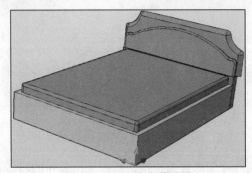

图 8-34　双人床实体效果

8.1.2　绘制床头柜

选择前面已经绘制的床实体，将它们移动到图形的其他位置，留出坐标系原点附近的区域，准备绘制床头柜，或者将"床"图层隐藏。在"图层"工具栏中选择"床头柜"图层，置为当前。

以原点和(250,400,400)作为角点绘制一个长方体，如图 8-35 所示。

选择"修改"|"实体编辑"|"抽壳"命令，也可以在"实体编辑"工具栏中单击相应按钮或在命令提示区中输入 SOLIDEDIT 命令并按 Enter 键，依次选择 body 和 shell 选项，如下所示：

```
命令: _solidedit
实体编辑自动检查: SOLIDCHECK=1
输入实体编辑选项 [面(F)/边(E)/体(B)/放弃(U)/退出(X)] <退出>:_body
输入体编辑选项
[压印(I)/分割实体(P)/抽壳(S)/清除(L)/检查(C)/放弃(U)/退出(X)] <退出>:_shell
```

命令提示区将会作如下显示，在"选择三维实体"的提示下，选择前面绘制的长方体，之后按照提示将光标放置在如图 8-36 所示的位置单击，将这个端面删除，但由于其他面仍然处于被选中的状态，因此所有棱边均为虚线显示，按 Enter 键确定，给定一个抽壳距离 20，就可生成长方体的抽壳。

选择三维实体：	//选择长方体
删除面或 [放弃(U)/添加(A)/全部(ALL)]：找到一个面，已删除 1 个。	//选择删除端面
删除面或 [放弃(U)/添加(A)/全部(ALL)]：	//按 Enter 键确定
输入抽壳偏移距离：20	//输入抽壳厚度

如图 8-36 所示，光标在这个位置单击，系统识别的就是选中了光标所在点所通过的最上方的一个面。将光标放置在棱边上单击，系统识别的是选择了包含这个棱边的两个面。如果需要选择背后的面，则要结合实体的三维动态观察，改变观察角度来实现。

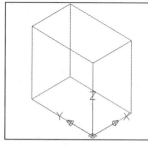

图 8-35　绘制长方体

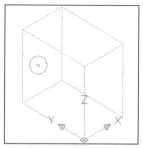

图 8-36　实体编辑中的选择面

提示

在实体编辑中，被选中的面不是以面着色而是以边界变成虚线来显示的，因此当多个面被选择时这种显示区分度不高，比如这个例子中，端面虽从选择集中删除但无法从图形显示中判断，因此必须保证操作的正确性，绘图过程中应当注意这一点。

抽壳所生成的实体效果如图 8-37 所示，删除的端面没有参加抽壳，因此在这一面是直接打通的。

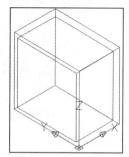

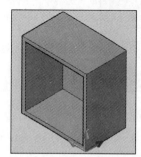

图 8-37　抽壳的效果

以(0,190,20)和(5,210,380)为角点绘制长方体，如图 8-38 所示。这是一个柜门挡板，它的功能稍后就会指出。

以(0,20,20)与(-15,195,380)为角点绘制矩形，这是右边的柜门，厚度为 15mm，如图 8-39 所示。

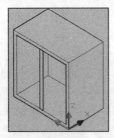
图 8-38　绘制柜门挡板

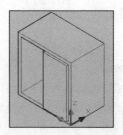
图 8-39　绘制右边柜门

左边柜门可以通过使用长方体命令来指定角点进行绘制，这里采用的是三维镜像命令。选择"修改"|"三维操作"|"三维镜像"命令，也可以在命令提示区输入命令名称 MIRROR3D 并按 Enter 键，进入三维镜像命令。

按照如下的命令提示，进行输入或相关操作。

命令:_mirror3d
指定镜像平面 (三点) 的第一个点或
[对象(O)/最近的(L)/Z 轴(Z)/视图(V)/XY 平面(XY)/YZ 平面(YZ)/ZX 平面(ZX)/三点(3)] <三点>: zx　　//选择镜像的平面为 ZX 平面
指定 ZX 平面上的点 <0,0,0>: 0,200,0　　　　　　　　　//指定平面上一点以确定平面的具体位置
是否删除源对象? [是(Y)/否(N)] <否>:　　　　　　　　//按 Enter 键，选择默认选项"否"

指定的镜像平面为通过(0,200,0)的 ZX 轴的平行面，也就是整个柜体的平分面，因此在对称的位置生成了左边柜门，如图 8-40 所示。

使用"并集"命令，将左边的柜门与前面绘制的柜门挡板实体合并起来，如图 8-41(a)所示，将两个柜门都沿轴线旋转，就可以看到柜门打开时的效果。

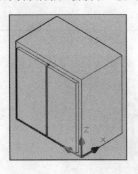
图 8-40　镜像生成左边柜门

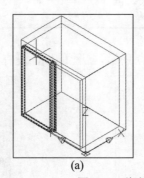
(a)

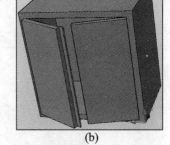
(b)

图 8-41　将左边柜门与挡板连接

提示

　　旋转柜门的时候可以使用右键菜单中的"旋转"选项，在这个命令里，不需要选择三维旋转的各项参数，默认围绕竖直直线，也就是 Z 轴方向的直线旋转，只需要在连接轴的位置拾取一点就可以确定旋转轴。

在图形的任意空白处以半径为 15，高度为 10 绘制一个圆柱体，如图 8-42 所示。

选择"绘图"|"建模"|"圆锥体"命令，也可以单击"建模"工具栏中的相应按钮或在命令提示区中输入命令名称 CONE 并按 Enter 键，然后在命令提示区作如下输入。

```
命令: _cone
指定底面的中心点或 [三点(3P)/两点(2P)/ 切点、切点、半径(T)/椭圆(E)]:
                                        //捕捉前面绘制的圆柱体上端面圆心
指定底面半径或 [直径(D)] <20.0000>: 15          //指定半径与圆柱体相同
指定高度或 [两点(2P)/轴端点(A)/顶面半径(T)] <25.0000>: t   //输入 t，改变顶面半径
指定顶面半径 <0.0000>: 10                      //顶面半径为 10
指定高度或 [两点(2P)/轴端点(A)] <25.0000>:10     //高度为 10
```

绘制圆台的过程如图 8-43 所示。捕捉选择如图 8-43(a)所示的圆心作为圆台的底面圆心，之后对顶面半径和高度进行设置，得到如图 8-43(b)所示的图形。

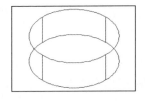

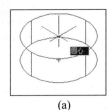

(a)　　　　　(b)

图 8-42　绘制圆柱体　　　　　图 8-43　绘制圆台

提示

在 AutoCAD 2013 中，圆台的绘制实际上是通过圆锥体命令来完成的，这与"圆锥体"的命令名称不太一致。

将圆台和圆柱体合并成为一个实体，使用圆角命令对中间连接处和底面的棱边进行圆角，操作方法同前，圆角半径为 5，得到的实体效果如图 8-44 所示，其中左边为"二维线框"视觉样式，右边为"概念"视觉样式。这是柜门把手实体。

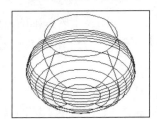
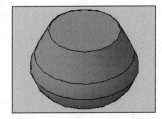

图 8-44　圆角

选择前面绘制并且圆角之后的实体，右击，在弹出的快捷菜单中选择"移动"选项，使用对象捕捉拾取顶面的圆心作为基点，指定插入点为(0,0,0)，也就是原点，将实体移动到如图 8-45(a)所示的位置上。再选择这个实体，以 Y 轴为旋转轴将其旋转 90°，成为如图 8-45(b)所示的形式。

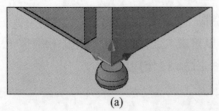
(a)

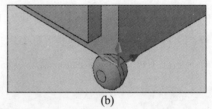
(b)

图 8-45　移动和旋转把手实体

选择旋转过的把手实体，右击，在弹出的快捷菜单中选择"剪贴板"|"带基点复制"选项，指定基点为(0,0,0)，也就是原点。再次右击，在弹出的快捷菜单中选择"粘贴"选项，指定插入点为(-15,160,250)，重复粘贴操作，在插入点(-15,240,250)再次粘贴。此时，实体如图 8-46所示。将每一侧的柜门和门把手合并起来作为一个实体，并将前面复制的源对象删除。

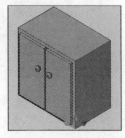
图 8-46　添加柜门把手

在图形的空白处绘制一个长度、宽度、高度分别为 250、400、200的长方体，如图 8-47(a)所示。按照本节前面提到的类似方法，对这个长方体进行抽壳，将上下端面和前端面从选择集中删除，在"删除面"提示下，在如图 8-47(b)的位置单击就可以删除前端面和下端面，再直接在上端面上单击以删除，按 Enter 键确定，以 20 为抽壳偏移距离进行抽壳，得到实体如图 8-47(c)所示。

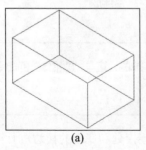
(a)

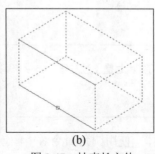
(b)

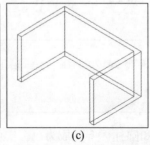
(c)

图 8-47　抽壳长方体

选择前面所得的长方体，以最下端的外侧角点作为基点，移动到与前面绘制的柜子的相应点重合，如图 8-48(a)所示。以(-5,30,600)和(250,430,615)为角点绘制整个床头柜的盖板，如图 8-48(b)所示。

对前面绘制的盖板左右两个端面进行圆角，盖板的厚度为 15，圆角的半径选择为 5，所得效果如图 8-49 所示。

将前面绘制的床头柜实体进行适当的合并，再选择床头柜的全部实体，移动到床的侧面。由于前面绘制时床和床头柜实体高度上是一致的，因此只需要调整两者的 X 和 Y 轴方向的位置，将视图切换为"俯视"，在这个视图中进行平移，应当注意床与床头柜之间不应该有干涉，如图 8-50 所示，实体之间应当留有间隙。

两个实体组合起来的效果如图 8-51 所示。

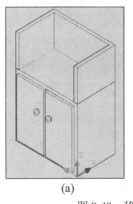
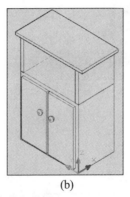

(a)　　　　　　　　　　(b)

图 8-48　移动实体和盖板

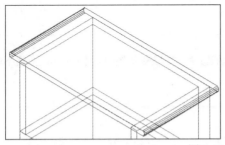
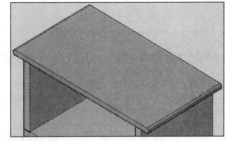

图 8-49　圆角效果

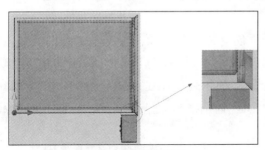
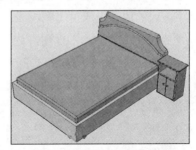

图 8-50　平移实体　　　　　　　图 8-51　床和床头柜的效果

8.1.3　绘制台灯

本节要绘制的是一个台灯。台灯的表面比较圆滑，"放样"建模是一个很有用的功能，可以实现很广泛的一类实体的建模。本节的台灯建模主要涉及放样命令的应用。

将"台灯"图层置为当前图层，并隐藏其他两个图层，避免显示上的干扰。切换到"俯视"视图，在这个视图中绘制多段线，以(0,30)为起点，依次是(100,30)、(140,0)、(240,0)、(240,150)和(0,150)，最后让多段线自动闭合，如图 8-52(a)所示。

选择"修改"|"分解"命令，选择闭合多段线，将其分解为单独的直线对象，因为下面要进行的圆角操作并不是采用全一致的圆角半径。

选择"修改"|"圆角"命令，也可以单击"修改"工具栏中相应的按钮或在命令提示区中输入命令名称 FILLET 并按 Enter 键，对前面绘制的线条进行圆角。对 4 个直角采用的圆角半径为 50，对下方的斜线两端的角，则使用 100 的圆角半径，得到的图形如图 8-52(b)所示。

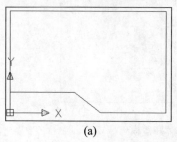

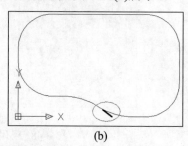

(a)   (b)

图 8-52   绘制多段线和圆角

提示

注意到图 8-52(b)中圈出的小段直线，因为两个角的圆角连接起来构成封闭线条，这段短线不再起作用，将其删除。

选择"绘图"|"边界"命令，系统弹出如图 8-53 所示的"边界创建"对话框，单击对话框中的"拾取点"按钮，在前面所绘制的线条围成的区域内部任意一点单击，回到对话框，单击"确定"按钮，将这个区域的边界生成封闭多段线。

改变视图为"西南等轴测"视图，选择前面创建的多段线，右击，选择"剪贴板"|"带基点复制"选项，以原点为基点，继续右击，选择"剪贴板"|"粘贴"选项，以插入点(0,0,20)粘贴多段线，重复操作，以插入点(0,0,25)粘贴多段线。选择最上方的多段线，选择"修改"|"偏移"命令，以距离 30 将其向内偏移，再选择中间一条多段线将其向内偏移 5，之后删除两次偏移的源对象。得到如图 8-54 所示的图形。

图 8-53   "边界创建"对话框

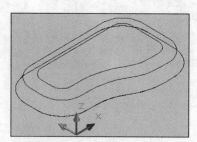

图 8-54   复制多段线并偏移

选择"绘图"|"建模"|"放样"命令，也可以单击"建模"工具栏中的 (放样)按钮或在命令提示区输入命令名称 LOFT 并按 Enter 键，命令提示区将会显示：

```
命令: _loft
当前线框密度: ISOLINES=8, 闭合轮廓创建模式 = 实体
按放样次序选择横截面或 [点(PO)/合并多条边(J)/模式(MO)]: _MO 闭合轮廓创建模式 [实体(SO)/曲面(SU)]
<实体>: _SO
按放样次序选择横截面或 [点(PO)/合并多条边(J)/模式(MO)]: 找到 1 个
......                                        //依次选择3个多段线
按放样次序选择横截面或 [点(PO)/合并多条边(J)/模式(MO)]:
输入选项 [导向(G)/路径(P)/仅横截面(C)/设置(S)] <仅横截面>: S //输入 S, 按 Enter 键
```

按照提示, 依次选择前面的 3 条多段线, 从上往下或从下往上, 必须依照放样生成实体的顺序, 按 Enter 键确定, 在"输入选项"提示下, 输入 S, 按 Enter 键, 系统弹出如图 8-55 所示的"放样设置"对话框。

选中对话框中的"直纹"单选按钮, 效果是通过用直线把放样各层连接起来, 成为一个实体, 由于这里三层的多段线是由同一个源对象复制和偏移得到的, 因此它们具有相同的形状和节点个数, 放样操作正好将这些节点一一对应起来, 效果如图 8-56 所示。截面直接节点数不同时也可以进行放样, 程序将会自动选择连接方式, 但显然那样不容易控制。

提示

值得注意的是, 作为放样截面的对象必须是多段线而不是面域, 所以放样之前不要将多段线生成为面域。

图 8-55 "放样设置"对话框

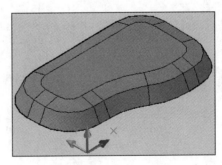

图 8-56 "直纹"放样

对放样所得实体的 3 条不光滑棱边进行圆角, 下方一层和中间一层的棱边的圆角半径为 10, 上方棱边的圆角半径为 20, 得到的实体如图 8-57 所示。这是台灯的灯座。

将视图切换为"左视"视图, 在这个视图中绘制多段线, 起点为(-90,40), 使用极轴指定方向和命令提示区中输入距离的方法来绘制, 依次是向上 300、向右 100, 最后使用相对坐标, 指定端点

为(@50, - 50)，绘制得到的多段线如图 8-58(a)所示。

使用圆角命令对整条多段线进行圆角，指定圆角半径为 50，为这条多段线添加两处圆角，如图 8-58(b)所示。这是连接灯罩与灯座的颈部。

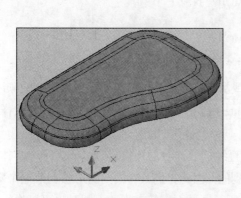

图 8-57 台灯灯座

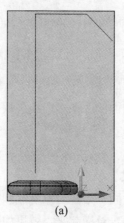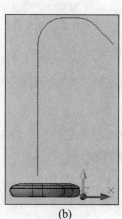

(a)   (b)

图 8-58 绘制与圆角多段线

切换回"西南等轴测"视图，可以看到前面所绘制的轴线在如图 8-59(a)所示的位置，之前已经提到，在平面视图中绘制二维对象，一定是放置在经过原点的平面上的。选择这条多段线，以坐标(60,0,0)对其进行移动，得到如图 8-59(b)所示的位置。

选择移动后的多段线，右击，选择快捷菜单中的"旋转"命令，之后按照下面的命令提示输入指定参数，将多段线旋转到如图 8-60 所示的位置。

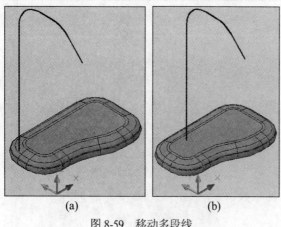

(a)   (b)

图 8-59 移动多段线

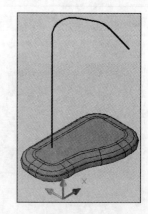

图 8-60 旋转轴线

命令: _rotate
UCS 当前的正角方向: ANGDIR=逆时针   ANGBASE=0
找到 1 个
指定基点: //使用对象捕捉选择多段线下端点
指定旋转角度，或 [复制(C)/参照(R)] <0>:30   //指定旋转角度为 30 度

选择"工具" | "新建 UCS" | "Z 轴矢量"命令，也可以单击 UCS II 工具栏中的 UCS 按钮或在

命令提示区中输入命令名称 UCS 并按 Enter 键，进入 UCS 命令之后，按照如下的命令提示进行输入：

命令: _ucs
当前 UCS 名称: *世界*
指定 UCS 的原点或 [面(F)/命名(NA)/对象(OB)/上一个(P)/视图(V)/世界(W)/X/Y/Z/Z 轴(ZA)] <世界>: za
//选择 ZA，以指定 Z 轴的方式来确定坐标系
指定新原点或 [对象(O)] <0,0,0>:
在正 Z 轴范围上指定点:

在指定原点和 Z 轴正方向的提示下，使用对象捕捉拾取如图 8-61 所示的两个点：(a)图所示的是多段线的端点，作为新原点；(b)图所示的是在末端直线上任意取一点，作为 Z 轴正方向上的点。

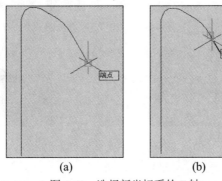

图 8-61 选择新坐标系的 Z 轴

指定了 Z 轴之后，这个坐标系就可以确定，X 轴与 Y 轴的位置将会被程序自动选定，如图 8-62 所示。从图 8-62(b)可以看出，自动确定的坐标系的 Y 轴处于多段线对象所在的平面内，这一处理显然给绘图带来了方便。

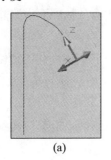
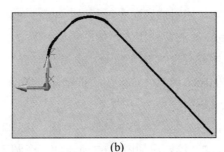

图 8-62 新建的坐标系

建立坐标系之后，单击 UCS II 工具栏中的"命名 UCS"按钮，在 UCS 对话框中对新建的 UCS 进行命名，取名为"灯罩"，如图 8-63 所示。

选择"绘图"|"建模"|"圆锥体"命令，也可以单击"建模"工具栏中的相应按钮或在命令提示区中输入命令名称 CONE 并按 Enter 键，作如下输入：

命令: _cone
指定底面的中心点或 [三点(3P)/两点(2P)/ 切点、切点、半径(T)/椭圆(E)]: 0,0,0

	//指定当前坐标系的原点为圆锥底面圆心
指定底面半径或 [直径(D)] <10.0000>: 10	//底面半径为 10
指定高度或 [两点(2P)/轴端点(A)/顶面半径(T)] <50.0000>: t	
指定顶面半径 <50.0000>: 50	//指定顶面半径为 50
指定高度或 [两点(2P)/轴端点(A)] <50.0000>: -50	//拉伸方向,注意数值正负的意义

此时,圆锥体的拉伸方向是当前坐标系的 Z 方向,也就是顺着台灯颈部轴线的延伸方向,这也是前面建立一个坐标系的意义。绘制的实际上是一个圆台,并且"顶面"比"底面"更大,这是由参数给定的,前面已经介绍过。绘制出的实体如图 8-64 所示。

图 8-63 命名当前 UCS

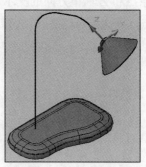

图 8-64 绘制灯罩圆台体

提示

> 一般绘图尽可能在世界坐标系中完成,因为点坐标是 AutoCAD 2010 绘图中最重要的定位方式,而图形对象一般创建在世界坐标系中。养成习惯,使用完辅助坐标系之后,随时切换回世界坐标系。

选择这个圆台体,使用抽壳命令对其进行抽壳,将最大的端面从抽壳面中删除,并将抽壳距离设置为 2,抽壳得到完成的灯罩实体,如图 8-65 所示。

选择"绘图"|"建模"|"球"命令,也可以单击"建模"工具栏中的相应按钮或在命令提示区中输入命令名称 SPHERE 并按 Enter 键,指定球心坐标为(0,0,-30),半径为 15,绘制出如图 8-66 所示的球,作为灯泡。

切换回世界坐标系,使用圆命令绘制一个圆,借助对象捕捉功能拾取多段线轴线的下端点作为圆心,将半径指定为 7,绘制出如图 8-67 所示的一个圆。

图 8-65 抽壳产生灯罩

图 8-66 创建灯泡实体

图 8-67 绘制圆

使用"绘图"|"面域"命令，将前面绘制的圆生成为面域。

选择"绘图"|"建模"|"扫掠"命令，或单击"建模"工具栏中的相应按钮或在命令提示区中输入命令名称 SWEEP 并按 Enter 键，进入扫掠命令。在"选择要扫掠的对象"提示下，选择圆形面域，按 Enter 键确定之后在"选择扫掠路径"的提示下，选择多段线轴线，将这个圆形界面沿多段线进行扫掠，生成如图 8-68 所示的实体。这就是连接台灯灯座与灯罩的颈部。

使用圆柱体命令绘制圆柱体，以(60,90,20)为底面圆心，10 为半径绘制圆柱体，也就是在颈部的末端，到灯座的区域内，如图 8-69 所示。

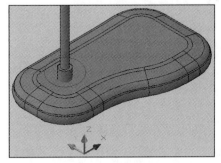

图 8-68　扫掠生成实体　　　　　　图 8-69　绘制圆柱体

可以看到，此时的圆柱体的下端面在灯座的表面之下，此时两个实体连接处显示为没有棱边。使用并集命令将这个圆柱体和灯座实体合并到一起，一条棱边就会出现，如图 8-70(a)所示。继续对实体进行修整，以半径为 10 对于这个连接边进行圆角，得到的图形如图 8-70(b)所示。

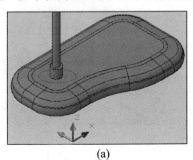

(a)　　　　　　　　　　　　　　　　　(b)

图 8-70　合并实体和圆角

使用长方体命令，绘制一个斜方向的长方体，首先进入命令并且指定第一个角点，如下所示：

```
命令: box
指定第一个角点或 [中心(C)]: 140,60,25
```

之后命令提示区将会显示如下提示，输入"L"并按 Enter 键，选择指定长度的方式，实际上此时是选择长方体的一条棱边的长度，并且可以加入此棱边的方向选择。将光标放置到如图 8-71(a)所示的位置，图形中显示出此时捕捉到了 30°极轴的位置，不要移动光标，直接输入 30 并且按 Enter键，就将这条棱边确定为在 XY 平面上且为 30°极轴方向，也就是与 X 轴正方向夹角为 30°，其他长度依次指定，宽为 18、高为 5，得到如图 8-71(b)所示的图形。

指定其他角点或 [立方体(C)/长度(L)]:1	//选择"长度"方式
指定长度 <30.0000>: 30	//配合极轴功能和光标位置指定矩形的边
指定宽度 <10.0000>: 18	//指定第二条边长
指定高度或 [两点(2P)] <5.0000>: 5	//指定高度

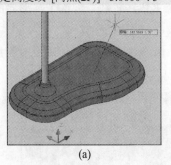
(a)

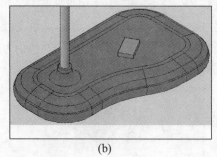
(b)

图 8-71　绘制斜方向的长方体

提示

虽然是在三维的视图中，但极轴功能仍然是仅仅针对 XY 平面而言的，清楚这一点并合理使用极轴功能，将会给绘图带来方便。

复制前面绘制的长方体按钮到如图 8-72(a)所示的右下方的位置，对这两个按钮上端面的棱边进行圆角，如图 8-72(b)所示。

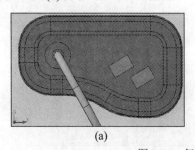
(a)

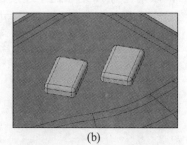
(b)

图 8-72　复制按钮实体并将其圆角

至此，台灯实体的建模已经基本完成，按照 8.1.2 节末尾提到的移动方法，对台灯实体进行移动，将它"放"到床头柜上，并且围绕 Z 轴旋转合适的角度，如图 8-73 所示。

这个实例绘制完成，全部的实体显示效果如图 8-74 所示。

图 8-73　床头柜与台灯实体

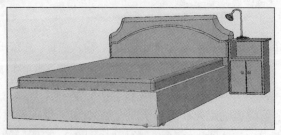
图 8-74　组合床的最终效果

8.2 室内设施——墙壁

这个实例将介绍墙体的建模，基本方法是由前面已经绘制的二维墙体线得到截面形状，再通过拉伸面域生成实体。天花板的一些局部构造也在这个实例中表现出来。值得一提的是，这个实例中将要详细介绍相机的使用，在后期的三维建模中，相机功能具有相当重要的作用。

8.2.1 绘制墙壁

打开"室内平面图"文件，将其中的"墙体"图层中的图形对象复制到"墙壁"文件中，如图8-75(a)所示，将其中的门窗图示和编号都删除，并添加适当的线条补齐封闭的墙体线，得到如图 8-75(b)所示的图形。

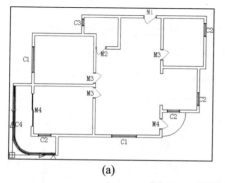
(a)

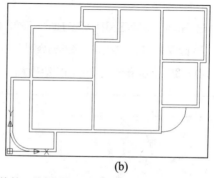
(b)

图 8-75　引用此前的二维图形

利用二维图形对象生成面域，将如图 8-75(b)所示的图形对象复制 3 份，分别生成为墙体、地板和天花板面域。图 8-76 中涂黑的区域就是墙体截面。使用"绘图"|"边界"命令，拾取区域内的点，将边界围成的区域生成面域。操作中程序可能将墙体内的部分也包含进所生成的面域，这会将内部各房间的区域也生成为面域，使用差集命令从整个面域中减去中间的小块。

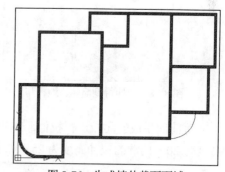

图 8-76　生成墙体截面面域

使用同样的命令生成如图 8-77(a)所示的地板面域和如图 8-77(b)所示的天花板面域。

进入三维视图，对前面生成的几个面域进行拉伸，并通过带基点复制和粘贴功能将它们组合在一起，其中地板面域的放置位置高度为 0，拉伸高度为 - 2。墙体面域的放置位置高度为 0，拉伸高度为 30。天花板面域的放置位置高度为 30，拉伸高度为 2，这里使用的单位与套房平面图的单位一致，10 个单位代表 1m。拉伸得到的效果如图 8-78 所示。

再次将平面图纸中的墙体线调出，并将其中每一处门窗或门洞的区域都生成为面域，如图 8-79 所示。操作方法是：使用矩形命令，利用对象捕捉功能，在门窗图示的位置绘制矩形，之后删除不用的线条，并将绘制的矩形生成为面域。

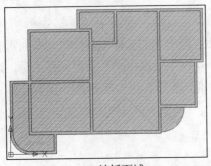
(a) 地板面域

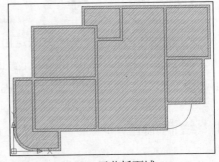
(b) 天花板面域

图 8-77　地板面域和天花板面域

提示

　　由于已经提到了使用工具栏以及在命令行输入命令的调用命令方式，因此本章提到命令时，只给出菜单位置，对那些本书之前提到过很多的命令则只作简略的说明。关于命令的详细使用，可查阅前面的实例或 AutoCAD 帮助。如果单击状态栏上的按钮 栅格 ，使按钮弹起，则不显示这些栅格点。

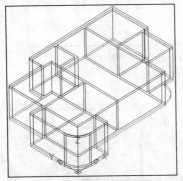
图 8-78　拉伸得到墙体、地板和天花板

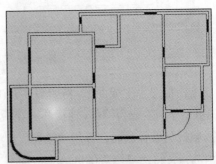
图 8-79　生成门窗区域的面域

对前面生成的面域进行拉伸，首先对门和门洞进行拉伸，正门的拉伸高度为 22，房间门的拉伸高度为 20，门洞的拉伸高度为 25，如图 8-80 所示。

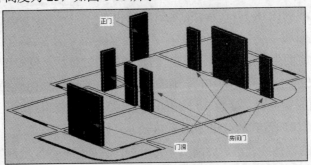
图 8-80　拉伸得到门窗实体

窗的区域除了拉伸之外，还需要向上移动一个距离。其中，卫生间排风窗向上移动 25，拉伸高度为 3；左侧房间和客厅的窗离地 10，拉伸高度为 15；铝合金推拉窗离地 10，拉伸高度为 15；右侧房间的窗离地 12，拉伸高度为 12，如图 8-81 所示。

使用差集命令，从前面已经得到的墙体实体中减去如图 8-81 所示的门窗实体，可得到如图 8-82 所示的套房的墙壁。

这样，就已经完成了墙壁实体的建模，此后室内的各种细节都可以在此基础上完成，使用自由动态观察命令改换视角，并将显示方式切换为"概念"视觉样式，可以看到此时的套房墙壁的外观如图 8-83 所示。此时图形中展示的状态，正如一个正在施工的房间，尚未安装门窗等设施。

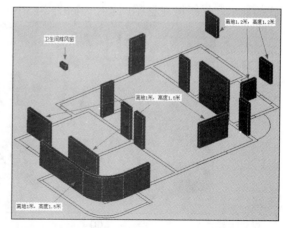

图 8-81 拉伸和平移得到窗实体

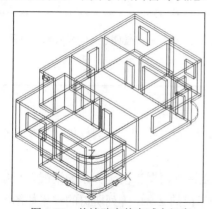

图 8-82 从墙壁实体中减去门窗

图 8-83 仅有墙体的房间外观

使用自由动态观察命令，将位于房间右侧的半圆形阳台旋转到正面，并且使用 UCS 命令，利用捕捉功能选择新的坐标原点为在半圆形阳台的圆心，并建立一个临时的坐标系，如图 8-84 所示。对这个坐标系命名或不命名均可。不命名的话，切换到别的坐标系之后系统不会保存此坐标系。

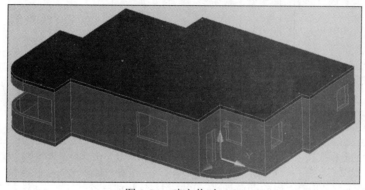

图 8-84 建立临时 UCS

将局部放大，可以看到图形对象及坐标系的情况如图 8-85(a)所示，图中左右分别为不同视觉样式的显示。最终将视觉样式选择为如图 8-85(b)所示的"二维线框"视觉样式。

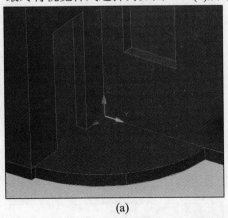 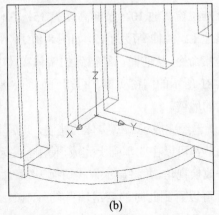

(a)   (b)

图 8-85   临时坐标系的局部放大

提示

　　这里的技巧具有典型意义，在实现复杂三维实体的布局细节时，首先在局部建立一个坐标系，之后在此坐标系之下进行局部绘图，使操作更加简洁和高效。

下面在这个临时坐标系中进行半圆小阳台扶栏的建模。

使用圆柱体命令，指定圆心为(18,0,0)，半径为 0.2，高度为 13，绘制一个圆柱体，这是扶栏的一根立柱，如图 8-86 所示。

使用三维阵列命令，将前面绘制的一根立柱生成为环形立柱，根据当前坐标系的情况，可以方便地指定参数，项目数选择为 12，填充角度为 90，旋转轴就是当前的 Z 轴，阵列所得的结果如图 8-87所示。

使用圆环体命令，以(0,0,13)为中心，环半径为 18，截面半径为 0.4，绘制出如图 8-88 所示的圆环体。

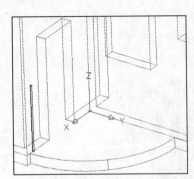 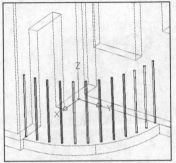 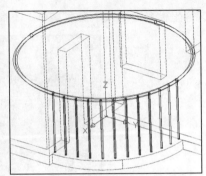

图 8-86   绘制扶栏的一根立柱   图 8-87   生成环形阵列   图 8-88   绘制圆环体

使用并集命令将这个圆环体和前面阵列得到的立柱合并成一个实体，并选择"修改"|"三维操

作"|"剖切"命令对这个实体进行剖切,首先用通过原点的 ZX 平面对它进行剖切,保留下方一侧,再用通过原点的 YZ 平面对剩下的实体进行剖切,保留下方一侧。或者每次剖切时都选择"保留两个侧面",之后选择需要删除的一侧手动删除。完成扶栏实体的绘制,如图 8-89 所示。

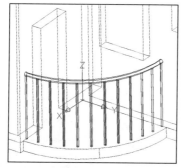 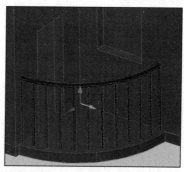

图 8-89　完成扶栏实体

8.2.2　设置相机

选择"视图"|"创建相机"命令,命令提示区将会显示如下。

```
命令: _camera
当前相机设置: 高度=17 镜头长度=50
指定相机位置:                                 //在模型空间中单击选择相机位置
输入选项 [?/名称(N)/位置(LO)/高度(H)/目标(T)/镜头(LE)/剪裁(C)/视图(V)/退出(X)] <退出>:
```

按照提示指定这个相机的插入位置,一般情况下直接在图形中用光标单击一个位置以建立相机,这样能更为直观的进行控制,之后再结合相机预览框对相机位置进行调整。

只需在两个视图上对相机进行调整即可,其一就是如图 8-90 所示的侧面视图,在其中主要调整相机的高度、视角中心的高度、镜头长度和视野范围,这些操作都通过单击和拖动相应夹点来实现。将相机放置在房间所在楼层中间偏上的高度,调整视野的中心在大概与相机等高的位置,调整视野的范围将整个楼层高度适当地包含在内。

再进入到俯视图,也就是房屋平面图的视角,移动相机在水平平面内的位置,这里将它放置在大门入口的位置,视野方向与进门的方向一致,用以模拟人在刚进门位置所能观察到的情景。如图 8-91 所示,在调整过程中,应当结合"相机预览"窗口中的预览,以获得最合适的效果。

特别的,创建相机的时候有一项参数无法修改,这就是"摆动角度"一项,即相机的方框上下端线与水平方向所成角度,单击相机,在弹出的"特性"选项板中可以对此项进行修改,指定为 0,如图 8-92 左图所示。最终所得的相机视图如图 8-92 右图所示,可以看出,这里模拟的是人站在室内入口所观看到的室内效果。

前面已经建立了一个室内的相机,名称默认为"相机 1"。继续使用建立相机命令建立另外一个相机,指定如图 8-93 所示的参数,保持相机位置与目标位置的 Z 轴坐标相等且都为 17。展开其中的

"剪裁"菜单，选择"剪裁"选项为"启用前向"，开启裁剪功能。

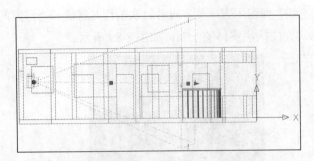

图 8-90 侧面调整相机

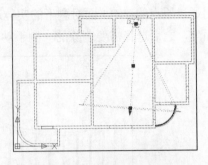

图 8-91 在俯视图中调整相机

图 8-92 设置"摆动角度"及相机视图效果

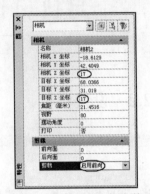

图 8-93 具体指定相机参数

此时相机效果如图 8-94 所示，它的夹点与普通相机稍有区别。在剪裁功能下，相机预览中仅显示剪裁面前面(或后方)的实体，这里指定"前向面"一项为 0，剪裁面就是视野所在平面。

此时相机的预览如图 8-95 所示，其效果等同于将实体剖开而观察剖面前方的部分，这一功能有利于对实体结构进行判断和分析。

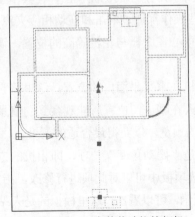

图 8-94 开启剪裁功能的相机

图 8-95 开启剪裁的相机预览

为了更好地观察房屋的室内结构，以居住者的视角在房间内部进行多角度观察，这里启用"漫游和飞行"导航功能。首先将三维视图改换为"相机 1"，也就是前面建立的室内观察相机。选择"视

图"|"漫游和飞行"|"漫游"命令，进入漫游导航模式。

这种第一视角的观察方法，相当于自由移动相机的位置和拍摄方向，并且实时显示在工作界面上。在"漫游"模式下，观察点被锁定在了 XY 平面上，键盘所改变的仅仅是二维的位置。这如同观察者在室内移动位置，但眼睛的高度总保持一定，通过拖动光标可以改变观察角度，实现"向上看"和"向下看"。同时，在工作界面中还会弹出如图 8-96 所示的"定位器"选项板，其中有一个缩小的平面视图，给出观察者位置以及观察方向，可理解为一个平面地图。

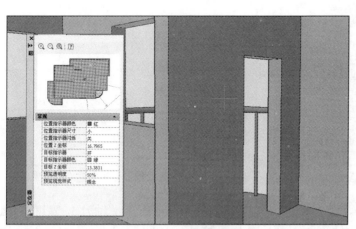

图 8-96　漫游视图和"定位器"选项板

以这样形象的室内视角对建模进行查看，可以对室内结构的合理性进行评价。如有必要，可作出相应修改。

提示

漫游模式如同身临其境地在房屋内部，因此可以得到很多直观的评价。

8.3　室内设施——灯具

在 8.2 节所绘实体基础上，进行其他室内结构的绘制。这个实例所包含的内容就是室内灯具，包括吊灯、壁灯和一些相关墙上的结构。灯具将会在图形空白处绘制之后移动到墙体中的适当位置，实体建模的方法前面已经提到很多，本实例着重于绘图的思路和方法。

8.3.1　绘制入口处吊顶和壁灯

打开"客厅顶棚平面图"文件，如图 8-97 所示。

使用"工具"|"查询"|"点坐标"命令，得到图 8-97 中所示的大门入口处木格吊顶区域的角点

坐标，可知这一长方形的宽和高分别为 33 和 25(dm)。

回到"室内设施"文件，进入"俯视"视图，在图形空白处绘制出一个宽和高分别为 33 和 25 的矩形，之后使用 UCS 命令，以这个矩形对象为基准创建坐标系，如图 8-98 所示。

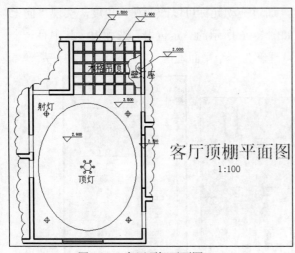

图 8-97　客厅顶棚平面图

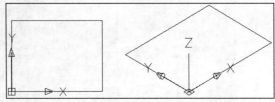

图 8-98　绘制矩形并建立临时坐标系

使用长方体命令绘制长方体，使之中心线平行于当前的 Y 轴且距离 Y 轴为 3，宽度为 0.4，高度为 1，即指定两个角点为(2.8,0,0)和(3.2,25,1)，如图 8-99 所示，这就是木格吊顶的第一条。

使用三维阵列命令，生成 10 列的阵列，行数和层数均为 1，列距为 3，得到如图 8-100 所示的阵列。

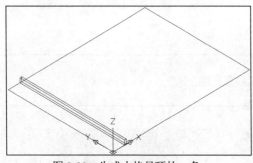

图 8-99　生成木格吊顶的一条

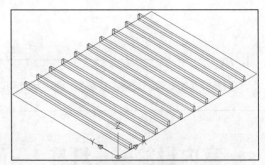

图 8-100　三维阵列

继续绘制另一个方向的木条，保持间距与 Y 轴方向的一致，宽度和高度也相同，阵列数则由确定范围的矩形 Y 方向宽度而决定，为 8 个。生成了如图 8-101(a)所示的阵列。使用并集命令，将前面阵列生成的两个方向的全部长方体都合并起来，成为一个整体，得到如图 8-101(b)所示的实体。

选择并集生成的实体，使用右键菜单中的"带基点复制"选项，指定当前坐标系的原点为基点，切换坐标系到"世界"坐标系。再使用粘贴命令，将插入点指定为(87,85,28)，将这个木格实体插入到如图 8-102 所示的位置。或在前面所在的坐标系下指定基点为(33,25,2)，之后捕捉墙体内壁与天花板下侧的顶点为插入点，也可完成同样的插入操作。

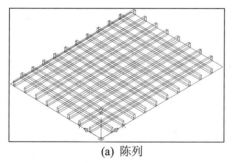
(a) 陈列

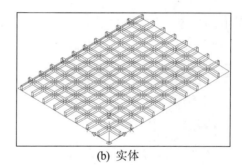
(b) 实体

图 8-101　完成木格的绘制

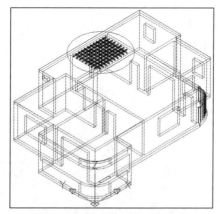

图 8-102　将木格插入到图形中

使用长方体命令，绘制角点厚度为 1 的长方体，位于木格的顶端和天花板之间，覆盖了进门处天花板的区域，已知此长方体的尺寸为 33×25×1，利用对象捕捉寻找端点进行定位。如图 8-103 所示，图中的视图是通过漫游方式改变视角而得到的，将观察者的方向指定为朝向木格吊顶，视线略微向上。

利用漫游的方式改换观察方向，可将视觉样式改换为"三维线框"视觉样式，这样可以获得更快的处理速度同时也可以看到实体的三维形态。使用对象捕捉功能，将坐标系设置为如图 8-104 所示的位置，下面的绘图都是在这个坐标系之下完成的。

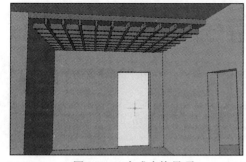

图 8-103　完成木格吊顶

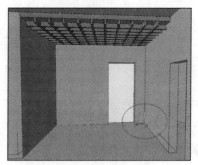

图 8-104　建立临时坐标系

使用圆柱体命令，以(20,11,29)为圆心、0.2 为半径、-5 为高度，绘制一个圆柱体，如图 8-105 所示。这是灯得吊杆。

使用圆锥体命令，以(20,11,24)为圆心，也就是前面所绘制的圆柱体的下底面圆心，指定底面半径为0.2、顶面半径为2、高为-1，绘制一个圆台体，如图8-106所示。

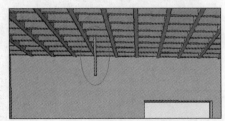
图 8-105 绘制圆柱体

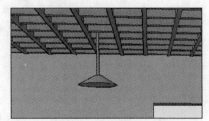
图 8-106 绘制圆台体

使用抽壳命令，以偏移距离为0.1对这个圆台体抽壳，不包括下底面，如图8-107所示。

使用球体命令，指定球心为(20,11,23.5)、半径为0.4，绘制一个球形，作为灯泡实体，如图8-108所示。

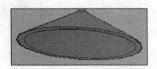
图 8-107 抽壳

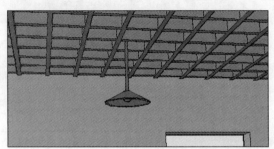
图 8-108 绘制灯泡

使用圆柱体命令，指定底面圆心为(0,15,20)，半径为1，高为0.1，绘制出如图8-109所示的壁灯底座，其中露出在墙体之外的部分为圆柱体的一半。

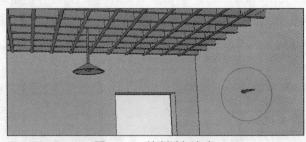
图 8-109 绘制壁灯底座

继续绘制壁灯的灯管，如图8-110所示，首先以(0.5,15,20.1)为圆心，0.2为半径，2为高绘制圆柱体，如图8-110(a)所示。之后以0.2为圆角半径对圆柱体上端面的棱边进行圆角，也就是使上端具有球的外形，如图8-110(b)所示。

这样就完成了如图8-111所示的入口处的室内设施的建模。其中对于各实体进行了适当的合并，但要将实体中发光的部分、透明的部分和其他部分区分开来，以便在后面的渲染中，设置发光实体和透明实体。

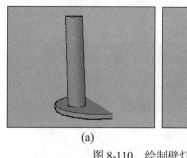
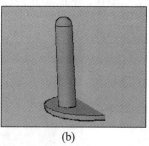

(a)　　　　　　(b)

图 8-110　绘制壁灯灯管

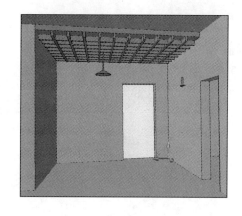

图 8-111　完成入口处室内设施的绘制

8.3.2　绘制客厅吊顶和灯具

参考"客厅顶棚平面图"文件中的图形尺寸，将其中客厅吊顶的形状在"室内设施"文件中的图形空白处绘制出来。即绘制出一个边长为 68 和 53 的矩形，和一个中心与矩形重合且长半轴和短半轴分别为 30 和 24 的椭圆，这两个二维图形对象都在"俯视"视图中绘制，如图 8-112 所示。

改换视图到"西南等轴测"三维视图，并将前面绘制的矩形和椭圆分别生成为面域，并且以高度 2 对矩形面域进行拉伸，以高度 1 对椭圆面域进行拉伸，生成实体。使用差集命令，从矩形拉伸实体中减去椭圆拉伸实体，如图 8-113 所示。

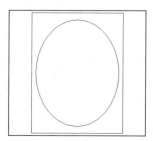
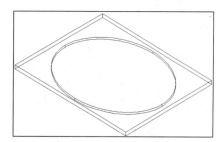

图 8-112　绘制矩形和椭圆　　　　　　图 8-113　拉伸和差集

使用对象捕捉功能，利用图形中的关键点，将前面绘制出的实体移动到房间实体中的相应位置，也就是以图 8-113 所示的实体的上端面角点作为基点，插入点则选择为客厅天花板的相应角点。移动之后的位置如图 8-114 所示。

使用漫游方式改变三维视图，将观察者的位置调整到正门入口处，可以看到此时客厅吊顶的外观如图 8-115 所示。

在图形的空白处绘制吊灯，首先在主视图中绘制出如图 8-116 所示的直线和椭圆，其中直线为竖直方向、长度为 4，椭圆的中心与直线的下端点重合，长半轴的长度为 1.5、短半轴的长度为 0.4。

随后使用多段线命令，以直线的上端点为起点，进入圆弧模式，通过指定相对坐标的方式绘制如图 8-117 所示的轴线。

使用椭圆命令，在前面绘制的多段线的端点处绘制出长半轴长度为 1.2、短半轴长度为 0.6 的椭圆，如图 8-118(a)所示，选择这个椭圆，将其向上移动 0.6，使得它的下端最低点与圆弧轴线的端点重合，如图 8-118(b)所示。这已经构成了吊灯的基本形状，下面对其进行修改，之后使用扫掠、旋转和三维阵列等命令生成三维实体。

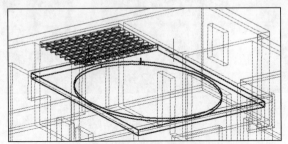

图 8-114　将客厅吊顶实体移动到图形中

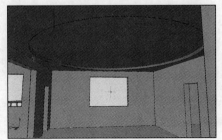

图 8-115　客厅吊顶外观

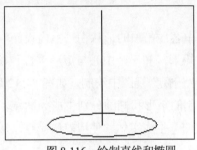

图 8-116　绘制直线和椭圆

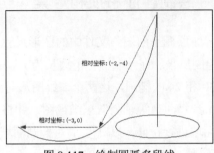

图 8-117　绘制圆弧多段线

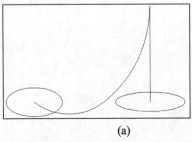

(a)

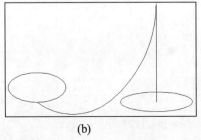

(b)

图 8-118　绘制和移动椭圆

提示

　　此处应当注意，绘图中并未建立局部的临时坐标系，而是以图形之间的位置关系为参照进行定位，对象捕捉功能此时发挥了作用，利用各个图形对象中的关键点，可以精确控制它们的位置和尺寸。这也是一种实现局部绘图坐标控制的方法，图中的竖直直线充当了起定位作用的辅助线。

　　利用对象捕捉功能，选择前面所绘制椭圆的象限点，在它们之间绘制直线，如图 8-119(a)所示。再使用修剪命令，只保留所需截面的一半，如图 8-119(b)所示。

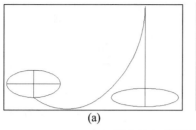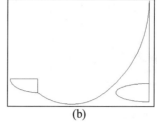

(a)　　　　　　　　　　(b)

图 8-119　截取所需截面

提示

> 前面已经提到，旋转生成实体的操作，截面不能发生重叠，因此只保留旋转轴一侧的截面。

使用旋转(建模)命令，将前面得到的截面旋转生成为实体，如图 8-120 所示。

使用球体命令，利用对象捕捉选择圆弧轴线末端的半椭球体端面的中心点为圆心，半径为 0.5，绘制球体，并将所绘制球体向上移动 0.2，如图 8-121 所示。

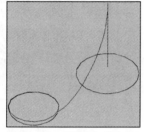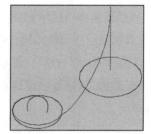

图 8-120　旋转生成实体　　　　　　图 8-121　绘制并移动球体

对半椭球体进行抽壳操作，将它的上端面排除在被操作面之外，生成如图 8-122 所示的托盘形状，其中抽壳距离为 0.05，与前面绘制的球体一起构成了吊灯外围的灯与托盘。

如果当前为其他三维坐标系，切换为"世界"坐标系，使用圆命令，选择竖直轴线的上端点为圆心，半径为 0.05，绘制出如图 8-123(a)所示的截面圆。再使用扫掠命令，制定此圆为截面，路经为圆弧轴线，生成如图 8-123(b)所示的弯曲灯杆。

使用三维阵列命令，选择前面所绘制的椭球托盘、灯泡和弯曲灯杆，指定竖直轴线为旋转轴，填充角度为 360°，项目数为 6，生成如图 8-124 所示的实体。此时，吊灯实体已经基本成形。

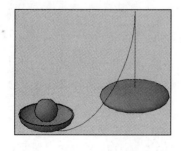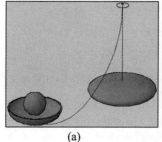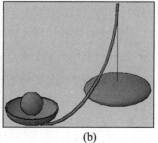

(a)　　　　　　　　　(b)

图 8-122　绘制外围托盘与灯　　　　图 8-123　绘制弯曲灯杆

图 8-124 三维阵列操作

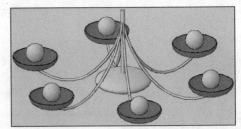

图 8-125 完成吊灯的绘制

使用圆柱体命令，制定竖直轴线的上方端点作为圆心，半径为 0.1，拉伸高度为-4，绘制出中心支撑的灯杆，如图 8-125 所示。其中还使用并集对实体进行了一定的合并，将 6 个灯泡和中央椭圆灯等发光体合并为一个实体，具有金属质感外观的灯杆合并为一个实体，将设置为透明的 6 个托盘合并为一个实体。并且将前面绘制的竖直和圆弧轴线删除，以减少图形中冗余的信息。

将绘制好的吊灯移动到图形中，选择基点为中央灯杆的上端面圆心，插入点直接指定为(93.5,51,29)，或者通过对象捕捉功能指定为吊顶中椭圆面的中心点，为了更好地定位，可以在绘制吊顶二维图形时就在中心位置绘制出一个点，并一起插入到实体中来。改换三维视图为室内的相机视图，并适当调整角度，可以看到吊灯在客厅中的实际效果，如图 8-126 所示。

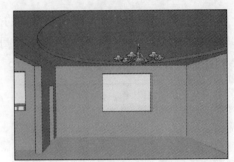

图 8-126 吊灯在客厅中的效果

提示

当图形较为复杂时，最好使用指定坐标或者绘制定位点的方式来进行基点的定位，因为图形中可捕捉的关键点太多，不利于使用捕捉功能找到所需的关键点。

再次转到图形空白处，进入"主视"视图，在其中绘制一个长半轴长度为 1、短半轴长度为 0.6 的椭圆，如图 8-127(a)所示。使用与前面类似的方法，将其仅保留 1/4，并将这个封闭图形生成为面域，如图 8-127(b)所示。

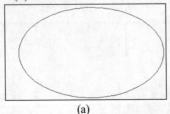

(a)

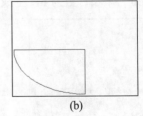

(b)

图 8-127 绘制椭圆并构造截面

操作方法与前面类似，将面域旋转，生成实体，如图 8-128(a)所示，再使用圆角命令对实体的上端面棱边进行圆角，半径为 0.1，得到的实体如图 8-128(b)所示。这是客厅天花板四角的顶灯实体。

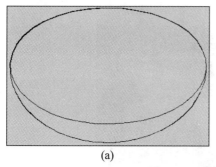
(a)

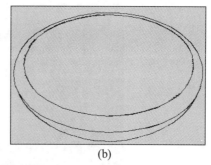
(b)

图 8-128　旋转生成实体并圆角

切换到世界坐标系，使用移动命令将此顶灯移动到客厅中的位置，指定基点为实体上端面的圆心，插入点为(75,25,28)，插入之后的位置如图 8-129(a)所示。图 8-129(b)为室内视角中的效果。

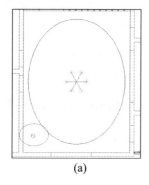
(a)

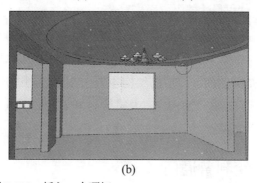
(b)

图 8-129　插入一个顶灯

对这个顶灯实体进行三维镜像操作或者三维阵列操作，在客厅所属的矩形中 4 个对称的位置各生成一个，效果如图 8-130 所示。使用镜像操作时，镜像平面指定为世界坐标系下的 YZ 平面和 ZX 平面，且都通过中心点(93.5,51,Z 坐标任意)，即可生成 X 轴和 Y 轴两个方向上的镜像。

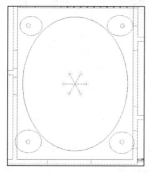
(a)

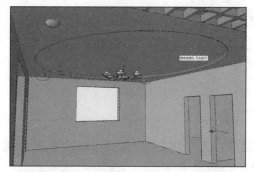
(b)

图 8-130　全部顶灯的室内效果

至此，客厅室内的设施已经绘制完成。其他房间的设施(如吊顶和顶灯)绘制方法相同，细节处理上略有差别，不再赘述。

从屋内向入口处观察，所观察到的客厅和入口处的吊顶效果如图 8-131 所示。

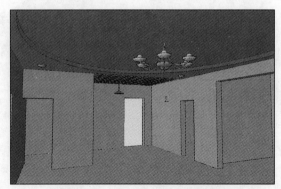

图 8-131　室内灯具和吊顶的效果

8.4　室内设施——门窗

门窗是室内建模中不可缺少的一类实体，前面在墙体线设计时已经为门窗预留了墙洞，这与建筑施工的情形是类似的。门窗的结构主要由相对规则的矩形组成，但层次较多，在绘制的时候应该按照合理的顺序。这个实例中主要将绘制 4 类门窗实体，它们包括：普通门、隔断、推拉窗和通风窗。

8.4.1　绘制普通门

在图形文件中建立一个图层，单独放置前面绘制的吊顶和灯具等实体，在绘制门窗时将此图层关闭，只保留墙体所在图层的显示，作为门窗位置的参考。只在预览门窗实体效果时才将"门窗"图层打开。绘图中除非需要观看三维效果，否则图形的视觉样式应尽量保持为"二维线框"视觉样式，以提高处理速度，如图 8-132 所示。

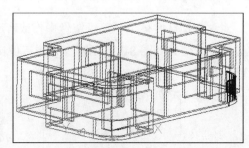

图 8-132　只显示墙体且为二维线框样式

提示

因门窗已在图层中预留了规则的矩形孔洞，故通过关键点确定门窗实体的插入位置不会造成困难，整个绘图基本都可以在"二维线框"视觉样式下完成。

绘制普通门之前应该对门洞的尺寸有所了解，使用"查询" |"点坐标"菜单命令可以查询图形中各关键点的坐标，从而获得门洞的尺寸参数。

在此实例中，首先介绍正门的绘制方法。根据平面图纸或查询墙体实体中的点坐标获得正门门洞的尺寸：宽 10，高 22，厚度 2。首先绘制一个矩形，宽为 10，高为 22，厚度为 1，如图 8-133(a) 所示。使用抽壳命令，选择这个矩形，之后删除其前、后和下面，确认之后指定偏移距离为 0.5，进行抽壳，得到如图 8-133(b) 所示的门框实体。删除面时的操作为：在命令提示区的"删除面"提示下，分别单击底面宽度方向的两条棱边，两条棱边所相邻的所有平面就都被删除掉了，也就是前、后和下 3 个面。

继续绘制矩形，作为门的主体，此时门的宽度和高度应该与门框的内部尺寸符合，也就是宽度为 9、高度为 21.5，而厚度则小于门框的厚度，设定为 0.5，如图 8-134 所示。图中为了观看方便而采用了"概念"视觉样式。

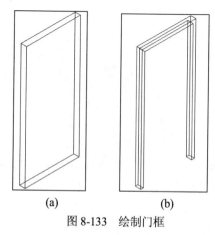

(a)　　　　　(b)

图 8-133　绘制门框

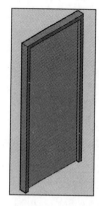

图 8-134　绘制门主体

进入"主视"三维视图，在图形空白处绘制二维对象。使用矩形命令绘制出一个宽度为 0.6、高度为 2 的矩形，再对矩形的直角进行圆角，圆角半径为 0.3，使矩形的圆角处成为完整的半圆，如图 8-135(a) 所示。

使用多段线命令，利用对象捕捉选择圆角矩形的上方圆弧圆心作为起点，通过相对坐标的方式指定下一点为 (@0.8,0.2)，再改换为"圆弧"方式，指定下一点的相对坐标为 (@0.6,0)，得到如图 8-135(b) 所示的多段线。

使用偏移命令对这条多段线进行偏移，分别向上和向下偏移 0.05，如图 8-135(c) 所示。

使用圆命令的"2 点"方式，在上下两条偏移多段线中绘制圆，将其封口，如图 8-135(d) 所示。

使用修剪命令，将位于两条偏移多段线内部的部分修剪掉，使之余下的部分构成一个封闭区域，使用面域命令将这个区域生成为面域，如图 8-135(e) 所示。

这里完成的为门内扶手的拉伸截面。

将圆角矩形也生成为面域，连同前面绘制的面域一同进行拉伸，圆角矩形拉伸高度为 - 0.1，成为锁孔的底座，扶手面域拉伸高度为 -0.2，成为扶手的外侧部分，如图 8-136 所示。

将扶手实体向外侧移动 0.8，以底座上端弧线圆心为圆心，绘制半径为 0.05、高度为 0.8 的圆柱体，作为扶手的转动杆。在底座下端弧线圆心处绘制半径为 0.2 的圆柱体，并使用差集命令从底座实体中减去这个实体，得到如图8-137所示的三维对象。这样正门内扶手和锁孔部门就绘制完毕，由于对室内图无影响，正门朝外的外观不需处理。

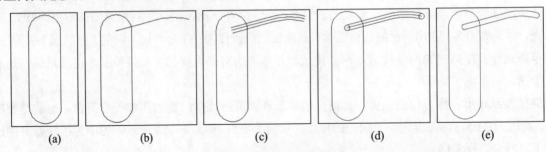

图 8-135　绘制截面的过程

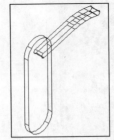

图 8-136　拉伸截面生成实体

图 8-137　完成扶手和锁孔

使用 UCS 命令，利用对象建立坐标系，选择门作为对象，建立如图 8-138(a)所示的坐标系，选择门把手和锁孔对象，使用移动命令，指定基点为锁孔座上端圆弧的内侧圆心，插入点为(0.8,12,0.5)，移动之后的效果如图 8-138(b)所示。为了便于说明把手在门上的位置，图中没有显示出门框实体。

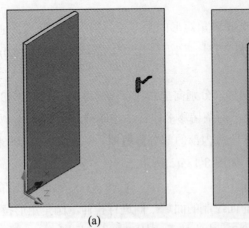

图 8-138　移动锁孔和把手实体

将含有把手的门和门框实体移动到图中的相应位置。利用对象捕捉功能，使门框和门的外侧端面与门洞对齐，在房间内部的视角则是门框比门洞凹下和门比门框凹下。以室内视角观察的效果如

图 8-139 所示。

各个房间门的绘制方法与正门类似，区别在于房间门洞的尺寸宽为 8，高为 20，因此门框的宽度也稍小一些，从正门的 0.5 变为 0.4，门框和门的厚度均与正门相同，为 1 和 0.5，较大的区别在于门把手。这里只介绍房间门把手的绘制方法，与前面重复的操作则省略掉。

使用圆柱体命令，在图形中的空白处绘制圆柱体，底面半径为 0.2，高度为 0.5，再使用球体命令，在圆柱体上端面圆心的位置绘制半径为 0.4 的球体。使用 UCS 命令，指定圆柱体对象为基准建立坐标系，再使用并集命令将圆柱体和球体合并成为一个实体。如图 8-140 所示。

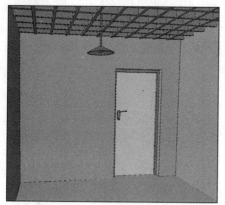

图 8-139　正门内部视角的效果

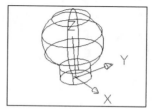

图 8-140　绘制门把手基本轮廓

提示

此处局部绘图之前建立了一个临时坐标系，可以对照前面绘制正门把手时采用的方法。

使用剖切命令，选择前面得到的合并实体，在当前坐标系下指定剖切平面为 XY 平面，通过点 (0,0,0.8)，保留下方一侧的实体，如图 8-141(a)所示。再使用圆角命令，对此实体的上端棱边和中间结合部位的棱边进行圆角，圆角半径为 0.2，圆角前后的实体如图 8-141(b)和图 8-141(c)所示。

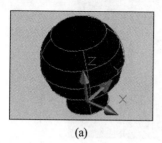 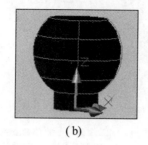 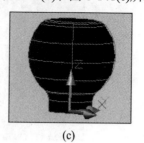

(a)　　　　　　　　　　　(b)　　　　　　　　　　　(c)

图 8-141　完成门把手实体

将门把手移动到门上的操作与前面相同，首先使用 UCS 命令，利用门的矩形对象建立坐标系，得到如图 8-142(a)所示的坐标系。之后移动门把手实体，用对象捕捉指定基点为底面(也就是圆柱体一面)的圆心，插入点则为当前坐标系下的(12,0.8,0)，将把手实体移动到门上如图 8-142(b)所示的位置。此时的门把手方向还需进行调整。使用三维旋转功能，指定旋转中心点为前面的插入点，旋转轴为 Z 轴，旋转角度为 - 90°，旋转到如图 8-142(c)的位置。最后，使用三维镜像命令，指定镜像平面为 ZX 平面，使用对象捕捉选择门厚度方向的中点，将门把手对称地生成到门的另一面，如图 8-142(d)所示。

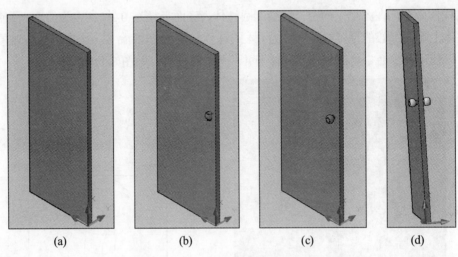

(a)   (b)   (c)   (d)

图 8-142　将门把手移动到门上

将绘制好的门框、门和门把手复制到图中各房间门的门洞中去，复制过程中应该注意门的布置方向不尽相同，相差 90°，应当进行一定的旋转。门的开启方向也要加以考虑，开门方向应该是靠墙体近的，这样开门进入房间具有广阔的视线。门和门框门洞的对齐方式应当一致，这里统一都是按照朝向房间内的一端对齐。插入的各个房间门如图 8-143 所示。

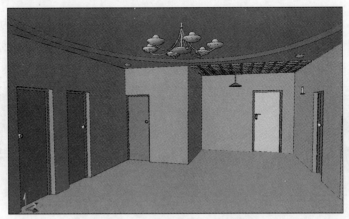

图 8-143　绘制房间门之后的效果

8.4.2　绘制隔断

在客厅与厨房之间，留有如图 8-144 所示的通道，下面将要在此处绘制一个隔断，以断开客厅和厨房。隔断全部为木质，结构包括两个部分：推拉门和陈列柜。

在墙体图中使用查询点坐标命令或根据图纸的数据可知此处门洞的宽度为 25、高度为 25，墙体的厚度为 2，按照此尺寸单独绘制隔断，之后插入到图形中。

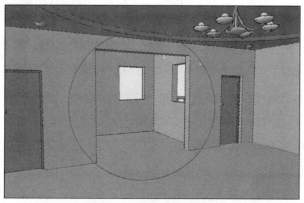

图 8-144 绘制隔断的位置

为了避免视觉干扰，隐藏除图层 0 之外的其他图层，并进入"左视"视图，使用多段线命令，绘制出如图 8-145 所示的隔断截面。其中，隔断的左边部分宽度为 8.5，高度为 25，右边门框部分门框的宽度为 0.5，具体的绘图参数不再赘述。

将前面绘制的截面生成为面域，并以高度为 –2 对其进行拉伸，如图 8-146 所示。

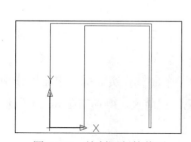

图 8-145 绘制隔断的截面

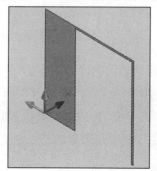
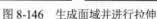

图 8-146 生成面域并进行拉伸

再回到"左视"视图，使用矩形命令在此图中绘制矩形，其中一个矩形的角点为(0.5,0.5)和(8,9.5)，另一个矩形的角点为(0.5,10)和(8,24.5)，得到如图 8-147 所示内部的两个矩形。

对这两个矩形截面分别进行拉伸，生成实体，上方一个的拉伸高度为 –2，下方一个的拉伸高度为 –1.9，之后使用差集命令从最初的隔断中减去这两个长方体，得到如图 8-148 所示的实体。

进入"左视"视图，使用矩形命令绘制陈列柜的隔板截面，隔板厚度均设为 0.1，首先绘制横向的隔板，各矩形的角点为(0.5,13)和(8,13.1)、(0.5,16)和(8,16.1)、(0.5,19)和(8,19.1)以及(0.5,22.5)和(8,22.6)，也就是，各条隔板的宽度都从 0.5 到 8，即贯穿整个宽度，所处高度分别为 13、16、19 和 22.5，厚度为 0.1，如图 8-149(a)所示。

继续绘制竖向的隔板，采用矩形命令实现，角点分别为(5,10)和(5.1,16)、(3,16)和(3.1,19)以及(4,19)

和(4.1,24.5)，也就是厚度仍然为 0.1，在 X 方向 5 的位置分隔横向的第一和第二层，在 X 方向 3 的位置分隔第三层，在 X 方向 4 的位置分隔第四和第五层，如图 8-149(b)所示。

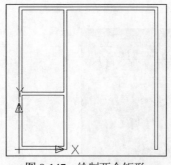

图 8-147　绘制两个矩形

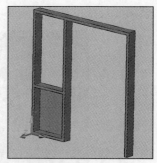

图 8-148　差集操作

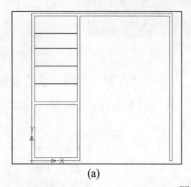

(a)

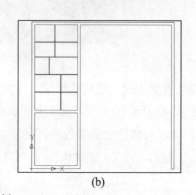

(b)

图 8-149　绘制隔板

　　为了使隔板的分布更具有层次感，删除最下方横向隔板被纵向隔板分割开的右边部分，使用修剪命令来实现，如图 8-150 所示。

　　选择"绘图"|"边界"命令，将前面生成的隔板截面生成为一个面域。实际操作中可以分别将每一部分的矩形生成为面域，之后使用并集命令进行合并，可避免出现歧义，得到如图 8-151 所示的面域。

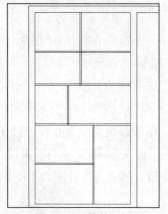

图 8-150　修剪隔板

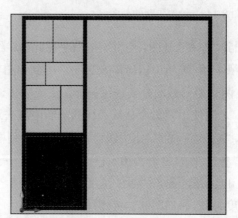

图 8-151　生成面域

将前面生成的面域拉伸生成实体，拉伸高度与外侧框架相同，为 − 2，如图 8-152(a)所示。之后在隔断下方的柜子外侧绘制一个盖板，使用长方体命令，在当前坐标系下以角点(0.5,0.5,0)和(8,9.5,0.1)绘制长方体，如图 8-152(b)所示，为完成的隔断外框的实体。

利用关键点的捕捉，使用移动命令，将绘制的隔断外框实体插入到墙体线中，如图 8-153 所示。

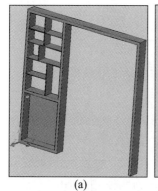 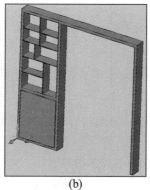 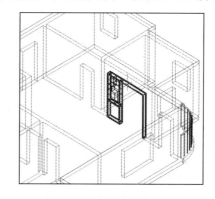

图 8-152　完成隔断外框的绘制　　　　　　　图 8-153　将隔断外框移动到墙体中

提示

> 注意，在绘制隔断的时候，应首先绘制外框，并将其移动到墙体中，再绘制推拉门，以避免将整个隔断一起绘制时的视觉干扰。

将隔断外框置于"门窗"图层中，并关闭该图层的显示，继续在图层 0 中绘制推拉门的实体。

首先进入"左视"视图，在其中绘制推拉门的截面形状，由于前面已经通过查询命令得到了隔断各部分的尺寸，一扇门的尺寸应该是宽度为 8，高度为 24.5，以(0,0)和(8,24.5)为角点绘制一个矩形，继续以(0.5,2)和(3.9,8.5)为角点绘制内部的矩形，如图 8-154 所示。

使用"矩形阵列"命令，选择绘制完成矩形为阵列对象，设置阵列行数为 3，列数为 2，行间距为 6.7，列间距为 3.6 生成阵列。

生成的阵列如图 8-155(a)所示，将外部的矩形以及内部的 6 个矩形均生成为面域，使用差集命令，从前者中减去后者。将所得面域以 − 0.5 作为高度进行拉伸，就得到了推拉门实体。在推拉门中间被减去的部分绘制一个厚度为 0.1 的矩形，将减去 6 个方格的位置填满，如图 8-155(b)所示。其中外框为木质门主体，中间厚度为 0.1 的是玻璃。

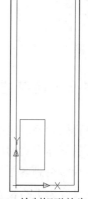

图 8-154　绘制矩形并生成阵列

之后显示"墙体"和"门窗"图层，使用带基点复制和粘贴命令将推拉门实体复制到图形中，使之成为两扇，注意到此时的推拉门并不是与门框对齐的，而是在门框的中间位置，推拉门的厚度为 0.5，而门框的厚度为 2，按照如图 8-156 左侧所示的方法进行基点和插入点的选取。为了图示清晰，采取"俯视"视图，选取门的右下角角点作为基点，选取门框范围的短边中点作为插入点，插入下方的一扇门。另一扇门的方法类似，使两扇门在推拉方向上错开且位于门框的中间，如图 8-156右侧所示。

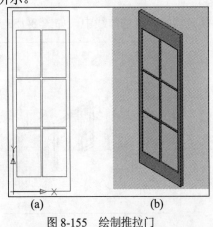

<table>
<tr><td>图 8-155　绘制推拉门</td><td>图 8-156　将推拉门插入到门框中</td></tr>
</table>

完成推拉门的插入，切换到室内的视角，看到所绘制的隔断效果如图 8-157 所示。

图 8-157　隔断的效果

8.4.3　绘制推拉窗

本节将要介绍的是绘制客厅的推拉窗。8.4.2 节中已经有过对推拉门的介绍，推拉窗与此类似，这里主要从整体绘制的思路和结构来介绍。

首先查询得到客厅墙上为窗留出的洞的尺寸，宽度为 20、高度为 15，然后绘制出一个与洞口尺寸一样但厚度为 1 的长方体，如图 8-158(a)所示。使用抽壳命令，选择这个长方体，将长方体的前后面删除，按 Enter 键确定，以偏移距离 0.5 进行抽壳，得到如图 8-158(b)所示的窗的外框。

接下来使用类似的操作，绘制推拉窗活动部分的框以及玻璃。首先绘制宽度为 9.5、高度为 14、厚度为 0.5 的一个长方体，之后以 0.4 为偏移距离进行抽壳，生成窗的活动框架。再根据这个框架的尺寸，绘制出适合此框架内部尺寸的长方体，即高度为 13.2、宽度为 8.7、厚度为 0.1，如图 8-159所示。

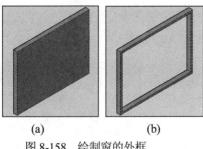

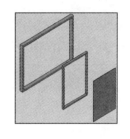

图 8-158　绘制窗的外框　　　　　　　图 8-159　绘制窗框和玻璃

首先将玻璃实体移动到活动窗框中，指定代表玻璃的长方体的短边中点作为基点，插入点也指定为活动窗框的内侧短边中点，也就是将玻璃按照中间对齐的方式插入到活动窗框中，如图 8-160 所示。

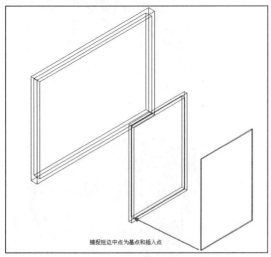
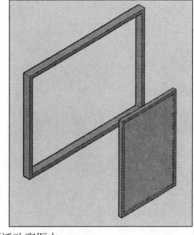

图 8-160　将玻璃实体移动到活动窗框中

继续对活动窗框和玻璃进行移动，以外侧对齐的方式插入到固定窗框中，如图 8-161 所示。

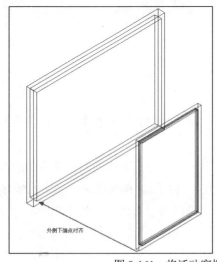
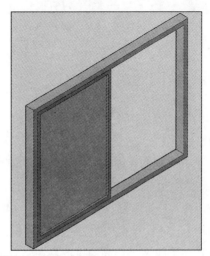

图 8-161　将活动窗框和玻璃移动到固定窗框中

223

再复制一次活动窗框和玻璃实体，以内侧对齐的方式插入到固定窗框中，在固定窗框的另外一侧复制一个活动窗，并要与前面插入的活动窗框错开，如图 8-162 所示。

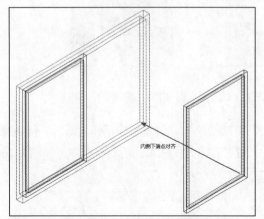
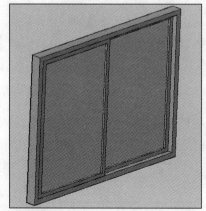

图 8-162　复制另一侧的活动窗框

再将整个推拉窗移动到墙体上预留的墙洞中，捕捉窗和墙洞上的外侧角点作为基点和插入点，把推拉窗插入到墙体中，如图 8-163 所示。

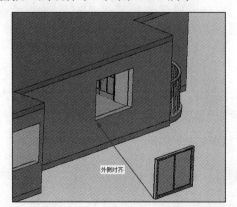
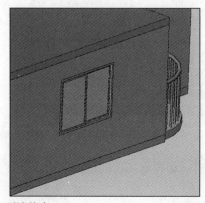

图 8-163　将推拉窗插入到墙体中

8.4.4　绘制通风窗

卫生间的通风窗结构不同于前面所描述的推拉窗，这是一种类似百叶窗的结构。下面将要介绍它的绘制方法。

进入"主视"视图，在图形的空白处绘制两个矩形，使之与左下角的端点重合，较大的矩形宽度为 0.5、长度为 3，较小的矩形宽度为 0.5、高度为 0.1，如图 8-164(a)所示。选择较小的矩形，指定基点为左下角点将其旋转 45°，如图 8-164(b)所示。选择经过旋转之后的矩形，指定坐标将其移动到向右为 0.1、向上为 0.2 的位置，如图 8-164(c)所示。选择经过旋转和移动的小矩形，对其进行矩形阵列操作，生成 8 个相同的矩形，在竖直方向上间距为 0.3，如图 8-164(d)所示。这是通风百叶窗的截面。

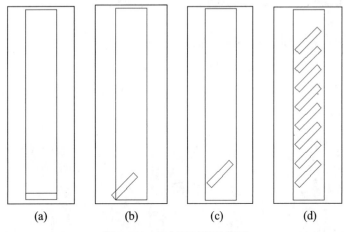

图 8-164   绘制百叶窗的截面

将前面所绘制的大小矩形对象生成为面域之后，以高度 5 进行拉伸，得到如图 8-165 所示的实体。

选择外部的大长方体，对其进行抽壳操作，去掉左视图中的前后两个面，指定抽壳距离为 0.2，构造出窗框，此时的实体形状如图 8-166 所示。

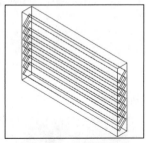

图 8-165   百叶窗实体

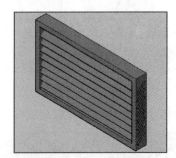

图 8-166   抽壳生成窗框

将整个实体通过移动操作插入到房间中去，利用对象捕捉功能，选取窗实体中的内侧角点作为基点，选取墙洞上相应的角点作为插入点，如图 8-167 所示。

从室内视角观察绘制好的通风窗，视野效果如图 8-168 所示。

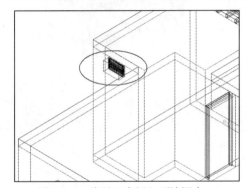

图 8-167   将通风窗插入到墙洞中

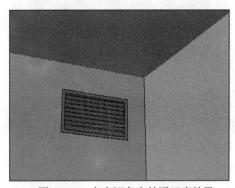

图 8-168   室内视角中的通风窗效果

8.5 室内设施——卫生间内部设施

在这个实例中绘制的是卫生间的全部内部设施，包括淋浴间、马桶和面盆等，由于绘制所使用的技术与前面所讲的基本类似，这里就不再赘述。

淋浴间的侧重点在于喷头、软管和开关，效果如图 8-169 所示，绘制完成的淋浴间如图 8-170 所示。

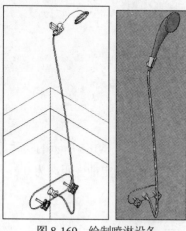

图 8-169　绘制喷淋设备

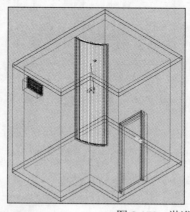

图 8-170　淋浴间绘制完成

面盆的绘制还是采用从二维截面生成三维实体的方法，首先构造出主体，之后再绘制细节实体并插入到图形中，绘制的最终效果如图 8-171 所示。

马桶的绘制体现组合实体绘制以及放样操作的技巧，绘制的效果如图 8-172 所示。

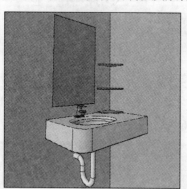

图 8-171　完成的面盆实体

图 8-172　完成马桶的绘制

由于卫生间的室内面积较小，无法在同一个视角之内表现出全部实体。两个不同的室内视角的效果如图 8-173(a)与图 8-173(b)所示。其中，图 8-173(a)为观察者站在进门位置向内的视角，图 8-173(b)为观察者站在卫生间内部向门口的视角，这两个室内视角共同包括了室内的全部实体，这样的操作可以模拟观察者处在室内所看到的真实画面。

如图 8-173(c)所示为具有透视效果的三维线框显示，图 8-173(d)所示为等轴测的二维线框显示。

利用线框的视觉样式可以观察到室内的全部布局和设施。

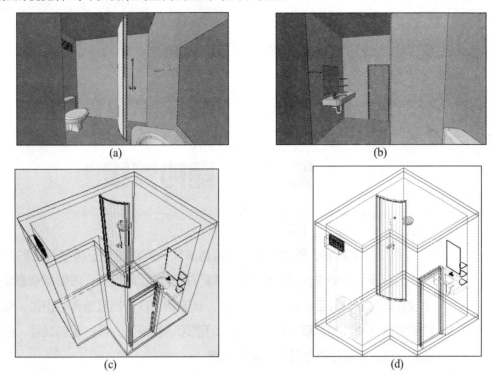

图 8-173　卫生间建模的最终效果

第9章　室内效果图

　　室内效果图可以形象地表现室内各种家具和设施在三维空间上的尺寸和位置，但对于实际的设计和施工来讲，除了尺寸和位置以外，还需要考虑室内家具以及各类设施的材质、贴图以及灯光，从而将设计师的理念传达出来，给人以视觉的美感，并通过材质、贴图和灯光的添加，给施工人员一定的参考，能够很好地实现设计思想视觉化和现实化的过程。

　　AutoCAD 2013 在三维渲染功能方面进行了加强，添加和扩充了材质、贴图和灯光等多方面的功能。本章将向读者详细讲解为客厅和卧室两个房间添加材质、贴图和灯光，并最终进行渲染的方法和技术。

客厅渲染效果

这个实例中，将要使用 AutoCAD 2013 的渲染功能，在前面已经绘制完成的套房室内模型的基础上添加材质和光源等信息，从而渲染得到具有真实感的室内效果图。实例中将主要对客厅周边的门窗和灯具等物体进行渲染。

9.1.1　设定墙体的材质

打开"室内设施"文件，之前建模时已经在图形中建立相机，对原有的相机进行适当的调整，选择两个相机，视角如图 9-1 所示。图中为不渲染的条件下使用"概念"视觉样式显示出来的三维图。

图 9-1　作为观察的两个相机视角

使用"剖切"命令，删去整个套房实体里靠近阳台一侧的两个房间所涉及的实体，以避免冗余的实体占用过多的系统资源，降低处理速度，如图 9-2 所示。

在任意工具栏上右击，打开"渲染"工具栏的显示，可以通过直接单击"渲染"工具栏中的按钮来调用命令。为了表述的清晰简略，以下操作说明中只给出命令的主窗口菜单路径。

选择"视图"|"渲染"|"材质浏览器"命令，系统弹出如图 9-3 所示的"材质浏览器"面板，单击"在文档中创建新材质"按钮，在弹出的下拉菜单中选择"新建常规材质"命令，弹出如图 9-4 所示的"材质编辑器"面板，将材质名称修改为"通用材质"，设置颜色、光泽度和自发光亮度，其他采用默认设置。

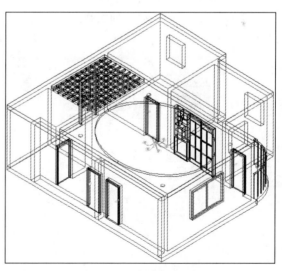

图 9-2　去掉冗余的实体

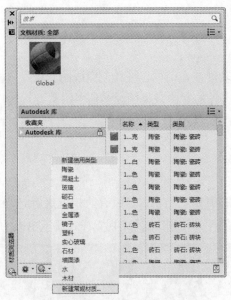

图 9-3　使用材质浏览器创建新材质

图 9-4　设置新材质

提示

> 墙体作为客厅渲染图中最主要的实体，其材质的指定具有决定意义，它构成整个渲染图的背景。

在绘图区选择墙体，在"材质浏览器"面板的"文档材质"列表中选择"通用材质"，在右键快捷菜单中选择"指定给当前选择"命令，把"通用材质"指定给墙体，如图 9-5 所示。此外，也可以打开如图 9-6 所示的"特性"选项板，在"三维效果"卷展栏的"材质"选项中设置材质的类型。

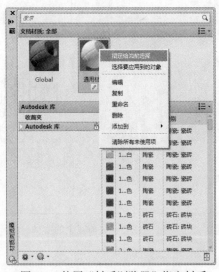

图 9-5　使用"材质浏览器"指定材质

图 9-6　使用"特性"选项板指定材质

选择"视图"|"渲染"|"高级渲染设置"命令，打开如图 9-7(a)所示的"高级渲染设置"面板，

在面板最上端的下拉菜单中默认为"中",这是指渲染的效果,使用较低的效果进行预览可以增加处理速度。再次选择"视图"|"渲染"|"渲染"命令,系统将会弹出如图9-7(b)所示的渲染效果图。

(a)

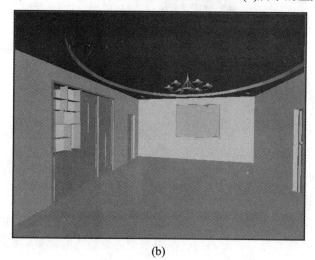

(b)

图 9-7　渲染后获得的效果

9.1.2　添加基本光源

渲染图中另一个重要的背景元素是光源,这一小节将要介绍最基本的光源构造。首先选择"视图"|"渲染"|"光源"|"聚光灯"命令,在图形中添加一个聚光灯,通过单击"光源"工具栏中的按钮也可以调用这一命令,不再赘述。

命令提示区以及需要的操作如下。

```
命令: _spotlight
指定源位置 <0,0,0>:                                    //光标拾取
指定目标位置 <0,0,-10>:                                //光标拾取
输入要更改的选项 [名称(N)/强度(I)/状态(S)/聚光角(H)/照射角(F)/阴影(W)/衰减(A)/颜色(C)/退出(X)] <退出>:
                                                    //直接按 Enter 键,完成聚光灯的创建
```

按照上面的方法创建多个聚光灯光源,选择"视图"|"渲染"|"光源"|"光源列表"命令,在"光源列表"面板中可以看到"模型中的光源"列表,如图9-8(a)所示。选择某一个光源并双击,可以打开如图9-8(b)所示的"特性"选项板,在其中修改光源的属性。

提示

可以看到,在创建时可以设定光源的各项属性,但光源的设置是一个不断调整的过程,因此在"特性"面板中设置是更好的选择。

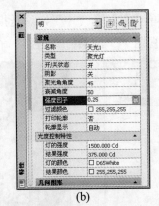

(a)   (b)

图 9-8   光源的"特性"选项板

在"特性"选项板中要设置的内容包括名称、阴影和强度因子，如图 9-8(b)所示，名称被指定为"天光 1"，阴影选择"关"选项，强度因子指定为 0.25，其他设置保持不变。

创建多个聚光灯光源之后，在图形中进行适当的调整。选择"视图"|"视口"|"两个视口"命令，在工作界面中显示出两个视口，将左边的视口指定为"左视"视图，将右边的视口指定为"主视"视图，效果如图 9-9 所示。选择光源并进行调整，可以实时观察到光源的位置变化，通过两个平面视图中的位置可以完全获得光源的位置信息。

将 3 个光源调整为具有一定的高度，且从不同的方向照射到渲染的区域，用这种多个聚光灯的组合来模拟自然光照的状态，这些光源称之为"天光"。聚光灯的数量越多，越能达到模拟的效果，从多个角度将方向朝上的实体面照亮。

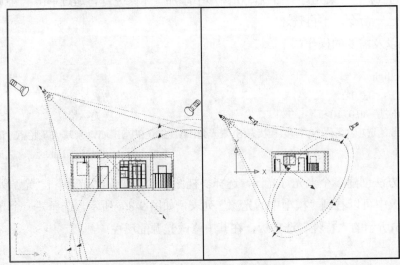

图 9-9   可视化地调整光源位置

提示

天光的构造具有典型意义，是构成渲染背景光的主要手段之一。

建立了 3 个天光光源之后，进入前面预设的室内视角，渲染得到如图 9-10 所示的图像。

根据此时渲染图的特征，对光源的特性进行调整，图中正面和右边的墙面显得光照不足，因此在图形中添加另外的聚光灯来照亮这两面墙。并且结合光源的特性对实体的材质进行调整，建立新的材质，命名为"通用材质 2"并将它应用到地板实体上，将颜色设置为较深的灰色，并且减少自发光程度，可使渲染图中地板的亮度与墙体基本一致，如图 9-11 所示。

图 9-10　预览渲染图

图 9-11　根据光照特性设置地板材质

可以看到，天花板的部分尚未被照亮，新建一个平行光，参数设置与前面类似，命名为"地光"，表示这是用以模拟向上方向光线的环境光，并将此平行光的强度因子设为 0.4，之后在室内视角进行渲染，得到如图 9-12 所示的图像。

图 9-12　添加"地光"光源并渲染出图

> **提示**
>
> 在创建时可以设定光源的各项属性，光源的设置是一个不断调整的过程，创建之后在"特性"选项板中的调整是有效的。

9.1.3 设定实体材质

经过前面的步骤，已经设定好了作为背景的墙体材质和环境中的灯光，下面开始分别对场景中的实体定义不同的材质。这里将要用到 AutoCAD 2013 中预置的一些材质特性。

1. 地板材质

首先为场景中的地板定义材质。选择"视图"|"渲染"|"材质浏览器"命令，系统弹出"材质浏览器"，如图 9-13 所示在 Autodesk 提供的材质库中选择"地板-木材"类别下的"白蜡木 - 野莓色"，选择右键快捷菜单中的"添加到"|"文档材质"命令，"白蜡木-野莓色"材质出现在"文档材质"列表中。

在"文档材质"列表中双击"白蜡木 - 野莓色"材质，弹出如图 9-14 所示的"材质编辑器"。

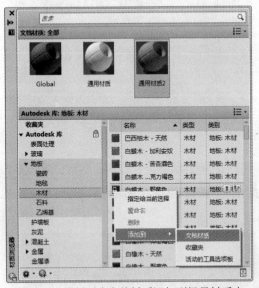

图 9-13　将材质库中的材质添加到场景材质中

图 9-14　打开"材质编辑器"

单击图 9-14 中的"图像"，会弹出如图 9-15 所示的"纹理编辑器"选项板，展开"变换"卷展栏，设置"旋转"角度为 60°，样例尺寸为 20，其他采用默认设置，回到材质编辑器，修改材质名称为"地板"。设置完成后的材质效果如图 9-16 所示。

关闭材质编辑器，在"材质浏览器"面板的"文档材质"列表中选择"地板"材质，应用于地板，如图 9-17 所示。

图 9-15　编辑纹理图像

图 9-16　设置地板材质参数

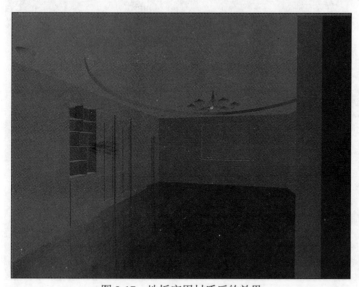

图 9-17　地板应用材质后的效果

2. 墙漆

墙漆采用如图 9-18 所示的 Autodesk 材质库中的"墙漆-有光泽"类别下的"橙红色"材质，将名称修改为"墙漆"。其参数设置如图 9-19 所示。

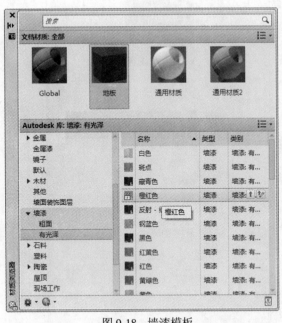

图 9-18　墙漆模板

图 9-19　设置墙漆材质参数

将"墙漆"材质应用于墙体，渲染效果如图 9-20 所示。

图 9-20　墙漆效果

3. 门玻璃和门框材质

门玻璃材质采用如图 9-21 所示的 Autodesk 材质库中的"玻璃"类别下的"透明-蓝色"材质，并将名称修改为"门玻璃"。参数设置如图 9-22 所示。

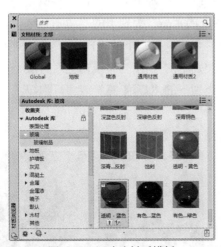

图 9-21　门玻璃材质模板

图 9-22　设置门玻璃材质参数

门框材质采用如图 9-23 所示的 Autodesk 材质库中的"木材"类别下的"柚木-天然无光泽"材质，并将名称修改为"门框材质"。参数设置如图 9-24 所示。

另外单击图像，对纹理进行编辑，参数设置如图 9-25 所示。将门玻璃和门框材质应用于门和隔断，效果如图 9-26 所示。

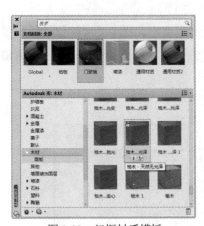

图 9-23　门框材质模板

图 9-24　设置门框材质参数

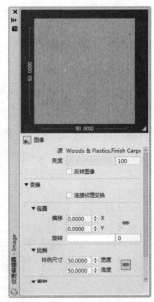

图 9-25　门框材质纹理编辑

4. 其他材质

由于其他材质的创建和设置与上面介绍的类似，这里就不再赘述，只在下面列出其他部分采用了什么材质，具体效果读者可以参考光盘附带源文件。

- 天花板材质使用 Autodesk 材质库中"墙漆-粗面"类别下的"米色"材质。
- 窗玻璃材质使用 Autodesk 材质库中"玻璃-玻璃制品"类别下的"清晰"材质。
- 门把手、灯的材质使用 Autodesk 材质库中"金属"类别下的"门用小五金-缎光铬"材质。
- 窗框材质使用 Autodesk 材质库中"金属"类别下的"铝框-漆成白色"材质。
- 灯泡材质使用 Autodesk 材质库中"玻璃"类别下的"灯泡-亮"或"灯泡-灭"材质。
- 吊顶材质使用与门框材质一样的材质。

将这些材质应用于场景中的实体，渲染效果如图 9-27 所示。

图 9-26 添加门玻璃和门框材质后的渲染效果   图 9-27 添加材质后的渲染效果

9.1.4 添加背景

本节将在渲染图中添加背景，操作都围绕渲染图中远端的窗进行。

首先在窗外上方添加一个光源以模拟阳光，以一定角度照射到室内。这个光源的位置以及参数如图 9-28 所示，重要的一点是"阴影"选择为开，需要先将"强度因子"指定为一个较大的数值，渲染过程中可根据实际情况加以调整。

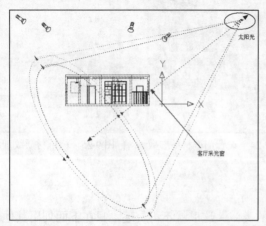

图 9-28 太阳光的位置与属性

　　在窗外适当的位置绘制一个长方体薄板，如图 9-29 所示，这样的实体称之为背景墙，接下来将把背景图片作为这个实体的贴图，用来渲染图中的背景。

　　选择"视图"|"渲染"|"材质浏览器"命令，系统弹出"材质浏览器"面板，单击"在文档中创建新材质"按钮，在弹出的下拉菜单中选择"新建常规材质"命令，弹出"材质编辑器"面板，将名称修改为"背景"，为"常规"和"透明度"卷展栏添加如图 9-30 所示的图像，单击进入"纹理编辑器"选项板，参数设置如图 9-31 所示。材质其他参数的设置如图 9-32 和图 9-33 所示。

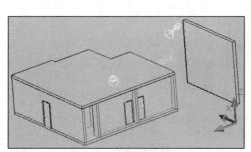

图 9-29　绘制背景墙实体

图 9-30　背景图片

图 9-31　编辑地板材质纹理

图 9-32　背景材质参数 01

图 9-33　背景材质参数 02

提示

　　这里设置背景材质会自发光，主要是想从房屋内的窗户看到这个背景板。

　　选择"视图"|"渲染"|"渲染环境"命令，或单击"渲染"工具栏上的相应按钮，进入"渲染

环境"对话框，以完成渲染处理的最后一步。将该对话框中的"启用雾化"一项选择为"开"，将
"远处雾化百分比"一项设定为 20，并且选择雾化颜色为"227,227,227"，以这一亮度很大的白色
对画面进行雾化。雾化颜色设置如图 9-34 所示。

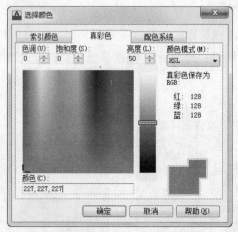

图 9-34　设置雾化颜色

以白色作为雾化颜色，可以更加突出白天的效果，并且窗外的背景清晰度降低、亮度提高，更
具有真实效果。如图 9-35 所示为最终的渲染效果图。

最后再给灯泡使用"灯泡-灭"材质的效果，最终效果如图 9-36 所示。

图 9-35　最终渲染效果

图 9-36　没有灯泡亮光的渲染效果

9.2　卧室渲染效果

在这个实例中将要渲染的是卧室，房间中摆放床、床头柜和茶几等家具以及吊顶和灯具等室内
设施。与 9.1 节实例一样，主要使用材质和灯光，配合贴图等来实现，不同之处在于：渲染环境设定
为晚上，而且场景完全在室内，视角中没有能看到屋外景象的玻璃窗。因此，此实例侧重于灯光的
组合效果和室内家具实体的设置。

　　各种材质、灯光的创建方法和过程与客厅渲染效果图的创建类似，这里不再赘述。读者可以观看本书附带的源文件和多媒体演示。卧室的最终效果如图 9-37 所示。

图 9-37　卧室的最终效果图

第10章 其他建筑类型装饰装潢图纸绘制

　　在前面的章节中，本书通过一个独立的套房向读者介绍了常见单体类住宅的装饰装潢图纸的绘制方法。对于其他类型的建筑，其绘制方式与别墅基本差不多，仅在布置的方式、涉及的图纸类型上会有所区别。本章将通过几个具体的案例，向读者介绍咖啡厅、会议室、酒店客房和网吧等不同建筑类型的装饰装潢图纸的绘制。

10.1　客厅咖啡厅装潢

　　本例将向读者介绍咖啡厅平面布置图、地面材质布置图和主要立面图的绘制，读者在绘制的过程中要灵活地使用平面图来定位立面图，并使用已有的图块来创建各种图例。

10.1.1　咖啡厅平面图的绘制

　　咖啡厅平面布置图如图 10-1 所示，绘制比例为 1:100，在绘制过程中，对于文件的创建、保存等内容不再讲述，将直接讲解图形的绘制过程。

　　具体绘制步骤如下。

　　01 使用"构造线"命令，绘制水平和垂直轴线，设置线型比例为 50，将垂直轴线向右偏移 12000，水平轴线向上偏移 9000，效果如图 10-2 所示。

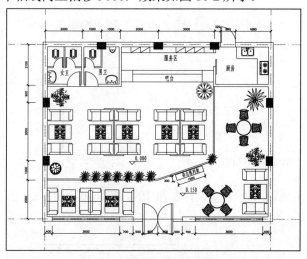

图 10-1　咖啡厅平面布置图

图 10-2　偏移水平和垂直构造线

　　02 使用"多线样式"命令，定义多线样式 240，定义两个图元，偏移分别为 120 和 - 120。绘制如图 10-3 所示的封闭的墙线。

　　03 使用"矩形"命令和"图案填充"命令绘制柱子图形，填充图案为 SOLID，绘制尺寸和效果如图 10-4 所示。

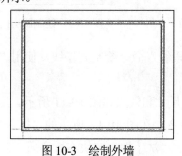

图 10-3　绘制外墙

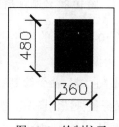

图 10-4　绘制柱子

04 使用"复制"命令将绘制完成的柱子插入到墙体中，具体尺寸和效果如图 10-5 所示。

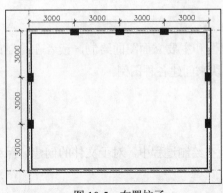

图 10-5 布置柱子

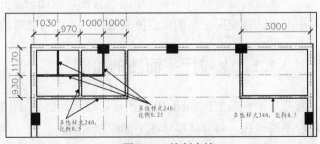

图 10-6 绘制内墙

05 使用"多线"命令 MLINE 创建内墙，并使用"多线编辑"命令 MLEDIT 对墙体进行编辑，创建的内墙效果如图 10-6 所示。

06 按照图 10-7 所示的尺寸使用"修剪"命令修剪墙线，使用"直线"和"圆弧"命令绘制窗户和门。

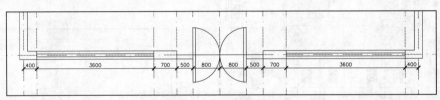

图 10-7 绘制大门和窗

07 使用"修剪"命令分别对厕所和厨房的墙线进行修剪，按照图 10-8 和图 10-9 所示的尺寸分别绘制厕所和厨房的门。

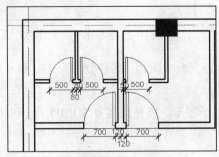

图 10-8 绘制厕所门

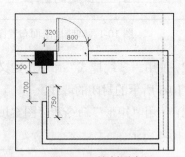

图 10-9 绘制厨房门

08 按图 10-10 所示的尺寸偏移构造线，使用"多段线"命令绘制高差线。使用"偏移"命令，将高差线向左上偏移 60。

09 使用"直线"命令绘制服务区的吧台和酒柜，尺寸和效果如图 10-11 所示。

10 定义好各种图例图块，执行"插入"|"块"命令，在图 10-12 所示的"插入"对话框中选择需要插入的图块，分别插入"蹲便器"、"小便器"、"洗手池"图块布置厕所，效果如图 10-13

所示。

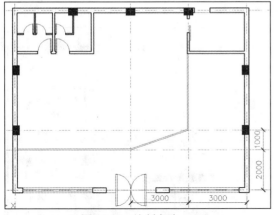

图 10-10　绘制台阶

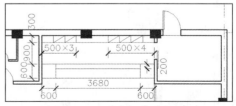

图 10-11　绘制吧台和酒柜

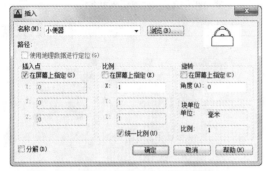

图 10-12　插入"小便器"图块

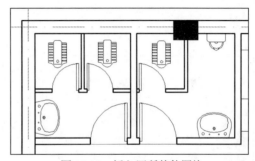

图 10-13　插入厕所其他图块

[11] 按照图 10-14 所示尺寸绘制厨房的操作台，并插入"洗碗池"和"煤气灶"等厨具图块。

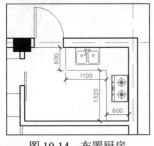

图 10-14　布置厨房

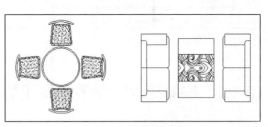

图 10-15　餐桌椅效果

[12] 绘制或者从现有的图例图块库中找到如图 10-15 所示的餐桌椅效果，按照图 10-16 所示的效果布置咖啡厅大厅。

[13] 定义好各种植物装饰图块，按照图 10-17 所示的布置效果布置大厅的植物装饰。

[14] 使用"多行文字"命令添加文字说明，文字样式为 GB350，为大厅地面添加标高，标高文字高度 250，效果如图 10-18 所示。

[15] 使用标注样式 GB100 创建尺寸标注，咖啡厅平面布置图绘制完成。

这里请读者注意，由于篇幅原因，一些文字样式和标注样式的参数在这里不再指出，请读者查看本书附带的光盘源文件，其中对参数有非常详细的设置。

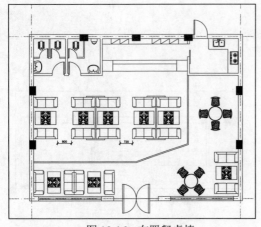

图 10-16　布置餐桌椅

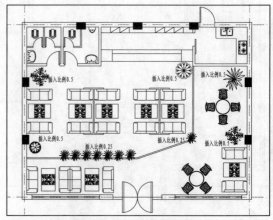

图 10-17　布置植物装饰

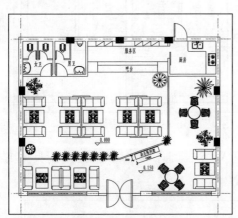

图 10-18　添加文字说明

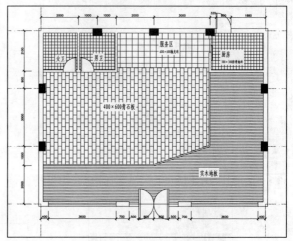

图 10-19　地面材质效果

10.1.2　咖啡厅地面材质布置图的绘制

在平面布置图绘制完之后，可在它基础上很方便地绘制如图 10-19 所示的地面材质布置图，具体过程如下。

01 复制一份平面布置图，仅保留墙体、柱子、门窗、轴线、台阶线，其他的部分均删除。使用"多行文字"命令创建文字说明，文字样式为 GB350，文字大小分别为 250 和 150，效果如图 10-20 所示。

02 执行"图案填充"命令，按照图 10-21 中设置的填充图案来表示青石板效果，填充效果如图 10-22 所示。

03 使用同样的方法，填充卫生间、服务区和厨房，横向填充效果如图 10-23 所示。此外，选择填充角度为 0，竖向填充效果如图 10-24 所示，填充角度为 90。

04 使用同样的方法，使用图 10-25 中设置的填充图案，创建如图 10-26 所示的实木地板铺装效果。

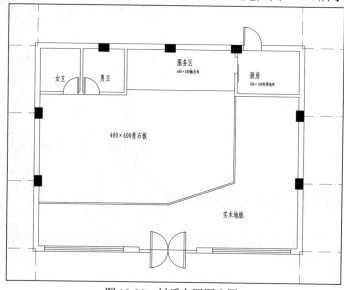

图 10-20　材质布置图底图

图 10-21　设置填充图案

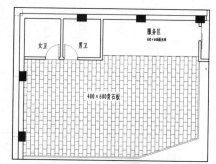

图 10-22　青石板图案填充效果

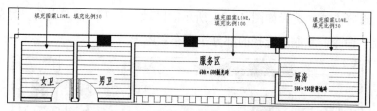

图 10-23　卫生间、服务区和厨房的横向填充效果

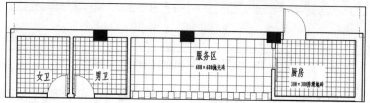

图 10-24　卫生间、服务区和厨房的竖向填充效果

图 10-25　设置实木地板图案

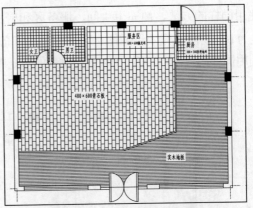

图 10-26　实木地板铺装效果

■ 10.1.3　咖啡厅 C 向立面图的绘制

在平面图绘制完之后，就可以在平面图的基础上，以平面图的图线为辅助，绘制所需要的立面图，C 向立面图如图 10-27 所示。

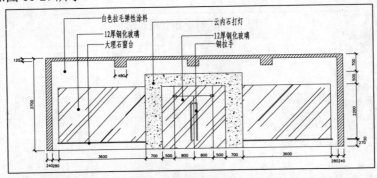

图 10-27　C 向立面图

具体绘制步骤如下。

01 使用交叉选择方式，选择如图 10-28 所示的区域，右击，在弹出的快捷菜单中选择"剪贴板"|"带基点复制"命令，复制所选择的部分平面布置图形。

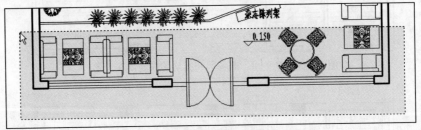

图 10-28　交叉选择平面布置图的部分图形

02 在绘图区的空白区域，执行"剪贴板"|"粘贴"命令，将步骤 **01** 复制的内容粘贴到图形

中，并使用"构造线"命令绘制如图 10-29 所示的构造线作为剪切边。使用"修剪"命令，将剪切边以上的部分修剪掉。

03 使用"构造线"命令，以步骤**02**修剪完成的平面图形为辅助图形，绘制垂直构造线，同时绘制水平构造线，尺寸和效果如图 10-30 所示。

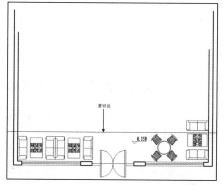

图 10-29　复制完成的部分平面布置图

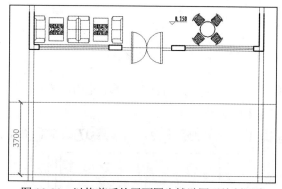

图 10-30　以修剪后的平面图为辅助图形绘制图线

04 执行"偏移"命令，将图 10-30 中上方的水平构造线分别向下偏移 120、400，其他的偏移尺寸如图 10-31 所示。

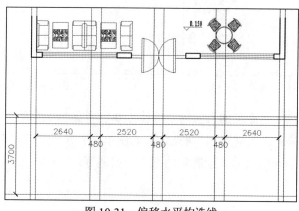

图 10-31　偏移水平构造线

05 使用"修剪"命令，对图线进行修剪，修剪效果如图 10-32 所示。

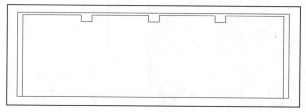

图 10-32　修剪图线

06 使用"图案填充"命令，使用图 10-33 中设置的填充图案，填充墙体和楼板，效果如图 10-34 所示。

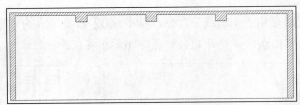

图 10-33 设置墙体剖切面的填充图案　　　　图 10-34 墙体剖切面填充效果

07 继续以平面图为辅助图形，使用"构造线"命令对大门进行定位，并将水平构造线偏移，效果如图 10-35 所示。

08 执行"修剪"命令，将步骤**07**绘制的图线修剪，修剪效果如图 10-36 所示。

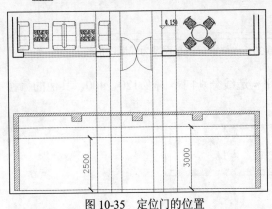

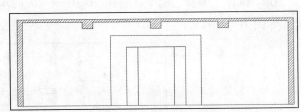

图 10-35 定位门的位置　　　　　　　　图 10-36 修剪门窗线

09 执行"偏移"命令，将底部的直线向上偏移 2100，并修剪成门的高度线。使用"图案填充"命令，图案类型为 AR-CONC，比例为 2，填充效果如图 10-37 所示。

10 按照如图 10-38 所示的尺寸，绘制门的把手、铰链等，完成大门的绘制。

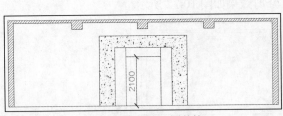

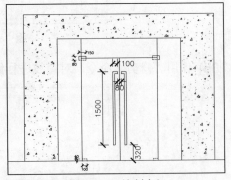

图 10-37 创建门围装饰　　　　　　　　图 10-38 绘制大门

11 继续使用平面图形作为辅助图形，使用构造线定位窗的位置，效果如图 10-39 所示。

12 执行"修剪"命令，对图线进行修剪，修剪之后完成的窗和窗台效果如图 10-40 所示。

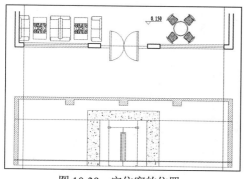

图 10-39　定位窗的位置

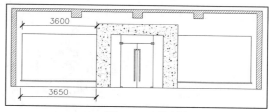

图 10-40　绘制窗

13 使用图 10-41 中设置的填充图案，添加玻璃填充图案效果，如图 10-42 所示。

图 10-41　设置玻璃填充图案

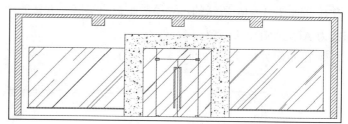

图 10-42　玻璃图案填充效果

10.1.4　咖啡厅 A 向立面图的绘制

在咖啡厅装饰装潢中，A 向和 C 向是两个主要立面方向。10.1.4 节学习了 C 向立面图的绘制，接下来学习 A 向立面图的绘制，效果如图 10-43 所示。

具体绘制步骤如下。

01 与绘制 C 向立面图一样，需要借助于平面布置图的部分图形作为辅助图形，绘制草图的效果如图 10-44 所示。

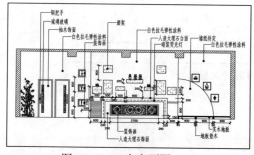

图 10-43　A 向立面图

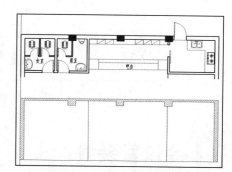

图 10-44　A 向立面图草图效果

02 按照图 10-45 所示，绘制厕所的门立面图形，在厕所门的左侧插入植物立面图块，为门填充装饰图案 AR-SAND，比例为 1，在厕所门的右侧按照图示尺寸插入 3 幅装饰画图块。

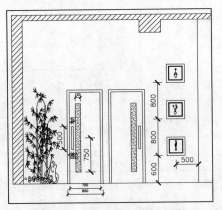

图 10-45　绘制厕所门处立面图

03 按照图 10-46 所示的尺寸绘制吧台服务区，并按照图示尺寸布置放酒和装饰物的承台，填充图案为 AR-SAND，比例为 4。

04 在厨房外墙上绘制圆弧，半径为 2000，将圆弧 4 等分，布置装饰画，效果如图 10-47 所示。

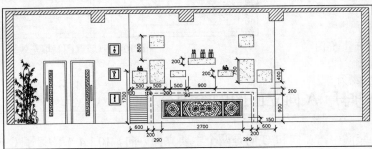

图 10-46　绘制吧台服务区立面图

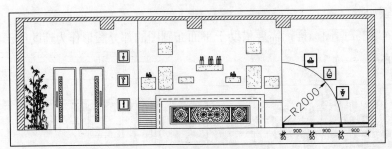

图 10-47　绘制厨房处立面图

10.2　会议室装潢

会议室的布置相对比较简单，中规中矩，主要工作是会议桌椅的摆放、灯光的布置，对于立面来说，整体重复的地方会比较多，设计相对简单。

10.2.1　会议室平面图的绘制

会议室平面布置图如图 10-48 所示，由于会议室地面材质比较单一，因此地面材质的表示也在平面布置图中一并标出。

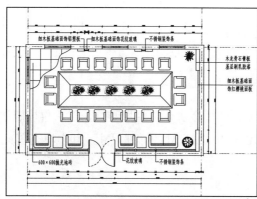

图 10-48　会议室平面布置图

具体绘制步骤如下。

01 使用"构造线"命令绘制轴线，轴线线型比例为 50，效果如图 10-49 所示。

02 执行"多线"命令，使用多线样式 240(图元上下偏移 120、-120)绘制墙体，墙体效果如图 10-50 所示，绘制比例为 1。

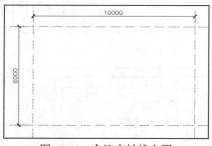

图 10-49　会议室轴线布置

图 10-50　会议室墙体

03 按照图 10-51 所示的尺寸，使用"直线"和"修剪"命令绘制门窗洞。

04 使用"直线"和"圆弧"命令绘制门窗，绘制效果如图 10-52 所示。

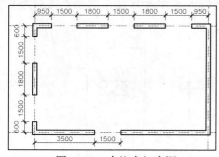

图 10-51　会议室门窗洞

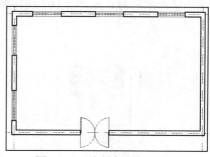

图 10-52　绘制会议室门窗

253

05 按照如图 10-53 所示的尺寸，绘制会议室 C 向墙面装饰。图 10-54 为图 10-53 中"1"处的放大图。

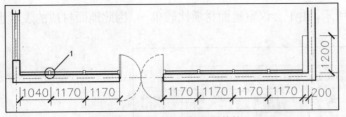

图 10-53　绘制 C 向立面装饰

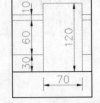

图 10-54　装饰放大图

06 按照如图 10-55 所示的尺寸绘制 B 向墙壁装饰，然后再按照如图 10-56 所示的效果绘制 A 向立面装饰，图 10-57 为图 10-56 中"2"处的详细尺寸，其中填充图案为 ANSI32 且比例为 1。

200×1200 矩形→

线距离墙体 90→

图 10-55　B 向立面装饰

图 10-56　A 向立面装饰

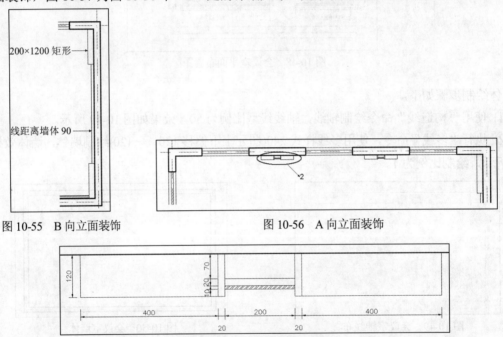

图 10-57　A 向立面装饰放大效果

07 在会议室平面图中分别插入如图 10-58 所示的植物 01、植物 02、植物 05 图块。其中，植物 01 图块的插入比例为 0.5，植物 02 图块的插入比例为 0.25，植物 05 图块的插入比例为 1。

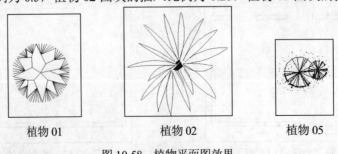

植物 01　　　　　　植物 02　　　　　　植物 05

图 10-58　植物平面图效果

08 在会议室平面图中插入如图 10-59 所示的沙发，插入比例为 1。绘制 550×600 的矩形，表示茶几。继续插入如图 10-60 所示的会议桌椅平面图，比例为 1。

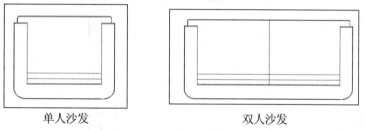

单人沙发　　　　　　　　　双人沙发

图 10-59　沙发平面图效果

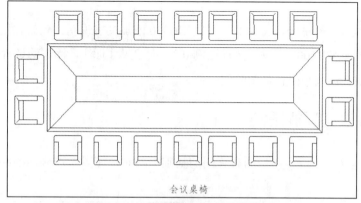

会议桌椅

图 10-60　会议室桌椅平面图效果

09 插入完植物装饰平面图，沙发、茶几平面图、会议室桌椅和植物装饰布置效果如图 10-61 所示。

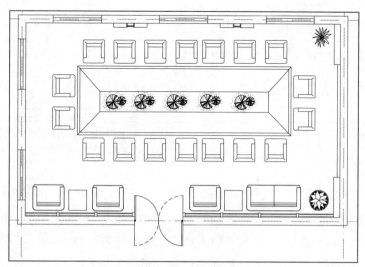

图 10-61　会议室桌椅、植物装饰布置效果

10 执行"样条曲线"命令，绘制如图 10-62 所示的样条曲线，在围成的封闭区域内，绘制水

平和垂直直线，直线间距 600，表示地面铺装的材料，效果如图 10-63 所示。

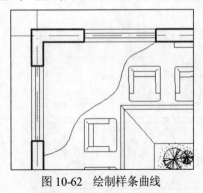

图 10-62　绘制样条曲线

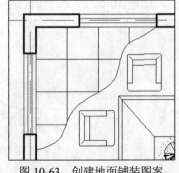

图 10-63　创建地面铺装图案

11 执行"多线样式"命令，使用文字样式 GB350 添加文字说明，效果如图 10-64 所示。

12 使用标注样式 GB100-3，设置全局比例 0.2，创建尺寸标注，标注的过程中适当调整右侧说明文字的位置，完成会议室平面布置图的创建。

10.2.2　会议室顶棚图的绘制

平面布置图创建完之后，可在平面布置图的基础上绘制顶棚图，顶棚图的绘制效果如图 10-65 所示。

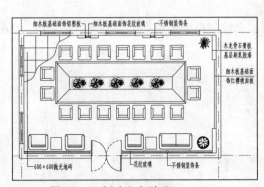

图 10-64　创建文字说明

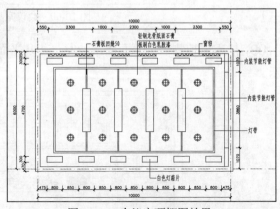

图 10-65　会议室顶棚图效果

具体绘制步骤如下。

01 复制会议室平面布置图，仅保留轴线，其他图形图线均删除，使用多线样式 240 绘制墙体，比例为 1。使用"直线"和"矩形"命令绘制顶棚吊顶和灯箱，效果如图 10-66 所示。

02 继续执行"矩形"命令，绘制如图 10-67 所示的小灯箱。

03 按照如图 10-68 所示的尺寸插入吸顶灯图块，完成顶棚图灯具的绘制。

04 使用"样条曲线"命令绘制窗帘，使用"直线"命令绘制窗帘盒，完成后按照图 10-69 所示的尺寸布置窗帘和窗帘盒的位置。

05 使用"直线"命令，绘制 B 向墙面顶部的面板效果，如图 10-70 所示。最后添加说明文字和尺寸标注，完成顶棚图的绘制。

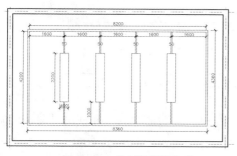

图 10-66   绘制吊顶和灯箱

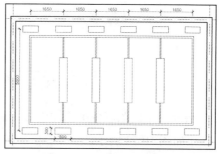

图 10-67   绘制小灯箱效果

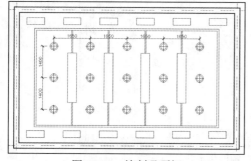

图 10-68   绘制吸顶灯

图 10-69   绘制窗帘

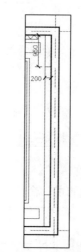

图 10-70   绘制 B 向立面面板

10.2.3   会议室立面图的绘制

与咖啡厅立面图的绘制类似，会议室立面图的绘制仍然在平面布置图的基础上进行，在绘制的过程中，结合顶棚图来进行辅助绘制。绘制完成的 C 向立面图效果如图 10-71 所示。

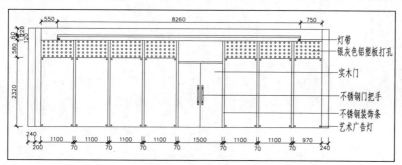

图 10-71   C 向立面图效果

具体绘制步骤如下。

01 复制部分平面布置图，对平面布置图进行修剪，效果如图 10-72 所示。

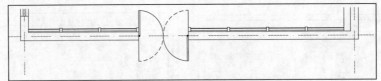

图 10-72　用于辅助绘图的平面布置图

02 使用截断的平面图，使用"构造线"命令绘制相应的辅助线，并使用"偏移"命令偏移水平构造线，效果如图 10-73 所示。

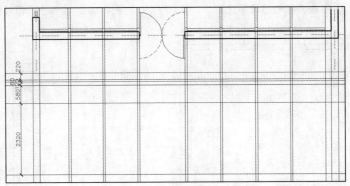

图 10-73　绘制辅助构造线

03 使用"修剪"命令，对图线进行修剪，效果如图 10-74 所示。

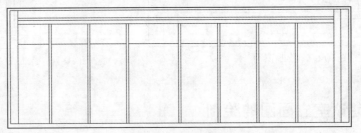

图 10-74　修剪构造线

04 按照如图 10-75 所示的尺寸，对水平的直线进行修剪，并使用"直线"命令补全垂直直线以绘制顶部灯箱。

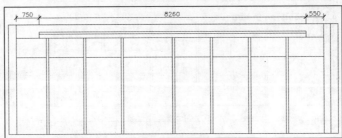

图 10-75　绘制顶部灯箱

05 按照如图 10-76 所示的尺寸绘制筒灯，在如图 10-77 所示的位置 "3" 处创建筒灯，具体尺寸和位置如图 10-78 所示。

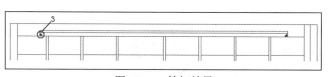

图 10-76　筒灯效果

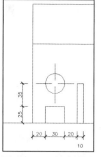

图 10-77　绘制筒灯

图 10-78　筒灯详细尺寸

06 绘制半径为 25 的圆，并对该圆进行矩形阵列，设置阵列行数为 5，列数为 7，行间距为 120，列间距为 150，阵列效果如图 10-79 所示。

07 执行 "圆" 命令，按照如图 10-80 所示的位置绘制半径为 20 的圆，作为装饰板的铆钉，按照同样的方法绘制其他的圆。

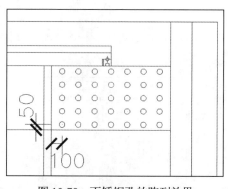

图 10-79　不锈钢孔的阵列效果

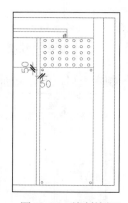

图 10-80　绘制铆钉

08 使用 "复制" 命令，复制不锈钢孔和铆钉图形，将其粘贴到其他的不锈钢装饰板上。完成的效果如图 10-81 所示。

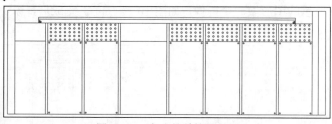

图 10-81　完成的装饰孔效果

09 由于最左侧的不锈钢板与其他尺寸不一样，在粘贴不锈钢孔的时候，要删除多余部分，并调整铆钉圆位置，效果如图 10-82 所示。

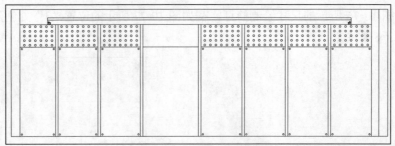

图 10-82　绘制其他的装饰孔

10 按照如图 10-83 所示的尺寸绘制大门的效果，其中门把手的尺寸如图 10-84 所示。

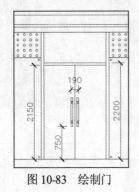

图 10-83　绘制门

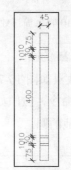

图 10-84　门把手尺寸

11 门绘制完成后，整体立面效果如图 10-85 所示。

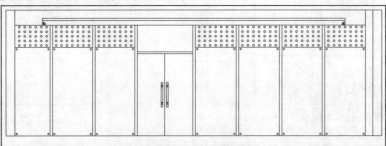

图 10-85　绘制完成的效果

12 对如图 10-86 所示的图形做一个镜像，如图 10-86 所示。完成后，添加说明文字，文字样式为 G350，文字高度为 250。

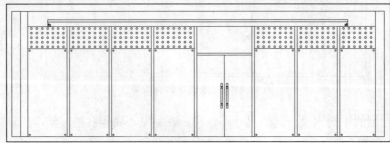

图 10-86　镜像效果

10.3　酒店标准间装潢

对于酒店装修来说，整体装修和单个房间的装修都很重要，这一节以一个酒店标准间的平面图形的绘制大略地讲一下酒店装饰装潢图纸的绘制。

10.3.1　酒店标准间平面图的绘制

平面布置图的效果如图 10-87 所示。其具体绘制步骤如下。

01　使用"构造线"和"偏移"命令绘制如图 10-88 所示的轴线，轴线比例为 50。

02　使用"矩形"命令绘制 900×1200 的柱，填充图案为 SOLID，效果如图 10-89 所示。

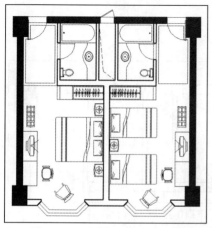

图 10-87　酒店标间平面布置图

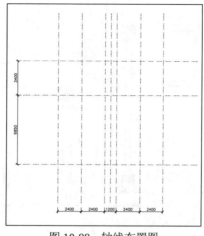

图 10-88　轴线布置图

图 10-89　柱效果

03　使用 240 多线样式绘制墙体，绘制比例分别为 0.75 和 1.5，效果如图 10-90 所示，其中"1"为 180 墙，"2"为 360 墙。

04　对多线进行编辑，主要使用"T 形合并"和"角点结合"两种方式，效果如图 10-91 所示。

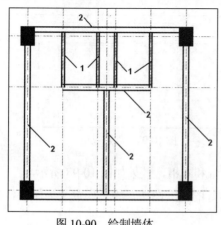

图 10-90　绘制墙体

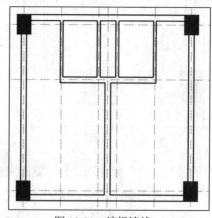

图 10-91　编辑墙线

05 使用"直线"和"偏移"命令绘制窗台，尺寸如图 10-92 所示，使用"复制"命令将窗台复制到另一侧，并修剪多余的墙线，效果如图 10-93 所示。

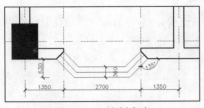

图 10-92　绘制窗台

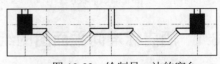

图 10-93　绘制另一边的窗台

06 按照如图 10-94 所示的尺寸，使用"修剪"命令创建门洞，并使用"矩形"和"圆弧"命令绘制"1200 门"、"1000 门"、"900 门"，效果如图 10-95 所示。

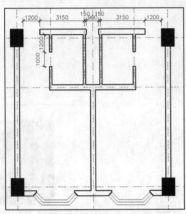

图 10-94　创建门洞

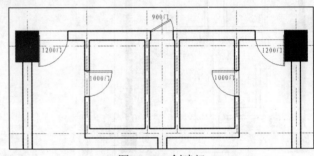

图 10-95　创建门

07 使用"直线"和"矩形"命令分别绘制电视柜、写字台和衣柜，效果分别如图 10-96 和图 10-97 所示。

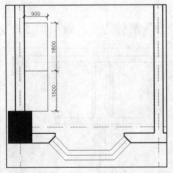

图 10-96　创建电视柜和写字台

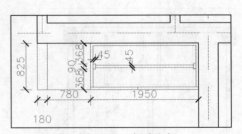

图 10-97　创建衣柜

08 使用"镜像"命令创建另一侧的电视柜、写字台和衣柜，效果如图 10-98 所示。

09 绘制各种电器和家具的图例，或使用已经绘制好的相关图块，将它们定义为图块，用于插入到平面布置图中，各图块的效果如图 10-99 所示。

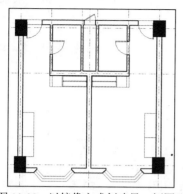

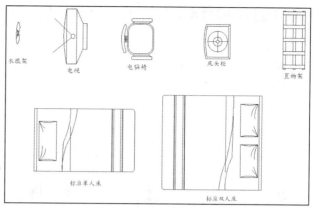

图 10-98　以镜像方式创建另一侧图形　　　　图 10-99　标间布置图块

10 将如图 10-100 所示的图块插入到平面布置图中，效果如图 10-100 所示。

11 选择"工具"|"选项板"|"设计中心"命令，打开设计中心，在文件夹列表中定位到 C:\Program Files\AutoCAD 2013\Sample\ zh-CN \DesignCenter\ House Designer.dwg 文件，在"块"列表中右击 "椅子-摇椅"图块，如图 10-101 所示。在弹出的菜单中执行"插入块"命令，在弹出的如图 10-102 所示的"插入"对话框中设置插入块的参数。

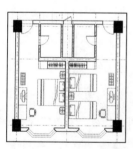

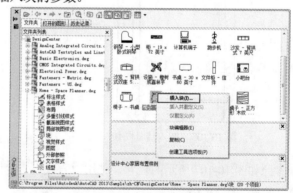

图 10-100　标间布置效果　　　　　　　图 10-101　使用设计中心插入图块

图 10-102　设置插入参数

12 参数设置完成后，单击"确定"按钮，完成图块插入，对插入的图块进行镜像，效果如图 10-103 所示。

中文版 AutoCAD 2013 室内装潢设计

13 继续使用步骤**11**和步骤**12**的方法，将如图 10-104 所示的图块插入到洗手间，效果如图 10-105 所示。

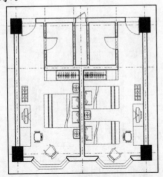

图 10-103　插入摇椅效果

图 10-104　卫生间洁具图块

14 使用"分解"命令分解浴缸图块，使用"拉伸"命令分别在 X、Y 方向拉伸，并移动出水口，效果如图 10-106 所示。

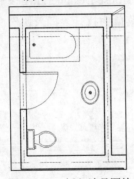

图 10-105　插入洁具图块

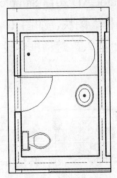

图 10-106　调整浴缸尺寸

15 参照如图 10-107 所示的尺寸，使用"直线"、"圆"、"圆弧"和"修剪"命令绘制洗脸台并镜像，效果如图 10-108 所示。

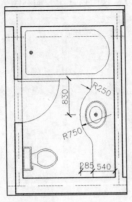

图 10-107　绘制洗脸台

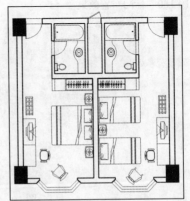

图 10-108　镜像浴室布置

16 参照如图 10-109 所示的尺寸绘制地面材质铺装线并镜像，镜像效果如图 10-110 所示。

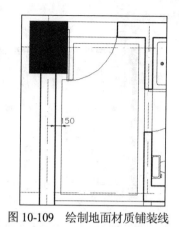

图 10-109　绘制地面材质铺装线

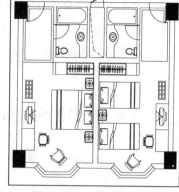

图 10-110　镜像铺装线效果

10.3.2　酒店标准间地面布置平面图的绘制

在平面布置图的基础上，可以绘制地面布置平面图和顶棚图。下面绘制地面布置平面图，如图 10-111 所示。

具体绘制步骤如下。

01 复制一份平面布置图，删除所有家具，并补全其他线条，效果如图 10-112 所示。

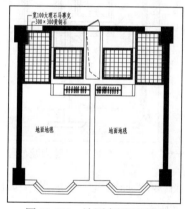

图 10-111　地面布置平面图

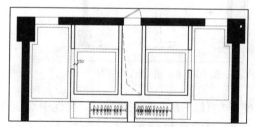

图 10-112　删除多余线条

02 使用"图案填充"命令，使用图 10-113 中设置的填充图案，创建如图 10-114 所示的大理石马赛克效果。请注意，此时要填充两次，一次角度为 90°，另一次角度为 0°。这里所说的马赛克效果是指图 10-114 中填充的小方块。

图 10-113　设置填充图案

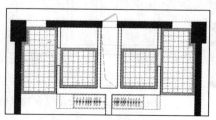

图 10-114　图案填充效果

03 大方块部分表示 300×300 黄铜石铺装,使用"直线"、"偏移"和"修剪"命令绘制,直线间距为 300。

04 绘制完成后,使用 GB350 文字样式创建多行文字说明。

10.3.3 酒店标准间顶棚平面图的绘制

在地面布置平面图绘制完成后,开始绘制如图 10-115 所示的顶棚平面图。

具体绘制步骤如下。

01 复制一份双人房地面布置图,删除地面布置,效果如图 10-116 所示。

02 使用"直线"和"矩形"命令,创建天花吊顶,吊顶线距离边线 150,效果如图 10-117 所示。

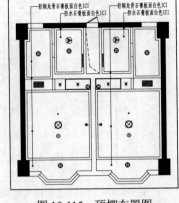

图 10-115 顶棚布置图

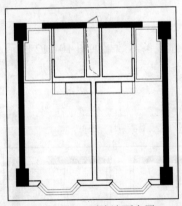

图 10-116 删除地面布置

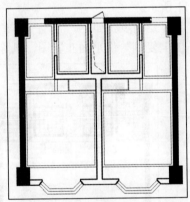

图 10-117 创建天花吊顶

03 使用"直线"命令绘制辅助线,捕捉中点插入"吸顶灯"和"抽风机"图块,效果如图 10-118 所示。完成后,按照如图 10-119 所示的尺寸插入"镜前灯"图块。

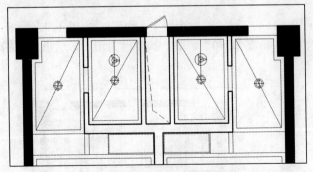

图 10-118 创建吸顶灯和抽风机

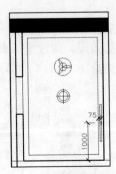

图 10-119 创建镜前灯

04 使用"直线"命令绘制辅助线，插入"百叶维修口"和"石英射灯"图块，效果如图 10-120 所示。

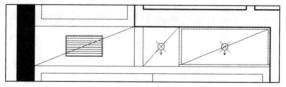

图 10-120　创建百叶维修口和石英射灯

05 使用"直线"命令绘制辅助线，创建定数等分点，等分 3 份，如图 10-121 所示。在等分点上分别插入"消防喷淋"和"消防烟感"图块，在直线中点插入"工艺吊灯"图块，效果如图 10-122 所示。

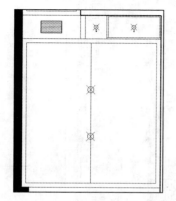

图 10-121　创建消防喷淋和消防烟感图块定位点

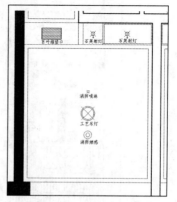

图 10-122　创建工艺吊灯

06 使用类似的方法插入"触碰开关"、"壁灯"和"吸顶灯"等其他图块，壁灯和吸顶灯居中，效果如图 10-123 所示。

07 执行"镜像"命令，将绘制完成的灯具镜像，镜像效果如图 10-124 所示。

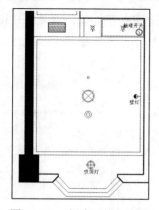

图 10-123　创建开关、壁灯

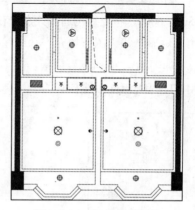

图 10-124　灯具镜像效果

08 使用 GB350 文字样式添加说明文字，完成顶棚图的绘制。

267

10.4 网吧装修

网吧是经常会遇到的一种大空间的装修类型图纸，主要空间为电脑和电脑桌，部分网吧还设有卡座和包间，吧台和洗手间属于附属部分，其装修风格也多种多样。本节通过一个网吧的平面布置图、顶棚图和立面图介绍网吧装修图纸的绘制。

10.4.1 网吧平面图的绘制

按照 1:100 的比例绘制如图 10-125 所示的网吧平面布置图。

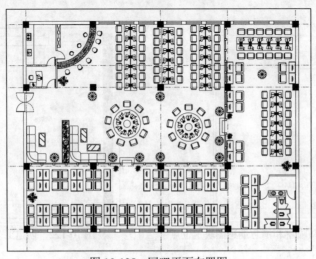

图 10-125　网吧平面布置图

具体绘制步骤如下。

01 使用"构造线"命令，绘制水平构造线和竖直构造线，设置线型比例为 50，将水平构造线向上偏移 6000、7500、6000，将竖直构造线分别向右偏移 6600，完成轴线的绘制，效果如图 10-126 所示。

02 使用"矩形"和"图案填充"命令绘制 600×600 的柱子，填充图案为 SOLID，将柱子布置在轴网上，效果如图 10-127 所示。

03 使用 STANDARD 多线样式绘制墙体，绘制比例为 300，绘制效果如图 10-128 所示。

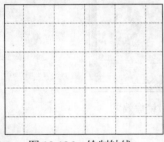

图 10-126　绘制轴线

图 10-127　创建柱网

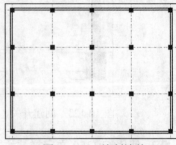

图 10-128　绘制墙体

04 使用"多线"命令按照图 10-129 所示的尺寸绘制洗手间墙体，其中多线样式为 240、比例为 0.5、对正为 Z，并对多线进行"T 形合并"编辑，效果如图 10-130 所示。

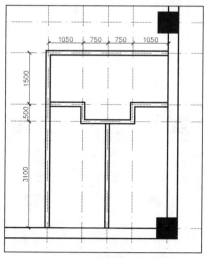

图 10-129　绘制洗手间内墙

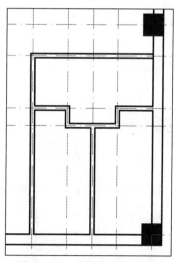

图 10-130　编辑洗手间内墙

05 使用"偏移"和"修剪"命令绘制门洞，使用"直线"命令补齐门洞，效果如图 10-131 所示。

06 使用"多线"命令绘制网管员办公室和厨房墙体，绘制方法与绘制洗手间类似。使用"圆弧"命令绘制吧台，效果如图 10-132 所示。

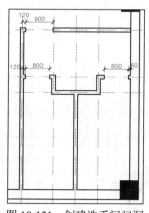

图 10-131　创建洗手间门洞

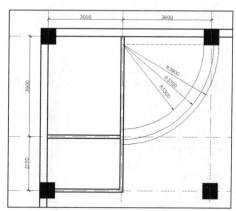

图 10-132　绘制办公室、厨房内墙和吧台

07 对多线使用"T 形合并"进行编辑。使用"偏移"和"修剪"命令绘制办公室和厨房门洞，使用"直线"命令补齐门洞，效果如图 10-133 所示。

08 使用"矩形"、"直线"、"偏移"和"矩形阵列"命令绘制两个柱子之间的隔断，效果如图 10-134 所示。

09 使用同样的方法，创建其他柱子之间的隔断，并创建台阶，台阶宽 250，效果如图 10-135 所示。

10 按照如图 10-136 所示的尺寸，使用"直线"和"修剪"命令绘制窗户。

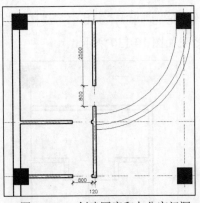

图 10-133　创建厨房和办公室门洞

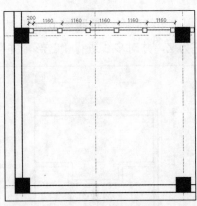

图 10-134　绘制隔断

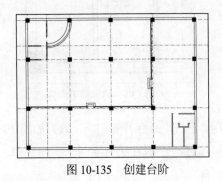

图 10-135　创建台阶

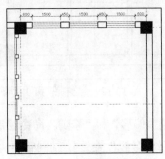

图 10-136　绘制部分窗户

11 使用同样的方法绘制其他的窗户，效果如图 10-137 所示。

12 按照如图 10-138 所示的尺寸偏移墙线，使用"修剪"命令修剪墙线，并用"直线"命令补齐墙线，完成大门门洞的绘制。

13 使用"直线"和"矩形"命令绘制各处的门，效果如图 10-139 所示。

图 10-137　创建其他窗户

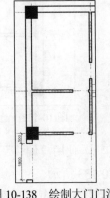

图 10-138　绘制大门门洞

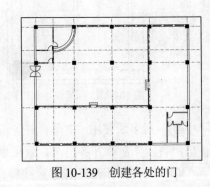

图 10-139　创建各处的门

14 在洗手间绘制隔板，分别插入"蹲便器"、"坐便器"和"小便器"等图块布置洗手间。使用设计中心，插入 C:\Program Files\AutoCAD 2013\Sample\DesignCenter\House Designer.dwg 文件中的"洗脸池-椭圆形(俯视)"图块，插入比例为 0.75，效果如图 10-140 所示。

15 在厨房和办公室中分别插入"煤气灶"、"洗菜池"、"电脑椅"、"办公桌"、"电话"和"台式电脑"等图块，布置厨房和网管员办公室，效果如图 10-141 所示。

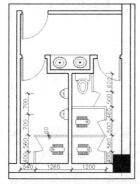

图 10-140 布置洗手间

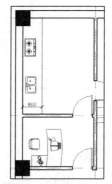

图 10-141 布置厨房和办公室

16 在吧台中，使用图 10-142 中设置的填充图案填充吧台台面。分别插入"吧椅 01"、"吧椅 02"和"液晶显示器"图块，并旋转这些图块至合适的角度，效果如图 10-143 所示。

图 10-142 设置吧台填充图案

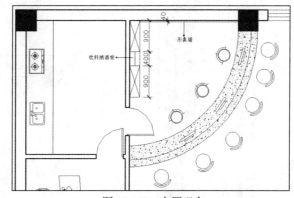

图 10-143 布置吧台

17 按照如图 10-144 所示的尺寸，在两个柱子之间绘制电脑桌，并插入"单人沙发"和"液晶显示器"等图块。

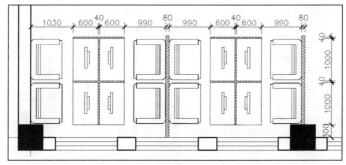

图 10-144 布置两个柱子之间的电脑

18 按照同样的方法，在竖向轴线柱之间进行两人座电脑的布置，效果如图 10-145 所示。

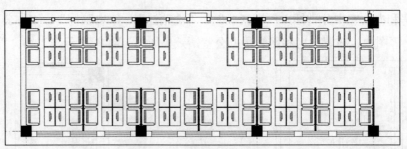

图 10-145　布置两人座电脑

19 在横向的柱子之间插入电脑，两人座电脑的布置与步骤 **18** 类似，只是方向不太相同。对于多人座的长条形电脑台，插入"台式电脑"和"单人沙发 02"图块，使用"镜像"和"矩形阵列"命令创建，效果如图 10-146 所示。图 10-146 中两部分长条形电脑台的具体尺寸如图 10-147 和图 10-148 所示。

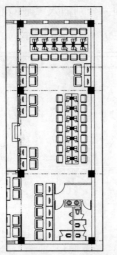

图 10-146　布置横向柱之间的电脑

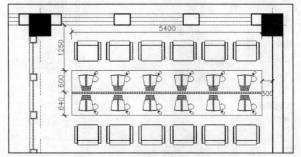

图 10-147　电脑布置尺寸 1

20 按照如图 10-149 所示的尺寸布置圆形电脑台，在网吧大厅中布置两处这样的圆形电脑台，效果如图 10-150 所示。

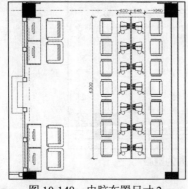

图 10-148　电脑布置尺寸 2

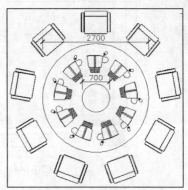

图 10-149　圆形电脑台

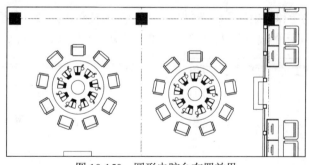

图 10-150　圆形电脑台布置效果

21 按照如图 10-151 所示的尺寸布置其他的长条形电脑台。至此，网吧电脑的布置完成。

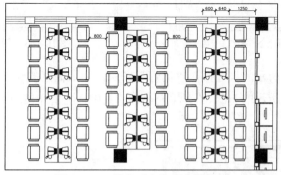

图 10-151　长条形电脑台布置效果

22 在网吧大门处，插入"转角沙发"和"茶几"等图块，并创建植物隔断，具体的尺寸和效果如图 10-152 所示。

23 在网吧平面布置图中插入各种植物装饰平面图，完成网吧平面布置图的绘制。

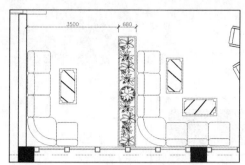

图 10-152　休息等待区布置效果

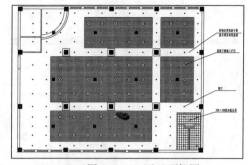

图 10-153　网吧顶棚图

10.4.2　网吧顶棚图的绘制

在网吧平面布置图绘制完成后，在此基础上可以创建如图 10-153 所示的顶棚图。

具体步骤如下。

01 复制一份网吧平面布置图，仅保留墙线、门洞、窗、柱和吧台，其他部分均删除，将门洞用直线封闭。使用"直线"和"矩形"命令创建天花轮廓和柱包围，效果如图 10-154 所示。

02 按照图 10-155 所示的尺寸插入"矿灯"和"通风口"图块，完成矿灯和通风口的绘制。

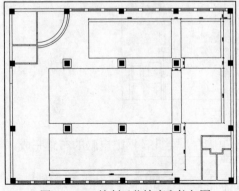

图 10-154　绘制天花轮廓和柱包围

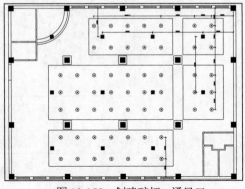

图 10-155　创建矿灯、通风口

03 按照如图 10-156 所示的尺寸插入"筒灯"图块，完成筒灯的绘制。

04 使用如图 10-157 所示的 NET 图案填充吊顶。其中，洗手间吊顶比例为 100，其他的比例为 50。效果如图 10-158 所示。

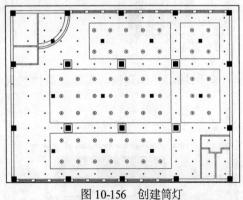

图 10-156　创建筒灯

图 10-157　设置填充图案

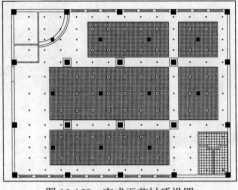

图 10-158　完成天花材质设置

05 使用文字样式 GB350 创建多行文字说明，完成顶棚图的绘制。

10.4.3　网吧立面图的绘制

网吧立面图的绘制同样在平面布置图的基础上进行,本节需要绘制如图10-159所示的C向立面图。

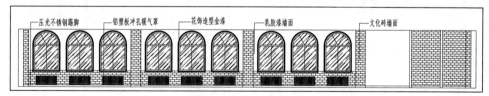

图 10-159　网吧C向立面图

具体步骤如下。

01 复制部分平面布置图,并对平面布置图进行修剪,绘制辅助线,作为辅助绘图的工具,效果如图 10-160 所示。

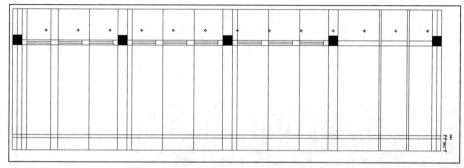

图 10-160　绘制辅助线

02 使用"圆弧"、"直线"和"偏移"等命令,按照如图10-161所示的尺寸绘制窗户,其中玻璃部分使用图 10-162 中设置的填充图案。

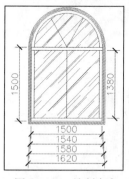

图 10-161　绘制窗户

图 10-162　设置窗户材质

03 使用"矩形"和"矩形阵列"命令按照图10-163所示的尺寸绘制暖气罩,暖气罩孔和间距均为30。

04 按照图10-164所示的位置尺寸,将绘制完成的窗和暖气罩插入到立面图中。

05 使用图10-165中设置的填充图案为墙面添加装饰,效果如图10-166所示。

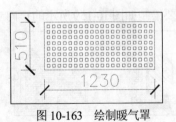

图 10-163　绘制暖气罩

图 10-164　插入窗和暖气罩

图 10-165　设置墙面装饰图案

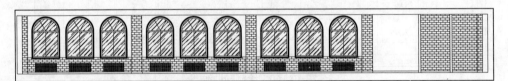

图 10-166　墙面装饰效果

06 使用文字样式 GB350 添加多行文字说明，完成立面图的绘制。

基础测试题 01：根据前视图、俯视图补画左视图。

素材：sample\附录 01\jccst001.dwg

多媒体：video\附录 01\jccst001.wmv

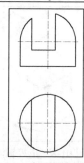 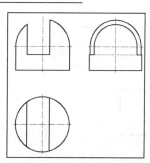

附 01-1　主视图与俯视图　　　　　附 01-2　绘制完成的三视图

基础测试题 02：根据三视图绘制正等轴测图。

素材：sample\附录 01\jccst002.dwg

多媒体：video\附录 01\jccst002.wmv

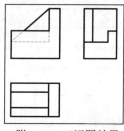 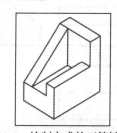

附 01-3　三视图效果　　　　　附 01-4　绘制完成的正等轴测图

基础测试题 03：根据已有的 a、c、d 点的投影完成 abcd 平面的投影。

素材：sample\附录 01\jccst003.dwg

多媒体：video\附录 01\jccst003.wmv

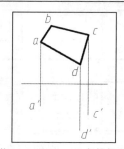 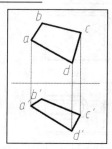

附 01-5　a、c、d 点的投影　　　　附 01-6　abcd 平面的投影

基础测试题 04：根据三视图绘制正等轴测图。

素材：sample\附录 01\jccst004.dwg

多媒体：video\附录 01\jccst004.wmv

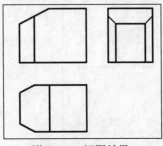

附 01-7　三视图效果

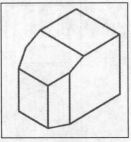

附 01-8　正等轴测图效果

基础测试题 05：指定平面上已知点的投影。

素材：sample\附录 01\jccst005.dwg

多媒体：video\附录 01\jccst005.wmv

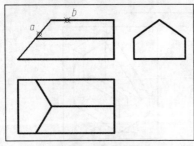

附 01-9　平面上的点

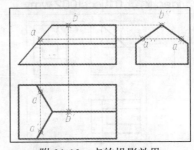

附 01-10　点的投影效果

基础测试题 06：根据前视图和俯视图补画左视图。

素材：sample\附录 01\jccst006.dwg

多媒体：video\附录 01\jccst006.wmv

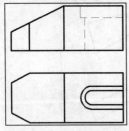

附 01-11　前视图和俯视图

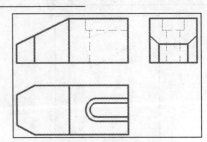

附 01-12　绘制完成的三视图

基础测试题 07：根据三视图绘制正等轴测图。

素材：sample\附录 01\jccst007.dwg

多媒体：video\附录 01\jccst007.wmv

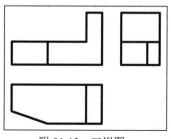

附 01-13 三视图

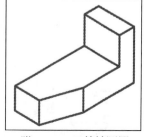

附 01-14 正等轴测图

 基础测试题 08：根据现有图形绘制立体图形的相贯线。

素材：sample\附录 01\jccst008.dwg

多媒体：video\附录 01\jccst008.wmv

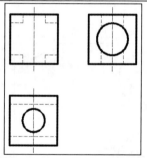

附 01-15 已完成的部分三视图

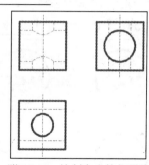

附 01-16 绘制完成的相贯线

 基础测试题 09：参考已经绘制的视图绘制正等轴测图。

素材：sample\附录 01\jccst009.dwg

多媒体：video\附录 01\jccst009.wmv

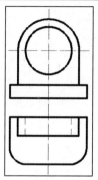

附 01-17 已绘制的两个视图

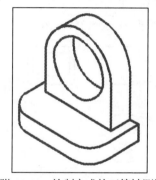

附 01-18 绘制完成的正等轴测图

基础测试题 10：根据俯视图和左视图补画主视图。

素材：sample\附录 01\jccst010.dwg

多媒体：video\附录 01\jccst010.wmv

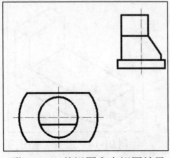

附 01-19　俯视图和左视图效果

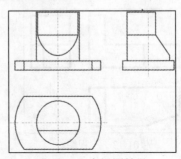

附 01-20　主视图效果

基础测试题 11：求球面上 a 点的 V、W 投影。

素材：sample\附录 01\jccst011.dwg

多媒体：video\附录 01\jccst011.wmv

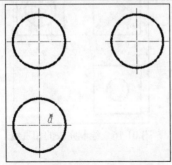

附 01-21　已知球面上的 a 点

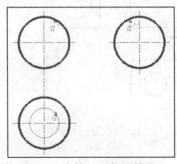

附 01-22　a 点的 VW 投影效果

基础测试题 12：补画视图中所缺的图线。

素材：sample\附录 01\jccst012.dwg

多媒体：video\附录 01\jccst012.wmv

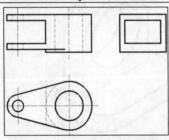

附 01-23　待补画线的三视图

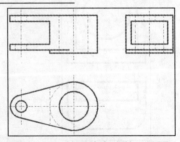

附 01-24　补画线完成的三视图

基础测试题 13：根据俯视图和左视图补画主视图。

素材：sample\附录 01\jccst013.dwg

多媒体：video\附录 01\jccst013.wmv

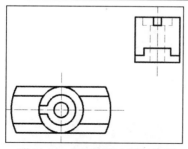 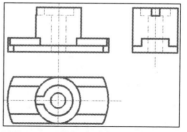

附 01-25　俯视图和左视图效果　　　　附 01-26　补画完成的三视图效果

基础测试题 14：在三视图基础上补漏线。

素材：sample\附录 01\jccst014.dwg

多媒体：video\附录 01\jccst014.wmv

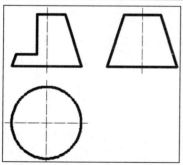 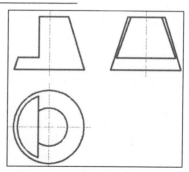

附 01-27　待补画线三视图效果　　　　附 01-28　完善后的三视图效果

基础测试题 15：在三视图基础上补漏线。

素材：sample\附录 01\jccst015.dwg

多媒体：video\附录 01\jccst015.wmv

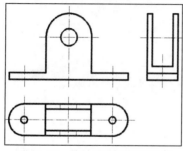 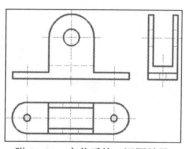

附 01-29　待补画线三视图效果　　　　附 01-30　完善后的三视图效果

技能测试题 01：

sample\附录 02\jncst01.dwg

video\附录 02\jncst01.wmv

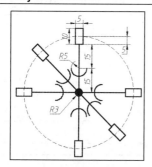

技能测试题 02：

sample\附录 02\jncst02.dwg

video\附录 02\jncst02.wmv

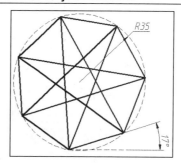

 技能测试题 03：

sample\附录 02\jncst03.dwg

video\附录 02\jncst03.wmv

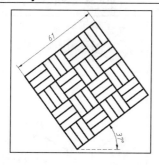

技能测试题 04：

sample\附录 02\jncst04.dwg

video\附录 02\jncst04.wmv

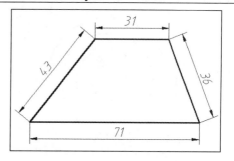

技能测试题 05：

sample\附录 02\jncst05.dwg

video\附录 02\jncst05.wmv

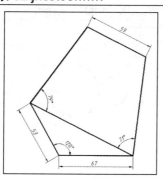

技能测试题 06：

sample\附录 02\jncst06.dwg

video\附录 02\jncst06.wmv

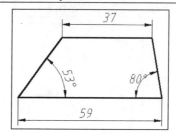

技能测试题 **07**:

sample\附录 02\jncst07.dwg

video\附录 02\jncst07.wmv

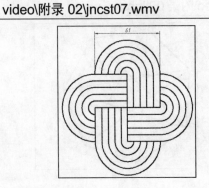

技能测试题 **08**:

sample\附录 02\jncst08.dwg

video\附录 02\jncst08.wmv

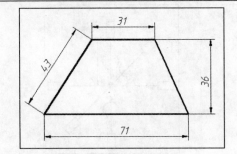

技能测试题 **09**:

sample\附录 02\jncst09.dwg

video\附录 02\jncst09.wmv

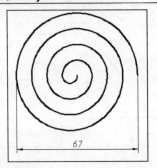

技能测试题 **10**:

sample\附录 02\jncst10.dwg

video\附录 02\jncst10.wmv

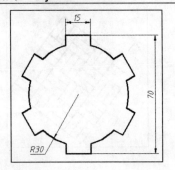

技能测试题 **11**:

sample\附录 02\jncst11.dwg

video\附录 02\jncst11.wmv

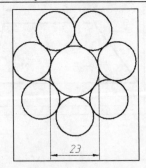

技能测试题 **12**:

sample\附录 02\jncst12.dwg

video\附录 02\jncst12.wmv

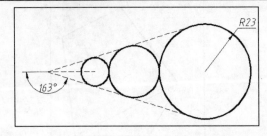

技能测试题 13：

sample\附录 02\jncst13.dwg

video\附录 02\jncst13.wmv

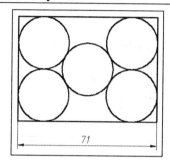

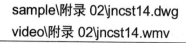 **技能测试题** 14：

sample\附录 02\jncst14.dwg

video\附录 02\jncst14.wmv

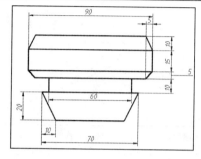

 技能测试题 15：

sample\附录 02\jncst15.dwg

video\附录 02\jncst15.wmv

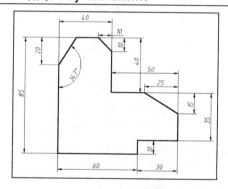

技能测试题 16：

sample\附录 02\jncst16.dwg

video\附录 02\jncst16.wmv

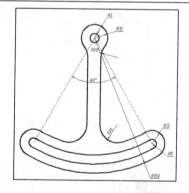

 技能测试题 17：

sample\附录 02\jncst17.dwg

video\附录 02\jncst17.wmv

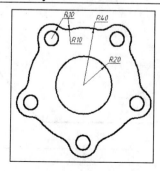

技能测试题 18：

sample\附录 02\jncst18.dwg

video\附录 02\jncst18.wmv

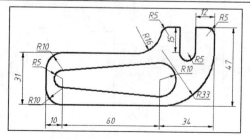

技能测试题 19:

sample\附录 02\jncst19.dwg

video\附录 02\jncst19.wmv

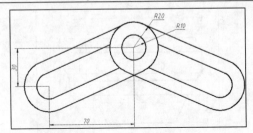

技能测试题 20:

sample\附录 02\jncst20.dwg

video\附录 02\jncst20.wmv

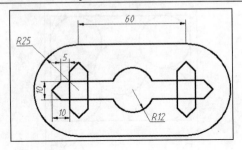

技能测试题 21:

sample\附录 02\jncst21.dwg

video\附录 02\jncst21.wmv

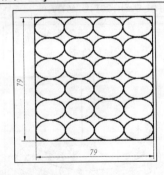

技能测试题 22:

sample\附录 02\jncst22.dwg

video\附录 02\jncst22.wmv

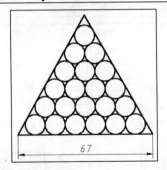

技能测试题 23:

sample\附录 02\jncst23.dwg

video\附录 02\jncst23.wmv

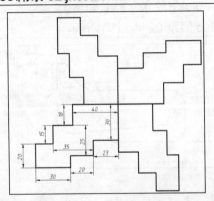

技能测试题 24:

sample\附录 02\jncst24.dwg

video\附录 02\jncst24.wmv

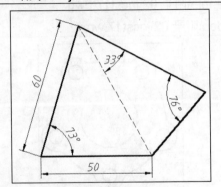

技能测试题 25：

sample\附录 02\jncst25.dwg

video\附录 02\jncst25.wmv

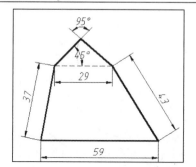

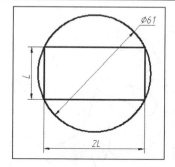 **技能测试题 26：**

sample\附录 02\jncst26.dwg

video\附录 02\jncst26.wmv

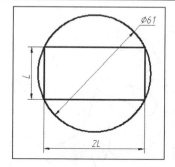

 技能测试题 27：

sample\附录 02\jncst27.dwg

video\附录 02\jncst27.wmv

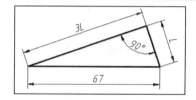

 技能测试题 28：

sample\附录 02\jncst28.dwg

video\附录 02\jncst28.wmv

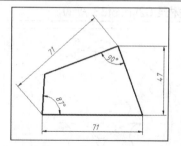

 技能测试题 29：

sample\附录 02\jncst29.dwg

video\附录 02\jncst29.wmv

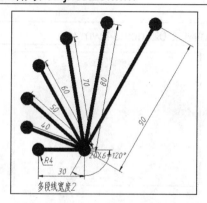

 技能测试题 30：

sample\附录 02\jncst30.dwg

video\附录 02\jncst30.wmv

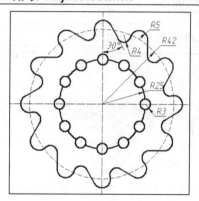

技能测试题 31：

sample\附录 02\jncst31.dwg

video\附录 02\jncst31.wmv

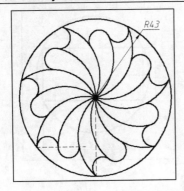

技能测试题 32：

sample\附录 02\jncst32.dwg

video\附录 02\jncst32.wmv

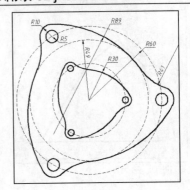

技能测试题 33：

sample\附录 02\jncst33.dwg

video\附录 02\jncst33.wmv

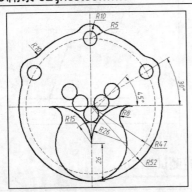

技能测试题 34：

sample\附录 02\jncst34.dwg

video\附录 02\jncst34.wmv

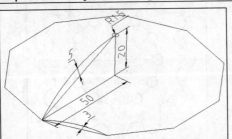

技能测试题 35:

sample\附录 02\jncst35.dwg　　　　　　video\附录 02\jncst35.wmv

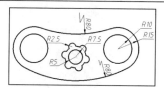

 技能测试题 36:

sample\附录 02\jncst36.dwg　　　　　　video\附录 02\jncst36.wmv

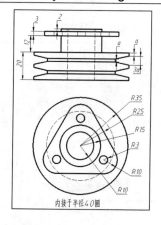

 技能测试题 37:

sample\附录 02\jncst37.dwg　　　　　　video\附录 02\jncst37.wmv

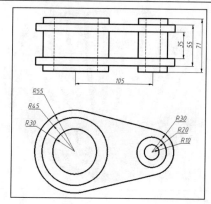

技能测试题 38：

sample\附录 02\jncst38.dwg	video\附录 02\jncst38.wmv

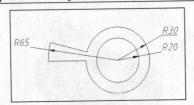

技能测试题 39：

sample\附录 02\jncst39.dwg	video\附录 02\jncst39.wmv

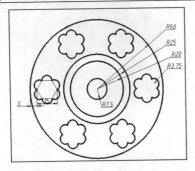
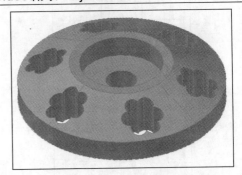

技能测试题 40：

sample\附录 02\jncst40.dwg	video\附录 02\jncst40.wmv

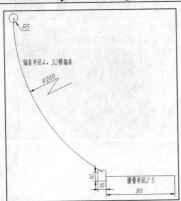
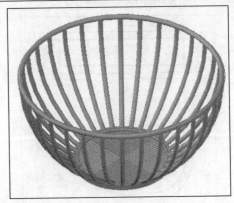

技能测试题 41：

sample\附录 02\jncst41.dwg

video\附录 02\jncst41.wmv

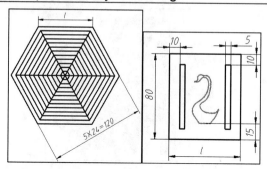

技能测试题 42：

sample\附录 02\jncst42.dwg

video\附录 02\jncst42.wmv

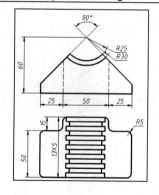

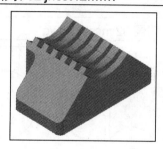

技能测试题 43：

sample\附录 02\jncst43.dwg

video\附录 02\jncst43.wmv

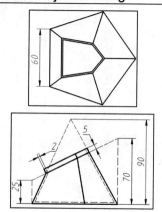

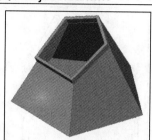

技能测试题 44：

sample\附录 02\jncst44.dwg

video\附录 02\jncst44.wmv

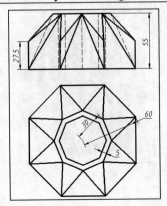

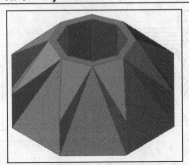

技能测试题 45：

sample\附录 02\jncst45.dwg

video\附录 02\jncst45.wmv

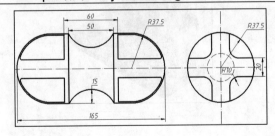

技能测试题 46：

sample\附录 02\jncst46.dwg

video\附录 02\jncst46.wmv

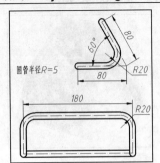

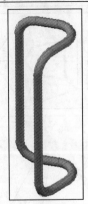

技能测试题 47：

sample\附录 02\jncst47.dwg

video\附录 02\jncst47.wmv

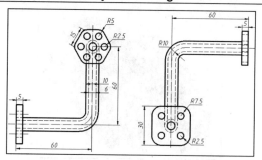

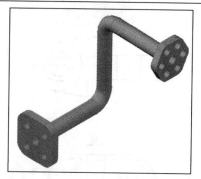

技能测试题 48：

sample\附录 02\jncst48.dwg

video\附录 02\jncst48.wmv

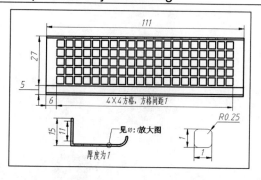

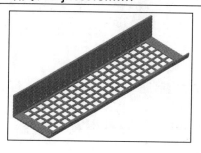

技能测试题 49：

sample\附录 02\jncst49.dwg

video\附录 02\jncst49.wmv

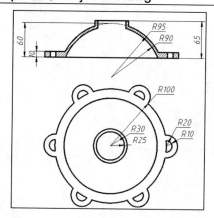

技能测试题 50:

sample\附录 02\jncst50.dwg　　　　　　video\附录 02\jncst50.wmv

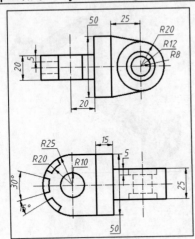

专业测试题 01

绘制某会议室的装潢图纸。其中，图附 03-1 为会议室平面布置图，图附 03-2 为会议室顶棚平面图，图附 03-3 为会议室 A 向立面图。

素材：sample\附录 03\zycst01 会议室.dwg

多媒体：video\附录 03\zycst01.avi

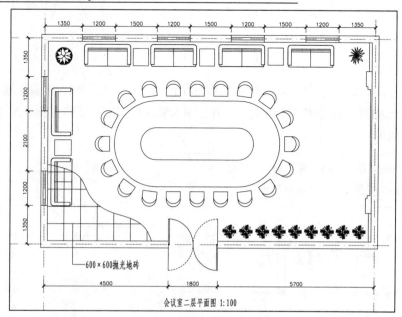

附 03-1 会议室平面布置图

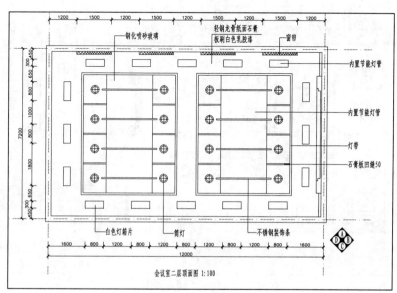

附 03-2 会议室顶棚平面图

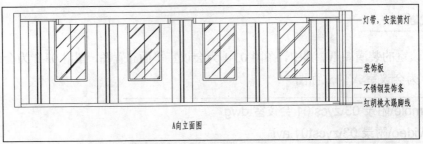

灯带, 安装筒灯

装饰板

不锈钢装饰条

红胡桃木踢脚线

A向立面图

附 03-3　会议室 A 向立面图

专业测试题 02:

　　绘制某餐厅的装潢图纸。其中, 图附 03-4 为餐厅平面布置图, 图附 03-5 为餐厅地面铺装平面图, 图附 03-6 为餐厅顶棚图, 图附 03-7 至图附 03-10 分别为餐厅包间的平面布置图、A 向立面图、顶棚平面图和 B 向立面图。

　　素材: sample\附录 03\zycst02 餐厅.dwg
　　多媒体: video\附录 03\zycst002.avi

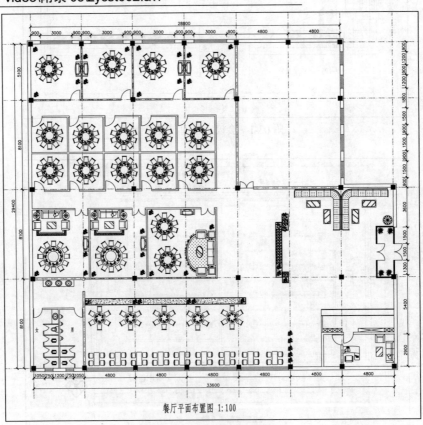

餐厅平面布置图 1:100

附 03-4　餐厅平面布置图

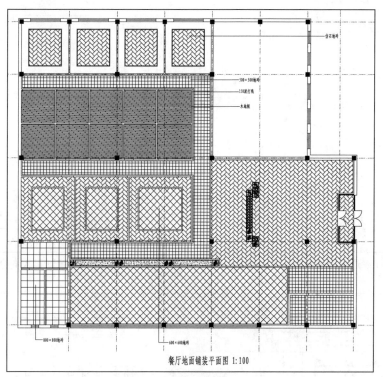

餐厅地面铺装平面图 1:100

附 03-5　餐厅地面铺装平面图

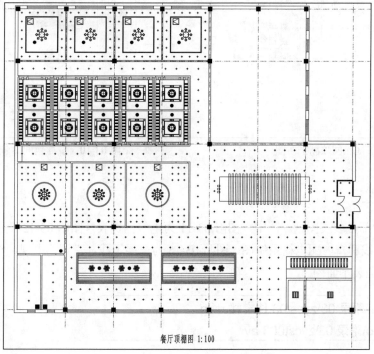

餐厅顶棚图 1:100

附 03-6　餐厅顶棚图

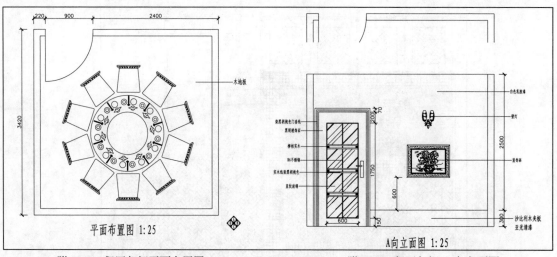

平面布置图 1:25

附 03-7 餐厅包间平面布置图

A向立面图 1:25

附 03-8 餐厅包间 A 向立面图

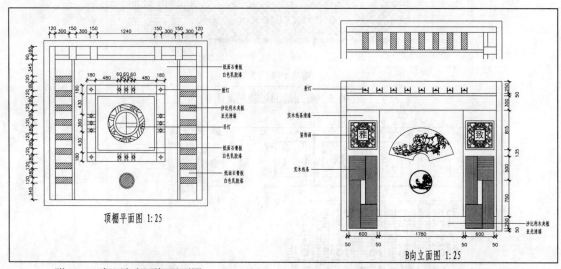

顶棚平面图 1:25

附 03-9 餐厅包间顶棚平面图

B向立面图 1:25

附 03-10 餐厅包间 B 向立面图

专业测试题 03：

　　绘制某住宅的部分装潢图纸。其中，图附 03-11 为电气图例表，图附 03-12 至图附 03-14 分别为配电干线、电话干线和户内配电箱系统图，图附 03-15 为一层干线、空调、电视、电话平面图，图附 03-16 为一层地面铺装平面图。

🎬 素材：sample\附录 03\zycst03 住宅楼.dwg

📀 多媒体：video\附录 03\zycst003.avi

电气图例表

序号	图例	名称	单位	备注
1		电表箱	台	下口距地1.3米
2		配电箱	台	下口距地1.6米
3		壁龛交接箱	台	下口距地1.6米
4		座灯头	盏	吸顶暗装
5		壁灯头	盏	安装高度为2.2米
6		带指示灯的延时开关	个	安装高度为1.5米
7		暗装单极开关	个	安装高度为1.5米
8		暗装双极开关	个	安装高度为1.5米
9		双控开关	个	安装高度为1.5米
10		双联二三极暗装插座	个	安装高度为0.3米
11		厨卫单相双联二极三极插座	个	安装高度为1.4米
12		厨房抽油烟机插座	个	安装高度为2.3米
13	K1	客厅柜式空调插座	个	安装高度为0.3米
14	K2	空调插座	个	安装高度为2.0米
15		洗衣机插座	个	安装高度为1.4米
16	VP	分支分配器箱	个	下口距地1.6米
17	TV	电视插座	个	安装高度为0.3米
18	TP	电话插座	个	安装高度为0.3米
19	MEB	等电位接地连接箱	个	安装高度为0.3米

附 03-11　电气图例表

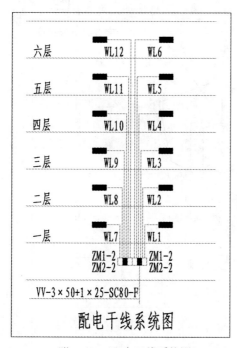

配电干线系统图

附 03-12　配电干线系统图

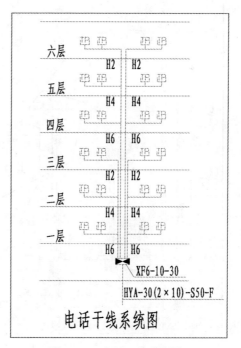

电话干线系统图

附 03-13　电话干线系统图

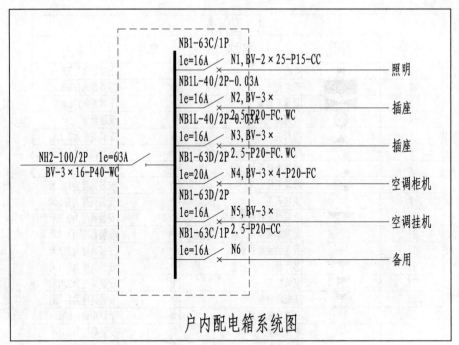

户内配电箱系统图

附 03-14   户内配电箱系统图

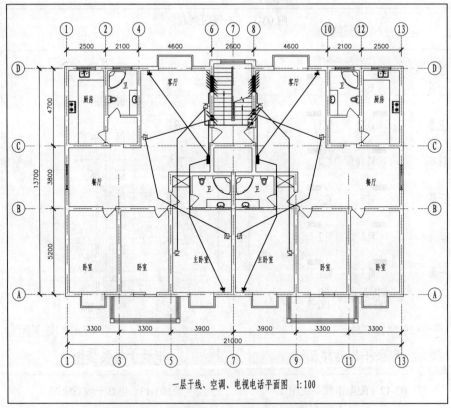

一层干线、空调、电视电话平面图 1:100

附 03-15   一层干线、空调、电视、电话平面图

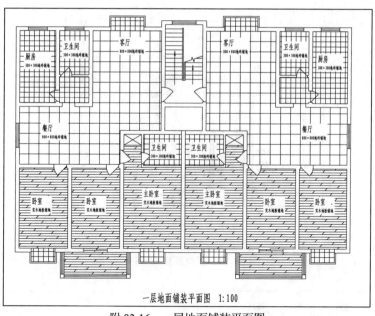

一层地面铺装平面图　1:100

附 03-16　一层地面铺装平面图

 专业测试题 04：

　　绘制某别墅的部分装潢图纸。其中，图附 03-17 为别墅平面布置图，图附 03-18 为别墅顶棚布置图，图附 03-19 至图附 03-22 分别为厨房门、厨房、卫生间和次卧南向的立面图。

🎬 素材：sample\附录 03\zycst04 别墅.dwg

🎬 多媒体：video\附录 03\zycst004.avi

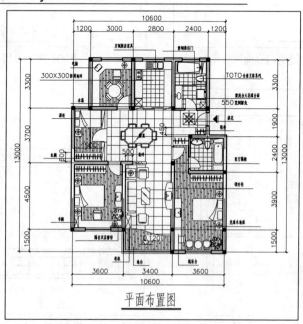

附 03-17　别墅平面布置图

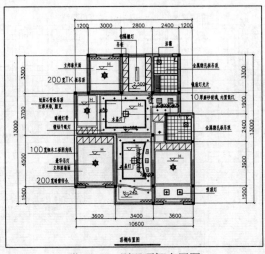

附 03-18　别墅顶棚布置图

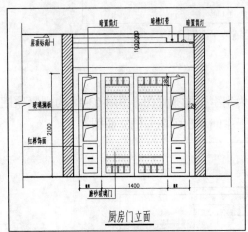

附 03-19　厨房门立面图

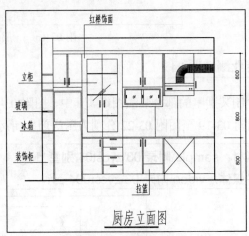

附 03-20　厨房立面图

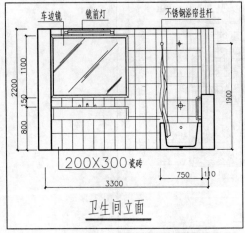

附 03-21　卫生间立面图

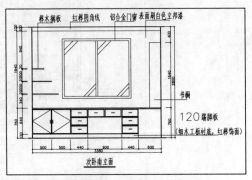

附 03-22　次卧南立面图

参 考 文 献

[1] 高志清. AutoCAD 装潢制图【M】. 北京：水利水电出版社，2006.

[2] 高志清等. AutoCAD 建筑装潢设计技能特训【M】. 北京：水利水电出版社，2004.

[3] 刘学贤等. 计算机绘制建筑装饰图【M】. 北京：机械工业出版社，2005.

[4] GB 50015-2003 建筑给水排水设计规范【S】. 北京：中国计划出版社，2005.